THE RISE OF SCIENCE
From Prehistory to the Far Future

科学的崛起

[加] 彼得·沙弗　◎著
（Peter Shaver）

卢苗苗　李轩涯　◎译

First published in English under the title
The Rise of Science: From Prehistory to the Far Future
by Peter Shaver, edition: 1

Copyright © Springer International Publishing AG, part of Springer Nature, 2018.
This edition has been translated and published under licence from
Springer Nature Switzerland AG.

Springer Nature Switzerland AG takes no responsibility and shall not be made liable for the accuracy of the translation.

本书中文简体字版由 Springer 授权机械工业出版社独家出版。未经出版者书面许可，不得以任何方式复制或抄袭本书内容。

北京市版权局著作权合同登记　图字：01-2019-2166 号。

图书在版编目（CIP）数据

科学的崛起 /（加）彼得·沙弗（Peter Shaver）著；卢苗苗，李轩涯译. -- 北京：机械工业出版社，2025.
1. -- ISBN 978-7-111-77565-2

Ⅰ. N091

中国国家版本馆 CIP 数据核字第 20252C1N21 号

机械工业出版社（北京市百万庄大街 22 号　邮政编码 100037）
策划编辑：朱　劼　　　　　　　　责任编辑：朱　劼
责任校对：李　霞　杨　霞　景　飞　责任印制：任维东
三河市骏杰印刷有限公司印刷
2025 年 4 月第 1 版第 1 次印刷
147mm×210mm · 12 印张 · 1 插页 · 217 千字
标准书号：ISBN 978-7-111-77565-2
定价：89.00 元

电话服务　　　　　　　　网络服务
客服电话：010-88361066　机 工 官 网：www.cmpbook.com
　　　　　010-88379833　机 工 官 博：weibo.com/cmp1952
　　　　　010-68326294　金 书 网：www.golden-book.com
封底无防伪标均为盗版　机工教育服务网：www.cmpedu.com

·前言·

对于人类来讲，了解自然世界和物理世界是至关重要的。人类跟其他动物一样，生来就具有感官和本能，但缺少对世界的直观认识。从呱呱坠地的那刻起，我们就开始体验和了解周围的世界，这是件紧迫而关乎生存的大事。这就是为什么婴儿有时被称为"年轻科学家"和"学习机器"，因为婴儿必须迅速了解世界，以应对这个世界，好奇心在这个过程中起着巨大的作用。经过多年积累，他们对这个世界有了直觉和常识，学到了足够的知识，足以在这个世界上生存。

有些人从未失去童真的好奇心，他们对知识的追求远超生存所需。这些人就是科学家，他们纯粹出于好奇，探索世界以及人类在世界中的位置，他们提出了深刻的问题并系统地探索每一个细节。在过去的几个世纪里，他们为探索知识穷尽一切，包括宇宙的起源、原子和生命的起源。科学家所获得的科学知识是人类最伟大的成就之一，也是人类文明中最值得珍视的宝藏之一。此外，这些知识给了人类巨大的力量，提高了人类的生活水平。

几个世纪以来，关于科学起源和发展的故事吸引着无数人的关注。科学的起源可能很荒谬，其中有一段历史甚至已不可考据，但在过去几个世纪里，科学的发展呈惊人的指数级增长。本书讲述了这一非凡的故事，探索了科学的许多有趣方面，思考了科学在现代社会中的地位，考虑了科学的未来以及科学如何进一步改变世界。

在本书四年的创作时间里，我要感谢许多人给予的鼓励、提供的建议，使得本书的内容日趋丰富。特别感谢澳大利亚联邦科学与工业研究组织天文与空间科学部的罗恩·埃克斯（Ron Ekers）、澳大利亚国立大学生物研究院的理查德·马莱斯卡（Ryszard Maleska）和悉尼大学查尔斯·珀金斯中心的史蒂夫·辛普森（Steve Simpson），感谢他们投入大量的时间与我就本书中的相关主题进行讨论，并提出恳切的建议。我的妻子詹尼弗（Jenefer）一如既往地阅读了本书的初稿，我们在晚餐时刻就相关主题进行了若干精彩讨论。

我的几位同事和朋友都投入了很多时间对本书的修订版进行点评，特别是悉尼大学的戈登·罗伯逊（Gordon Robertson）通读了本书的初稿，提供真知灼见，并提出了一些发人深省的问题。曼彻斯特大学的理查德·斯基利奇（Richard Schilizzi）、牛津埃克塞特学院的伊丽莎白·杰弗里斯（Elizabeth Jeffreys）、弗赖堡大学的多米尼克·奥米拉（Dominic O'Meara）和鲁汶天主教大学的安妮·蒂洪

(Anne Tihon)就古希腊和拜占庭自然哲学的消亡提供了有益的意见。康奈尔大学的马丁·哈维特（Martin Harwit）、美国国家射电天文台的肯·克莱曼（Ken Kellermann）、悉尼大学客座教授兼纽约州立基础研究所名誉所长泰德·布朗（Ted Brown）、尼维勒·乔克利（Neville Chalkley）、拉塞尔·斯图尔特（Russell Stewart）和大卫·伍德鲁夫（David Woodruff）也发表了有益的评论，感谢所有人的付出。

感谢悉尼大学理学部物理学院授予我荣誉研究员的身份，让我可以方便地查阅所有领域的最新科学出版物。

施普林格的编辑雷蒙·坎纳（Ramon Khanna）给予了很大的支持，并提出有益的建议来改进和提升这本书。非常感谢他慷慨的投入和在整个出版过程中的指导。

我可以肯定地说，互联网是将本书整合在一起的关键，互联网上琳琅满目的网站，涵盖了几乎所有可以想到的灵感、信息和交叉检查的主题。如果说这些网站只是为丰富我的实体书库和与同事的讨论做了补充，那就太轻描淡写了。若是时间倒退20年来写这本书，这是不可能完成的。

彼得·沙弗
于澳大利亚悉尼
2018年6月

· 目录 ·

前言

第 1 章 CHAPTER 1　科学概况　1

第 2 章 CHAPTER 2　科学发展简史　7

2.1　走出时间的迷雾　/ 8

2.2　早期文明　/ 12

2.3　"希腊奇迹"　/ 16

2.4　迷途中的科学　/ 31

2.5　伊斯兰科学　/ 33

2.6　中世纪科学　/ 39

2.7　科学革命　/ 44

2.8　无限广大的世界　/ 59

2.9　无限微小的世界　/ 84

2.10　光的追寻　/ 102

2.11　探索生命本身　/ 109

2.12 不断发展的观点 / 132

第 3 章 通往知识之路 139

3.1 好奇心 / 145
3.2 想象力 / 148
3.3 坚定的决心 / 150
3.4 独处和团队合作 / 158
3.5 与他人的联系 / 160
3.6 跨学科交流 / 162
3.7 正确的时机 / 163
3.8 主动和被动的科学研究 / 165
3.9 证伪与证实 / 170
3.10 从众和范式 / 175
3.11 错误 / 179
3.12 误报 / 182
3.13 分歧 / 187
3.14 科学发现中的机缘巧合 / 191
3.15 万物的本质 / 198

第 4 章 今日科学 201

4.1 指数级增长 / 202

4.2 好奇心驱动型研究与目标导向型研究 / 206

4.3 大科学与小科学 / 213

4.4 对科学的支持 / 222

4.5 国际合作 / 225

4.6 科学无处不在 / 228

4.7 科学与社会 / 259

4.8 科学的利与弊 / 275

4.9 全球影响 / 286

4.10 科学和科学哲学 / 300

4.11 高度相互依存的世界 / 306

第 5 章 面向未来 311

5.1 当前的科学步伐会继续吗? / 312

5.2 科学会再次倒退吗? / 315

5.3 还有哪些科学有待发现? / 322

5.4 科学永远都是完整的吗? / 336

5.5 对科学的长远考虑 / 342

后记 354

拓展阅读 356

第 1 章

科学概况

1

CHAPTER
第1章

现代科学技术赋予我们丰富的知识，提高我们的生活水平，这是古人怎么都想象不到的。

就在几代人以前（现代人的平均寿命是80岁，以80年为一个时间跨度，人类的存在也只是沧海一粟），我们的祖辈不知道物质是由什么组成的，生命是如何运作的，也不清楚太阳系和最近的恒星之外存在着什么。人们对电充满好奇，原子也只是一种猜测。

现在我们知道了原子及其组成，了解了生命的基础，探索了宇宙。电能广泛分布在各个国家，为工业生产和家庭生活提供电力，而原子能的使用会更让祖辈感到惊讶。他们曾经抬头望月，想知道它是由什么组成的。如今我们已经在月球上行走，并向太阳系的所有行星发射了宇宙飞船。

往前推三代人，我们的祖辈在泥泞的小路上步行或使用手推车，少数富人骑马或乘马车出行。如今，我们通常以每小时100～200千米的速度在平坦的道路和高速公路上驾驶汽车出行。

当时的海外出行要靠帆船，路上得花费几个月的时间，长途通信则需要快马加鞭或靠帆船出海。如今，我们乘坐离地10千米、接近音速的大型喷气式飞机，在短短几个小时内就可以环游半个世界，我们还可以通过电话、电子邮件和社交媒体在全球范围内进行即时通信。

曾经，我们的祖辈居住在村镇里的草屋、木屋或石屋里，靠柴火取暖，用蜡烛照明。家用水必须靠人力搬运。如今，我们居住在温度适宜的房间里，有隔热玻璃窗、中央供暖、空调纳凉和电力照明，当然冷热水也在室内随时可用。

就在几代人以前，男人们在马或牛的帮助下人工耕作，女人们用手洗衣服。如今，机器承担着繁重的工作，只有一小部分人在农场耕作，而妇女在洗衣机的辅助下解放了部分劳动力。

在过去，人们只能吃到当地生产的食物，并且必须尽快食用，或为防止腐烂将其腌制或保存在冰上。如今，超市里可以买到来自世界各地的食物，买回家可以放入冰箱保鲜。

曾经，我们的祖辈的生活完全随天气而变化。如今，我们有了观测全球的气象卫星和大规模的计算机模拟，既可以预警即将发生的灾害，也能做出相当准确的预测。

曾经，简易的音乐演奏和短剧都来自家里或村镇里，由家庭成员、当地居民或流动剧团创作；只有富人才能体验室内乐、音乐会、歌剧和舞台剧。如今，只要我们在 iPod、智能手机、CD 播放器、电视机和连接到互联网的流媒体设备上按一下按钮，就可以欣赏到世界各地的音乐和世界闻名的表演者出演的各种娱乐节目。

往前推三代人，当时唯一的图片只有绘画。如今，我们每年拍摄无数张数码照片。

曾经，人类的预期寿命只有 30 岁左右。如今，在许多发达国家，这一数字已超过 80。当时放血是一种常见的治疗方法，很多疾病的病因完全未知。如今，我们了解并治愈了许多疾病，强大的成像设备可以看到人体内部，复杂的药物和诊断及手术方法挽救了数百万人的生命。

往前推几代人，我们的祖辈生活的世界在夜间几乎是完全黑暗的，他们肯定会被现代纽约和东京夜间灯火辉煌的繁荣景象所震惊。

往前推几代人，我们的祖辈如果看到航天飞机起飞，或者想到一艘可以到达海洋最深处的潜艇，就会震惊得说不出话来，他们会认为现代的电脑和智能手机是一个奇迹。

科幻作家阿瑟·C. 克拉克（Arthur C. Clarke）曾说过，在一个欠发达的社会看来，任何足够先进的技术，都与魔法无异。

我们对世界的了解呈指数级增加，但任何人都不可能完全掌握，各行各业都有专家。幸而互联网的出现使我们现在可以轻松获取世界上的大部分知识。

　　回溯人类历史，我们的祖辈并没有期望过进步；他们勉强维持生活，只希望明天也会像今天一样平安度过。而现今我们生活在一个瞬息万变的世界，执着于进步，认为科学的进步是理所当然的，因为我们已经习以为常。当今的孩子所知的，就是智能手机、汽车和飞机存在的现代世界。

　　在过去的两到三代人的时间里，我们的生活发生了翻天覆地的变化。几代人以前的世界看起来与数百年甚至数千年前的世界差不多，正是从那时起，科学技术的发展使我们的生活发生了嬗变。

　　但是，关于科学的故事可以追溯到人类诞生之初。

第 2 章

科学发展简史

第 2 章

2.1 走出时间的迷雾

我们的祖辈从时间的迷雾中走出来，对自己所处的世界的认知不断发展。

大约 700 万年前，人类与黑猩猩分道扬镳。那时，祖先们和黑猩猩开始分别进化，最终进化为完全不同的物种。黑猩猩待在它们的自然栖息地，而祖先们则经历了非常严酷和具有挑战性的进化。他们从熟悉的森林搬迁到全新的栖息地，从非洲的开阔草原开始，逐渐到达亚洲的寒冷平原，到达欧洲的山地和冰层，而后在世界的各个角落安家。这些新的环境迫使祖先们在努力适应的过程中产生了显著的进化，最终进化成人类如今的样子。

人类最重要的进化适应之一是直立行走，即用双脚行走的能力。这个过程中脊柱、骨盆、腿和脚发生了显著的解剖学改变。这种进化带来了巨大优势。在长满青草的大草原上，人类可以看到更远处

第 2 章　科学发展简史

的其他大型动物，包括捕食者和猎物。人类可以更快更高效地移动，他们的双手被解放出来做其他的事，随着时间的推移，这种进化越发重要。350多万年前的凝固火山灰中便已经发现了人类的足迹。

由于我们的祖先（和我们一样）没有天然的进攻、防御武器或盔甲（例如硬角、长牙、利爪和其他动物一般的外壳），因此开发工具是非常重要的一步。没有工具，祖先们就只能依靠自己的双手。已知最古老的石器可以追溯到250万年前。最初，它们只是形状合适的石头，用来刮取死亡动物的皮毛。发现这些石头可用是微小但非常重要的一步，这些工具随着时间的推移也缓慢发展着。

火的首次使用发生在100多万年前。它可能来源于雷击引起的野火中拔出的燃烧的树枝，然后火被带到人类的营地。由此产生的篝火为人类提供温暖，保护人类不被野生动物侵害，以及用于烹饪食物（这对需要能量的大脑特别有利）。那时人类还需要添加更多枝叶来维持火的燃烧，直到有了利用摩擦生火这一突破性发现。从此，人类便有了一个便携又有巨大价值的工具。

另一个主要的进化是祖先们的脑体积不断增加。几百万年前，人脑的体积还没有如今的黑猩猩大，大约300～400立方厘米。但是后来，人脑的体积开始随着时间的推移而增加，如今人脑的体积约为1400立方厘米。前额叶皮层是人类最高认知能力的所在地,这里的体积是黑猩猩的七倍左右。如此大的脑体积造成了分娩的困难和大脑的能量需求增多(婴儿的大脑对能量的需求大约占其身体总摄入量的50%),但其益处肯定是巨大的。这种非同寻常的进化原因尚不明晰,但是如今人类智力的优势对我们来说都是显而易见的。

对世界上重要事实的了解是人类生存中至关重要的一部分,比如工具的材料、火的性质、哪些浆果可以安全食用、哪些浆果有毒、动物的行为和迁徙模式等,这种了解将在数百万年内代代相传,这是科学最初的面貌。在当时的大部分时间里,没有口语或书面交流方式,年轻人通过观察年长者的行为来进行学习,但发展一种更通用的沟通形式显然会对人们有所助益。

因此,语言的产生是一个巨大的进步。语言究竟是什么时候产生的,如何产生的?尽管存在许多假设,但由于明显缺乏直接的证据,这些问题很难回答。语言和说话可能被认为是不同的东西,但喉部的发育肯定是重要的一步。高容量的大脑、充分发育的喉部和语言的结合赋予了祖先们巨大的优势。

早期祖先们的进化不仅仅遵循一个宗系。根据近年的估计,随着时间的推移,人类的进化产生了多达27个不同的宗系,并初步绘制了"家谱"。在任何时候,地球上都可能生活着一些不同的物种。最终,除了人类之外,其他物种都灭绝了。人属(homo)是包括现代人类在内的灵长类动物的一个属。

第 2 章 科学发展简史

能人（homo habilis）发现于约 280 万年前的化石记录中，他们可能是第一批创造了工具的人。直立人（homo erectus）和匠人（homo ergaster）可能是第一批使用火焰和复杂工具的人，也是第一批离开非洲大陆并在大约 100 万到 200 万年前生活在欧洲和亚洲的人。尼安德特人（homo neanderthalensis）的大脑和现代人的大脑一样大，他们在 40 万年前就生活在欧洲。从解剖学上讲，智人（homo sapiens）是我们的直系祖先，大约在 20 万年前首次出现，大约在 5 万年前，非洲出现了大规模移民潮。遗传分析表明，人类可能在这一过程中遭遇了"人口瓶颈"，人口数量锐减到几千，这严重限制了遗传多样性，但显然后来人口数量恢复到了正常水平。大约 3 万年前，化石记录中已不见尼安德特人的踪迹，智人成了人属下唯一幸存的物种。

在过去 200 万年的大部分时间里，工具技术的发展非常缓慢。但是，大约在 5 万～10 万年前，各种各样的创新开始出现。一些研究人员发现了大约 5 万年前技术和文化发生跨越式发展的证据，而另一些研究人员则看到了过去 10 万年中更为渐进的发展。情况各不相同，重大的变化随时都在发生。有相关证据表明，人类已经开始使用更有效的骨制工具、复杂武器，例如带石头或骨头的矛、弓箭，还出现了捕鱼活动、岩画、珠宝、远距离运输材料和丧葬仪式。最重要的是出现了具有象征和抽象性质的新活动。解剖学上的现代人正逐渐变成行为学上的现代人。

原始人会借由神、灵和神话来解释可怕或神秘的自然现象，例如闪电、雷电、彗星、流星、日食、彩虹、地震、出生和死亡。这一切都是合乎情理的。当然，这些自然现象都可以用当今的科学进行解释。

大约一万年前，一些祖先放弃了狩猎采集的生活方式。他们在一个地方定居，开始耕作和驯养动物。毫无疑问，这些进化是在相当长的一段时间内形成的。他们首先通过观察种子发芽来学习种植作物，并逐步改良种植技术。起先狼群跟着我们的祖先从一个营地到另一个营地，捡食着残羹剩饭，最终变成了被驯服的狗。祖先也学会了饲养其他动物，比如奶牛和绵羊，这些动物可以生产牛奶、当作食物，它们的皮毛可以用来制作衣服。并非所有祖先都放弃了狩猎采集的生活方式，在新几内亚、非洲中部和南部、亚马孙盆地、西伯利亚、阿拉斯加州、加拿大北部、澳大利亚西部、火地岛、马来西亚和安达曼群岛等偏远地区仍有人延续着这种生活方式。但是，在那些有人定居的地方，出现了村庄、城镇，并最终形成了人类文明。

2.2　早期文明

主要的早期文明都出现在 3 000 年至 5 000 年前，与 5 万年前人类走出非洲大陆的时间相比，这段历史并不算长。有趣的是，欧亚大陆和美洲的文化是独立出现的。这似乎表明，所有地区人类的发展历程几乎是同步的，即使他们分处天涯海角。

这些文明通常具有的特点是：人口密度大、城市产生、中央集权、劳动专业化、社会分层、税收制度、纪念性建筑、依靠集约农业和水资源管理、剩余产品和出现文字。其中四个文明靠近河流或水源充沛的地方：底格里斯河和幼发拉底河（美索不达米亚）、尼罗河（埃及）、印度河（印度）和黄河（中国）。其他文明则位于中美洲和南美洲，依靠大型灌溉网络。

灌溉对人类的发展至关重要，一系列重大成果和创新随之出现。当时的人们修建了运河和堤坝。埃及人和美索不达米亚人使用基于杠杆原理的装置从河流中取水并将其注入运河。美索不达米亚人开发了由一系列挂在绳子上的水桶组成的泵，用于从井中抽水。作为这些装置的一部分，他们还发明了滑轮。

人类开始圈养牛和马。为了耕种土地，牛被用来拉犁，人们开发了一种"播种犁"，这是一种带有漏斗的犁，漏斗用于将种子放入犁沟中。

修建道路系统是为了统一辽阔的帝国。轮子最早是在6 000年前发明的，当时是为了方便陶器的成型，但轮轴的发明促成了运输方面的重大突破，因为连接在轮轴上的两个轮子可以垂直于地面旋转。之后便有了马车和战车。埃及有条贯穿全国的"高速公路"——尼罗河。埃及人发明了帆船，航行在尼罗河上，顺流向北，顺风向南。贸易成为这些经济体的重要组成部分。

纪念性建筑是文明发展的标志。埃及金字塔是当时所建的最大的实心石头结构建筑。建造如此庞大的建筑需要规划、设计、大量人力和专业技术。复杂的建筑也需要创新，比如石拱门是美索不达米亚人的重要贡献。

冶金和化学在其中几个早期文明中很重要。金属包括铜、青铜、锡、银和金；金属加工涉及一些复杂的技术，先是采矿和冶炼，然后再将金属锤击或铸造成有用的物件。当时的人们对炼金术也很感兴趣。

为了保存死者的遗体，埃及人制作木乃伊，这需要了解具有防腐性能的化合物。美索不达米亚人了解各种化学物质的特性，并将其应用于许多物品的制造，包括肥皂、服装、玻璃和釉面陶器。

医学得到广泛应用。正如纸莎草纸上所记载的那样，早期埃及人有着深厚的医学传统。他们还开发了天然提取物形式的药物；其中一些药物的疗效已被现代科学证实。

文字书写是早期文明的定义特征之一，不同的书写技巧也得到了发展。最早的是楔形文字书写体系，起源于约公元前3 000年的美索不达米亚平原。大约同时期，埃及出现了象形文字。和其他文明一样，这两种文字都渐渐向表音文字演变。

早期文明产生了算术和几何系统，其中包括线性方程、二次方程和三次方程，计算面积、体积和复利的方法，以及π值的近似确定。它们显然对当时的农业和工程、对大型官僚机构所需的会计、对贸易具有重要意义。当时的人们制定了标准化的称重和测量方法，货币首次出现。

所有文明都进行天文观测。从宗教和占星术到重大天文和陆地事件的预测，这些活动出于各种重要的目的。从天狼星第一次出现在地平线上，人类便可以预测当年尼罗河高度规律的洪水。美索不达米亚天文学家可以预测主要天体的路径和新月出现的时间。他们将星点连接起来命名星座，将天空划分为黄道带星座，并标示出银河。他们详细记录了恒星和行星的运动、日食和月食以及彗星的外观，为后来的希腊人提供了丰富的数据库。他们设计了360度圆和每小时60分钟的计算制度。

因此，基础科学及相关技术显然在这些早期文明中具有重要意义。许多令人印象深刻的创新和发展都纯粹是出于功利主义目的，为国家及其目标服务。具有实际作用的高等教育得到了国家的支持。这些知识显然对农业管理、国史记载和行政管理、贸易和商业、建筑和工程、医学、历法和占星术很有用处，并由大批受雇于该地区的匿名书吏和官僚共同维护。

但是,这些巨大的文明都没有产生"自然哲学",即对自然世界和物质世界的内在属性和运作的理性研究,这是现代科学的基础。尽管这些文明创造了大量的财富,拥有很大规模,并且延续了数千年,但是这些文明中没有诞生任何一位我们如今所熟知的自然哲学家。原因何在?

普通农民、村民和工人无法接受教育,也没有闲暇时间或自由来思考世界,他们受制于小村庄生活的束缚,仅能关注生存问题。而有学问的人往往受雇于国家,这样的人可能没有意愿、时间或权限去做本职工作以外的事情。

古埃及是一个神权国家,法老受众神的命令统治众生,他通过法律和政策代表众神的意志。在法老的权力之下是国家的等级制度、官僚机构和军队,以及有助于维护统治的位高权重的宗教机构。在这样一个庞大的等级文明中,掌权者根深蒂固的特权范围极大,若要提出一种可能威胁到他们的完全不同的世界观,显然会令人生畏。

因此,这些早期文明没有任何接近自然哲学的产物就不足为奇了,自然哲学正等待着伟大的希腊思想家来探索。

2.3 "希腊奇迹"

本书中所介绍的自然哲学的诞生历经了两次大的发展,

第一次发生在公元前 6 世纪的古希腊。

独立思想家开始思考世界及人类在世界中的地位。他们没有盲目地服从宗教祭司，也不是通过创造另一个神话中的神来解释一切，他们试图纯粹地基于观察、理性思考自然世界的起源来理解世间一切。他们认为自然界的现象背后有着内在的秩序，这是人类思想可以辨别的，宗教在这一过程中没有发挥任何作用。希腊思想家寻求宇宙的基本属性和深层原则。

这种"自然哲学"比我们通常认为的科学要深刻、广泛和丰富得多。自然哲学探讨事物的自然原因，寻求主导世界的基本原则，思考现实世界的本质，思考宇宙的起源和演化。自然哲学推测可能构成物质的元素和原子，提出关于生死、物理学的基本原理、地球的形状和大小、太阳系的本质以及动物和人类的解剖学等问题，探索生物学、植物学、动物学、地质学和心理学领域，并对灵魂存在的可能性和大脑的作用提出了质疑。自然哲学向自然界的提问没有止境，它追求知识是为了人类的自身发展。

世界观从宗教和神话转变为现实世界的一部分，并指向理性思考。世界不是由宗教而是由科学来解释，这是一项不朽的成就，也是一种科学的世界观。

我们很难意识到自然哲学的出现是多么彻底和具有革命性，因为我们现在已经习惯了这样思考。这是一个惊人的突破,在整个世界历史上只发生过一次。

然而,你可能会问,为什么自然哲学会诞生在希腊?为什么是希腊人取得了这一历史性突破?一个主要原因无疑是他们所生活的文明多样而分散,也归因于希腊复杂的地理环境,细分为山脉、山谷、丘陵、河流和水道。古希腊由数百个分散的城邦组成,每个城邦内的权力由少数贵族或商人共享。自由非常重要,这些城市的公民不受村庄、国家和宗教的约束。

如果其中一些公民拥有独立的财富,他们可以花时间想象和思考全新的想法。大多数人可以阅读和写作,他们受过相对良好的教育,并通过旅行了解了更广阔的世界。希腊语言具有创新性,相对易于阅读和书写,这无疑有助于成熟哲学的兴起。民主本身就是希腊的创新,公民们可以尽情享受自由辩论,任何形式的新奇想法都可能涌现出来。

希腊是一个航海国家,有着漫长的海岸线和众多岛屿,希腊人通过贸易和商业与更广泛的世界紧密相连,并接触到各种各样的文化和思想。早期大多数自然哲学家居住在爱奥尼亚,这是当时希腊最富有和城市化程度最高的地区。自然哲学的小型非正式"学派"由更著名的思想家发展而来。这样的希腊思想家可能有数百人,甚至数千人。下面介绍其中一些著名的思想家。

米利都的泰勒斯(Thales,约公元前625—公元前545)

在这些哲学家中居于首位。米利都是小亚细亚海岸上一座繁华的城市，作为贸易中心，它是一个产生了巨大思想和影响的十字路口。泰勒斯不仅是一位哲学家，而且见多识广，是个博学的人。根据各种参考消息，他出生在一个富裕的家庭，受过良好的教育，并涉猎商业和政治。他可能去过埃及，这趟旅途给他带来了宝贵的经验。他在保护爱奥尼亚人对抗波斯人方面提供了至关重要的建议，这使得他名声大噪。据说他预测了公元前585年5月28日的日食（如果是真的话，这在当时是一个惊人的成就），这场日食突然结束了一场战争。泰勒斯是一个"饱经世故的人"，在人生的旅程中，他将自己的天赋凝结在自然哲学中。

泰勒斯试图用自然而非超自然的话语解释宇宙的运行。他拒绝神话解释，这成为接下来的一千年里希腊哲学家所遵循的关键创新。因此，他被广泛视为"自然哲学之父"。与之后诞生的许多哲学家一样，泰勒斯涉猎许多领域的研究。他被誉为首位真正的天文学家和数学家，他还从事形而上学、伦理学、历史、工程和地理方面的研究。他通过三角测量来计算金字塔的高度，他测量船只与港口的距离，探索磁性和静电。他提出自然界的一切都基于水的"水本原说"。泰勒斯有两个门徒，阿那克西曼德（Anaximander，约公元前610—公元前546）和阿那克西美尼（Anaximenes，约公元前585—公元前528），他们都自由地参与对他人理论的批判性讨论。

泰勒斯对其他希腊思想家产生了深远的影响，也因此对西方哲学的发展产生了深远的影响。

萨摩斯的毕达哥拉斯（Pythagoras，约公元前570—公元前495）是希腊爱奥尼亚的哲学家和数学家，以毕达哥拉斯定理（也称勾股定理）而闻名。他还致力于音乐、天文学和医学方面的研究。他对不同长度的弦发出的声音进行了实验，据说他发现声音的音调与弦的长度成反比。这一发现使他推测出，所有物理现象都可以通过基本的数学关系来理解，对这些关系的探索使他钻研出了勾股定理。总之，毕达哥拉斯在各个领域都有许多发现。

根据恩培多克勒（Empedocles，约公元前500—公元前430）的研究，世界的组成部分是陆地（土）、水（液体）、空气（气）和火（热），分别或以各种混合物（四种"古老元素"）的形式存在。留基伯（Leucippus，活跃于约公元前5世纪）是原子理论的创始人，他断言物质世界中的一切都有一个自然的解释。他最知名的学生是德谟克利特。

德谟克利特（Democritus，活跃于约公元前420年）被普遍视为现代科学之父。继留基伯之后，他详细阐述了原子理论。他认为所有物质都是由原子组成的（来自希腊语单词atomos，意思是不可分割的），成群地聚集在一起。不同的材料由不同类型的原子组成。德谟克利特还对原子理论进行了实验论证。由于物质可以改变形状，原子之间必须用空隙隔开。德谟克利特认为光是由传输中的原子组成的。他对早期人类及其生活的宇宙等各种各样的主题进行了推测，认为宇宙最初是由混沌的原子组成的，原子经过碰撞，最终形成更大的单位，例如地球。他坚持认为每个世界都有始有终，其中一些概念对现代人来说可能相当熟悉。他还写过认识论、美学、数学、伦理学、政治学和生物学等方面的著作。

希波克拉底（Hippocratic，约公元前460—公元前370）被视为医学之父，也是著名的"希波克拉底誓言"的作者，他管理着当时最著名的医学院。与前人的哲学传统一致，他认为疾病起源于自然（而非超自然）原因，必须通过物理疗法治愈。他认为，疾病是由四种主要体液之间的不平衡引起的。在接下来的两个世纪里，归功于希波克拉底的工作，其他人已经写出了大部分文献。希波克拉底语料库也产生了巨大的影响，许多医学教科书从那个时代留存了下来。

苏格拉底（Socrates，约公元前470—公元前399）是哲学领域的杰出人物，他专注于道德问题，并没有对科学做出直接贡献；但他的研究方法，即苏格拉底法，确实对科学方法产生了影响。苏格拉底法涉及的辩论会对给定论点进行反驳或证伪；知识可能是存在的，但必须经得起推敲。他自己从来没有写过任何东西，关于他的所有信息都来自其他人，特别是他的学生柏拉图。

柏拉图（Plato，约公元前428—公元前348）是西方哲学史上的核心人物。他的老师是苏格拉底,他最著名的学生是亚里士多德,据说这三大巨头奠定了西方哲学和科学的基础。柏拉图的兴趣包括认识论、形而上学、数学、逻辑学、修辞学、伦理学、正义、政治和教育。他认为,我们所经历的现实只是理想知识形式的复制品。在洞穴之喻中,他描述了囚犯们最终发现了更高的真理。他说,现实世界只能通过理性思考来推断。数学是柏拉图研究的核心,不同于我们感官认知的物理世界,数学真理是完美的。他在恩培多克勒提出的四种元素中增加了第五种,称为"以太"(aether),这是一种填充宇宙上部区域的纯物质。

在所有希腊哲学家中,亚里士多德(Aristotle,公元前384—公元前322)对科学的发展影响最大。他研究了许多学科,并留下记录,包括形而上学、物理学、地质学、生物学、动物学、医学、解剖学、生理学、心理学、伦理学、语言学、逻辑学、修辞学、诗歌、音乐、政治。他在自然科学方面的大量著作(约170部作品)在伊斯兰、中世纪和文艺复兴时期产生了重大影响,并一直影响到17世纪的科学革命。

亚里士多德改进了当时被认为是常识的世界观。他从恩培多克勒的四个基本元素(土、水、气和火)开始,像柏拉图一样,添加了第五个元素以太(或"精华")。他认为地球是一个球体,证据包括月食期间地球在月球上的阴影是一个圆,以及一艘离港船只的船壳在帆消失之前就消失在地平线以下。

物体都向地面坠落，地球自然处于宇宙的中心。水自然倾向于包围在地球的外部，而空气则在更高的范围。火自然地向上燃烧。亚里士多德采纳了其他一些希腊哲学家提出的天体与一系列同心球体相连的概念。这些是由第五个元素以太组成的。他认为宇宙是一个巨大的有界球体，在时间上没有起点也没有终点。

亚里士多德观察了范围极其广泛的自然现象，并系统梳理了当时的已知情况。他讨论了力和惯性的影响，观察了杠杆的属性。他坚持认为较重的物体比较轻的物体下落得更快。他曾从事光学领域的工作，也曾被誉为"动物学之父"，对数百种物种进行了分类。他认为生物和非生物之间没有明显的界线，从植物、动物到人类是一个连续统一体。他认为心灵是智慧的所在地，他提出了灵魂可能存在于身体之外的观点。

亚里士多德区分了"自然运动"（natural motion）和"受迫运动"（violent motion）。在自然运动中，上述五种元素倾向在它们的自然位置（例如，物体落在地上，或气泡在水中上升），没有什么力量可以对此进行解释。另一方面，在受迫运动中，物体的自然倾向被破坏（例如投掷物体），必须调用力来解释这种非自然变化。他研究了多种变化，提出了四种原因：质料因、形式因、动力因和目的因。其中，动力因与我们如今所说的"原因"最为相似。

其中最有趣的是目的因——变化的目标或目的。这种概念被称为"目的论",并不是现代科学的一部分。鉴于人类习惯于为了某个目的做事,他们自然会认为自然界中的事件都有一个"目的"。当然,这与许多信仰目的明确的神的宗教相契合。但这完全不符合现代科学惯用的原则,即事件源于过去的原因,而不是未来的目标;它们来自大自然本身,而不是某种潜在的目的。

亚里士多德的假设也与现代科学相矛盾,因为它们是定性的而不是定量的,它们没有做出预测,也没有进行任何实验来检验与现实世界相对的假设。

然而,亚里士多德的著作非常广泛和全面,因为它似乎符合很多常识观点,两千年来被广泛接受为常理。经过13世纪的一些修改,亚里士多德的观点基本成为罗马天主教会的官方哲学。因此,正如我们接下来将要看到的那样,它最初成了16世纪和17世纪引入的科学新概念的障碍。

公元前3世纪,亚历山大图书馆的建造推动了希腊哲学的发展。这个图书馆有一个雄心勃勃的目标,那就是容纳世界上所有的知识;在它发展的巅峰时期,有几十万卷卷轴。数百年来,它一直是主要的学术中心,许多著名的思想家都工作于此。

继德谟克利特之后,伊壁鸠鲁(Epicurus,公元前341—公元前270)建立了一个系统,通过随机碰撞的原子来观察自然界的运作。死亡时灵魂原子消失，排除了来世的可能性。他认为生活的目的是在中庸和沉思中找到愉悦。伊壁鸠鲁是科学方法的早期支持者，他坚持认为，如若没有直接观察和逻辑推理的检验，任何事情都不可信。

在著作《几何原本》(The Elements)中，欧几里得（Euclid，活跃于公元前300年）集合了当时希腊人的数学知识。直到一个世纪前，《几何原本》还是一本主要的教科书。他从少量公理中推导出"欧几里得几何"的原理，将自己的专业知识应用于光学、谐波和天文学等领域。

赫罗菲拉斯（Herophilus，约公元前330—公元前260）被视为第一位解剖学家，他对人类尸体进行解剖，并对活体动物进行活体解剖，以了解身体的运作。他发现大脑是神经系统的中心，并确定了大脑的一些区域。与他同时代的埃拉西斯特拉图斯（Erasistratus，约公元前315—公元前240）认识到心脏的主要功能是泵血，并发现它包含四个主要的单向瓣膜。

与亚里士多德和大多数其他希腊思想家的观点相反，萨摩斯的阿利斯塔克（Aristarchus，约公元前310—公元前230）提出，太阳是宇宙的中心，而不是地球。他估算了太阳和月球与地球的相对距离及其大小。由于当时的常识，他的日心模型不被接受：围绕太阳旋转的地球会引起大风，物体会从其表面飞出，向上抛掷的物体会降落在其他地方。一个更技术性的问题是"斗转星移":如果地球每年绕太阳运行,那么观测到的恒星相对位置将在6个月内发生变化,这是没有被观测到的。因此,最终是古典地心说从希腊时代一直延续到其他各个时代,有别于阿利斯塔克的日心说。

希腊哲学家中最伟大的数学家是阿基米德(Archimedes,公元前287—公元前212)。此外,他还是一位杰出的发明家,对物理学和天文学也做出了贡献。他研究出了确定各种二维和三维曲面的面积和体积的方法,这是一种计算 π 值的新方法,并且通过使用穷竭法预演了现代微积分。他因发现阿基米德原理而闻名:浸没在液体中的物体受到的浮力等于其所排出液体的重量。据说他在洗澡时发现了这个原理,并发出了著名的"Eureka!"(我找到了)的感叹。他提出了一个公式来解释杠杆的原理。他发明了用于抽水的阿基米德式螺旋抽水机,设计了攻城引擎,制作了太阳系运作模型、天体仪和其他奇巧的仪器。

埃拉托色尼(Eratosthenes,约公元前284—公元前192)对地球周长进行了巧妙的测量。他了解到,在埃及城市赛伊尼,夏至的中午,随着太阳的光线照向那里一口深井的底部,太阳处于头顶正上方。因此,在那个确切的时间,他测量了太阳在亚历山大城的仰角。亚历山大城几乎在赛伊尼的正北方,如果知道这两个城市之间的距离,并假设地球是一个球体,那么计算地球的周长就很容易了。

第 2 章　科学发展简史

喜帕恰斯（Hipparchus，约公元前 190—公元前 120）是古代最伟大的天文学家。他对 850 颗恒星及其位置进行了编目，发现了"春秋分的岁差"（现在已知恒星轻微可见的运动是由于地球自转轴本身的摆动），计算了地球到月球的距离，并发明了许多新的天文仪器。

当时，在希腊安迪基西拉岛附近的一艘沉船上发现了天文技术应用的非凡实例，它被称为安迪基西拉机器（Antikythera mechanism），据说是在公元前 2 世纪建造的。它包含 30 多个齿轮，能预测天文方位、主要恒星和星座的升起和位置、月亮的相位、行星的运动、日食等。它无疑是古希腊已知的最复杂的设备，被视为第一台已知的"计算机"。有人认为，喜帕恰斯，也许还有阿基米德，可能参与了此设备的研究。在接下来的两千年里，这种先进的技术仍然是无与伦比的。

托勒密（Ptolemy，约 100—178）以其关于地球处于宇宙中心的天体运动模型而闻名，该模型发表在一本名为《至大论》(Almagest) 的专著中。他的模型以表格形式呈现，可用于确定天体过去或未来的位置。在他的模型中，地球是一个球体，不运动，位于宇宙的中心。天体是在地球周围做圆周运动的完美球体，根据与地球的距离，它们分别是月球、水星、金星、太阳、火星、木星、土星，最后是固定的恒星。为了解释所观察到的行星运动的一些特点（"逆行"是有时会看到的明显的反向运动),他的模型使用了名为"均轮"(deferent)、"本轮"(epicycle)和"偏心匀速点"(equant)的装置。《至大论》还列出了48个星座的名单,这些星座的名字一直存在到现在,包含1 022颗恒星。《至大论》取代了此前的大多数希腊天文著作,并被广泛接受,成为有史以来影响最大的科学文本之一,并且是接下来的1 400年预测天体运动的主要天文模型。

在另一部具有里程碑意义的著作《地理学》(The Geography)中,托勒密介绍了那个时代的全部地理知识,包含当时罗马帝国已知的全世界的地理坐标和地图,以及对相关测定方法与数据的讨论。

内科医生盖伦(Galen,约129—210)因其在人体解剖学领域的工作而闻名。他证明了动脉和静脉都能输送血液。他写了数百部医学著作,传承了大部分希波克拉底传统,但他研究得更深入,增加了解剖学和生理学方面的内容。他对西方思想的主导和持久的影响直至17世纪的科学革命,甚至更加深远。

希腊伟大哲学家的时代持续了一千多年,从泰勒斯到盖伦以及后来的一些思想家,在大约公元前500～公元前300年达到顶峰,即苏格拉底、柏拉图和亚里士多德时期。这是一个对我们生活的世界进行自由思考的非凡时期。如图2-1所示,最终这个时期却逐渐消失。

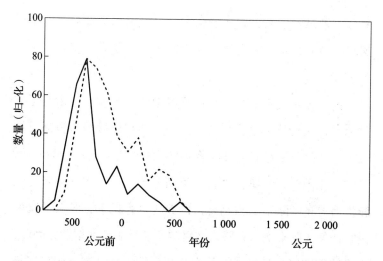

图 2-1 希腊自然哲学家（实线）和其他希腊哲学家（虚线）的归一化数量随时间变化。总人数为 61（自然哲学家）和 397（其他哲学家）。希腊自然哲学家的数据来自文献（Bertman, 2010），其他希腊哲学家的数据来自互联网

罗马帝国在公元前 2 世纪战胜了希腊，但它并没有彻底终结希腊人对抽象思维的兴趣，也没有接纳希腊传统本身。一些罗马人对此感兴趣，但总的来说，他们相互鄙视。希腊人看不起罗马的文化劣势，大多数罗马人又认为希腊思想对帝国来说具有颠覆性和危险性。

尽管如此，许多希腊作品最终被翻译成拉丁文。希腊人的纯粹科学影响了罗马人的应用科学。一些罗马诗人受到希腊古典文学的启发，另一些罗马人将希腊著作为基础来教授文科知识，还有一些人以希腊思想家的科学主题为基础进行

写作。罗马帝国有许多哲学流派,但没再出现更多的独创思想家。总之,希腊人倡导的伟大的知识文化并没有被罗马人所推动。

为什么希腊自然哲学传统最终会走向衰落?这个问题被讨论了很久。是不是因为人们认为一切可以做的事情都已经做了,永远无法超越过去哲学家的伟大成就(公认的常识)?又或许是因为,希腊自然哲学家所写的大部分内容都是定性和推测性的(除了少数例外,例如《至大论》),对人类发展没有任何实际影响。希腊自然哲学不能用于任何事情,因此,除了纯粹的兴趣外,它被认为与当下的生活无关。如果它是定量的,并且能够在日常生活中做出可靠的预测,肯定会成为文明的一部分,世界历史会大不相同。但想要真正实现这一点,全世界不得不等到一千多年后的科学革命。

人们还提出了希腊自然哲学衰落的其他可能原因。它在社会中缺乏地位,各种与它没有共情的邪教和宗派日渐兴起。怀疑论和迷信增加,人们反对自然哲学本身(与哲学的其他分支相反),精神生活普遍下降,师生之间缺乏联系。在罗马帝国后期,社会情况进一步恶化,政治不稳定、军事危机、流行病蔓延和日益衰退的国力都会产生负面影响。

基督教的兴起通常被认为是希腊哲学后期衰落的一个主要因素。基督教最初是在公元1世纪从东方兴起的,基督徒在整个罗马帝国惨遭迫害。令人震惊的是,公元380年,基督教成为罗马帝国的国教。基督徒占了上风，然后可以自由迫害其他"异教徒"。同年，一项基督教圣旨下令关闭帝国内所有异教徒机构，包括亚历山大图书馆和博物馆。据一些文献显示，希腊哲学数十万珍贵的古卷被狂热的基督徒烧毁。无论如何，希腊自然哲学在公元 5 世纪初就消亡了。公元 529年，雅典著名的柏拉图学院因圣旨而关闭，这是另一个重大打击。但从图 2-1 中可以明显看出⊖，在基督时代之前的几个世纪，希腊哲学已经开始衰落，因此基督教只是在衰落的后期发挥作用。显而易见的是，这种影响是毁灭性的。

2.4 迷途中的科学

公元 285 年，人们意识到罗马帝国已经发展得无比庞大，很难实现中央集权。它被细分为两个地区，西部地区后来被称为神圣罗马帝国，仍由罗马管理，而东罗马帝国后来被称为拜占庭帝国，由拜占庭（君士坦丁堡）管理。这种划分最终导致了两段截然不同的历史，尽管这两段历史曾多次重合。包括西欧在内的西罗马帝国经历了各种政治和经济动荡，最

⊖ 请注意，图 2-1、图 2-2 和图 4-1 只是指示性的，毫无疑问这些证据是不完整的，但主要特征不太可能是由于选择效应，特别是峰值之后的下降，因为相对于早期的科学家，我们更了解近期的科学家。

终解体。罗马本身也被一系列侵略者洗劫，包括公元387年的高卢人、公元410年的西哥特人和公元455年的汪达尔人。人们传统上认为，西罗马帝国是在公元476年终结的。

在当时，中世纪黑暗时代笼罩欧洲。欧洲变得一片荒芜，文化衰落，经济停滞，农业疏落，部落和城镇分散各地（罗马城市无法维持，人口逐渐减少）。到了公元6世纪，希腊黄金时代只能从欧洲仅存的孤立修道院中偶尔出现的碎片中得以窥见，大多数人都是文盲。欧洲不太可能继承希腊高度文明的衣钵。

人们可能会想到，希腊哲学传统会在罗马帝国东部的拜占庭延续下去。与西罗马帝国不同，东罗马帝国没有崩溃，相反，它存续了一千多年的时间，经历了各种跌宕起伏，直到1453年灭亡。希腊本身是拜占庭帝国的一部分，希腊语顺理成章地成为主导语言。大量的希腊经典著作得以保存下来，许多拜占庭学者都熟悉这些文献。当时的教育是相当普及的，并且有相当长的时间是和平时期，促进了学术的发展。"学校"的诞生使学生们能够接受传统的博雅教育，为日后进入政府机构做准备。

与拜占庭帝国的其他领域一样，基督教对学术领域也产生了重大影响。重点是需要调和"异教"与基督教教条，因此古希腊哲学家无比重要的精神，那些无止境的自由思想消失了。几个世纪以来，拜占庭帝国几乎所有与希腊经典相关的活动都是以教学、辩论、评论、注释、保存和传播的形式进行的。几乎没有什么原创作品可以与古希腊人的作品相比。自然哲学本身在很大程度上被忽视了。

一个著名的例子是约翰·菲洛普努斯（John Philoponus，约490—570），他是一位对亚里士多德持高度批评态度的基督徒。他反对亚里士多德的动力学，热衷于"冲力理论"（预测了惯性的概念），反对亚里士多德关于重物体比轻物体下落更快的主张，并提出了支持经验主义的早期论点。他对伽利略有重大影响，一千多年后伽利略在自己的著作中提到他。但总的来说，除了菲洛普努斯和一些不那么有影响力的评论者之外，在拜占庭帝国存续的数千年时间里，自然哲学中的新思想并没有大的发展。

2.5 伊斯兰科学

公元7世纪，伊斯兰教的兴起成为一个重大的新发展。公元762年，巴格达在阿拔斯王朝的统治下被确立为阿拉伯帝国的首都，很快它的人口扩张到100多万。当时唯一的阿拉伯语书籍是《古兰经》，学习《古兰经》使人们对学术产生了更广泛的兴趣。《古兰经》强调所有穆斯林的宗教义务是寻求知识和启蒙。此外，人们认识到，伊斯兰世界在许多方面远远落后于其他帝国，阿拔斯王朝对波斯文化非常痴迷，人们对占星术也很感兴趣。还有农业工程、历法和会计等实践活动也需要专业知识。由于这些原因,两个多世纪以来发生了一场大规模的"翻译运动"(translation movement):希腊、波斯人和印度人早期文明的智慧被翻译成阿拉伯语。此运动一开始就势不可挡。巴格达的阿拔斯社会精英们竞争最激烈的就是翻译手稿,既是为了自己的声望,也是为了他们能够获得的实际利益。

阿拔斯王朝的历史时期一直持续到1258年,蒙古人征服巴格达后结束,那段时间被视为"伊斯兰黄金时代"。今天为人熟知的几乎所有希腊自然哲学著作都是在当时翻译的。此外,在公元8世纪摩尔人征服西班牙之后,穆斯林学者带来了伊斯兰文明的作品,自此,在西班牙的土地上也诞生了伊斯兰文明的黄金时代。

随着可读的译著越来越多,当地的原创研究不可阻挡地出现了,科学活动成为伊斯兰世界的一部分。与早期文明及其声称能解释一切的多神教不同,伊斯兰教并没有展现出不可逾越的障碍,使科学变为不可能。相反,《古兰经》鼓励穆斯林研究自然,认为科学很重要,并强调凡事需要证据。这些观点有一个神圣而全面的视角,因为自然、人类和宇宙都被视为真主的作品。

伊斯兰科学,包括天文学、数学和医学,在几个世纪里都引领世界,其活动范围从中亚到伊比利亚。如此多希腊经典作品的"突然"出现无疑解释了伊斯兰科学的迅速崛起,图 2-2 很好地展示了这一切。

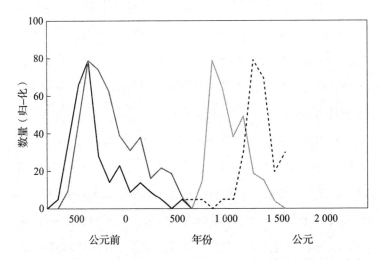

图 2-2 希腊、伊斯兰和中世纪哲学家和科学家的数量随时间变化:希腊自然哲学家(黑色实线)、其他希腊哲学家(深灰色实线)、伊斯兰科学家(浅灰色实线)和中世纪科学家(虚线)。总人数为 61(希腊自然哲学家)、397(其他希腊哲学家)、75(伊斯兰科学家)和 51(中世纪科学家)。希腊自然哲学家的数据来自文献(Bertman, 2010),其他希腊哲学家的数据来自互联网,伊斯兰科学家的数据来自文献(Al-Khalili, 2012),中世纪科学家的数据来自文献(Freely, 2012)和文献(Grant, 1996)

令人好奇的是,为什么这么多自然哲学原著都由伊斯兰世界的希腊经典所激发,而没有发生在同时期的拜占庭帝国。原因可能是希腊哲学经典对穆斯林学者来说是一个全新且令人兴奋的领域,而拜占庭人已经将自然哲学视为乏味的标准课程的一部分,不再能产生任何巨大的兴趣。

伊斯兰世界最伟大的科学家之一是化学家贾比尔·伊本·哈扬(Jabir ibn Hayyan,约721—815),他住在离巴格达不远的库法。他的化学研究和科学方法在当时是先进的,在欧洲被称为炼金术士盖伯。阿尔·花拉子模(al-Khwarizmi,拉丁名 Algorithmus,约780—850)是巴格达的数学家、天文学家和地理学家,以其所著的第一本关于代数的书《代数学》(*Kitab Al-Jebr*)而闻名。他让印度十进位制在欧洲和伊斯兰世界广泛传播。同样在巴格达,肯迪(al-Kindi,拉丁名 Alkindus,约800—873)被称为"阿拉伯世界的哲学家"。他从事物理学、天文学、数学、医学、音乐、药学和地理方面的研究和写作,并积极参与翻译运动。波斯医生、哲学家和化学家伊本·扎卡里亚·拉齐(ibn Zakariyya al-Razi,拉丁名 Rhazes,约854—925)出生于古城雷伊(如今德黑兰的一部分),他同时在雷伊和巴格达工作。他经营着几家医院,是科学方法的早期支持者,写了两本医学书籍,都在中世纪欧洲最重要的书籍之列。在伊斯兰世界的另一端,阿布·卡西姆·扎哈拉维(Abu al-Qasim al-Zahrawi,拉丁名 Abulcasis,约936—1013)住在科尔多瓦附近,是伊斯兰和中世纪时期最伟大的外科医生。他写了一本医学百科全书,里面包含关于手术和手术器械的章节;该书被翻译成拉丁文,使得扎哈拉维闻名整个欧洲。

伊斯兰世界最伟大的三位科学家都生活和工作在公元950年至1050年间，当时正是伊斯兰黄金时代的巅峰。伊本·海瑟姆（ibn al-Haytham，拉丁名Alhazen，约965—1039）出生在巴士拉，工作在埃及。他是一位物理学家，可能是古希腊灭亡之后、伽利略出生之前的这段时间里最伟大的物理学家。他的光学著作对西方科学产生了巨大影响，他也对天文学做出了重要贡献。他还是科学方法的早期支持者。波斯人比鲁尼（al-Biruni，973—1048）出生于希瓦古城，在中亚各地旅行和工作。他是历史上伟大的哲学家、天文学家、数学家、地理学家和人类学家之一。他写了几本重要的书，并因以前所未有的精度测量地球的大小而闻名。另一位波斯学者伊本·西纳（ibn Sina，拉丁名Avicenna，980—1037）出生于布哈拉附近，在中亚和西亚生活和工作，死于哈马丹。他被认为是迄今为止伊斯兰世界最具影响力和最重要的思想家，也是世界历史上最重要的思想家之一，几乎与西方哲学中的亚里士多德齐名。作为著名的哲学家和医生，他在这两个领域都有重要著作。他还对数学和物理学做出了贡献，包括光、热、运动和实体的概念。有人说，他对科学的贡献如此之大，让后人望尘莫及。

另一位著名的波斯学者是奥马·海亚姆（Omar Khayyam，1048—1131），他是中世纪时期伟大的数学家之一。他出生和工作在内沙布尔，提出了三次方程和历法研究。安萨里（al-

Ghazali，拉丁名 Algazel，1058—1111）也是波斯人，他出生于图斯，在内沙布尔和巴格达工作，他是伊斯兰历史上最著名的神学家。他对科学做出了贡献，但最著名的是他攻击亚里士多德哲学及其支持者，例如伊本·西纳，无论是否合理，安萨里都被指责为伊斯兰科学黄金时代衰落的推动者。伊本·拉什德（ibn Rushd，拉丁名 Averroes，1126—1198），出生于科尔多瓦，是中世纪最著名的哲学家之一，他比任何人都更想要将亚里士多德哲学引入欧洲。他深深地影响了西方思想，是最后一位伟大的穆斯林哲学家。纳西尔·艾德丁·图西（Nasir al-Din al-Tusi，1201—1274）是另一位波斯博学家，他和安萨里一样出生在图斯。他对天文学、物理学、数学、化学、生物学、医学和哲学都做出了贡献。蒙古人的入侵打乱了他的生活，但后来他说服蒙古人在马拉盖为他建造了一座天文台，马拉盖成为后来几个世纪最重要的天文中心。

伊斯兰科学在公元 900～1000 年达到顶峰后，便开始衰落，图 2-2 显示了它的兴衰。保守的宗教势力对"外国"研究变得不那么宽容，被称为宗教学校的学院将其课程限制在宗教领域，不再包括哲学和科学。安萨里等人的攻击加剧了当时社会对哲学和科学的排斥。1194 年，科学和医学文献在科尔多瓦被欧莱玛㊀烧毁。后来阿拉伯世界受到蒙古人和十字军

㊀ 欧莱玛（Ulama）是对伊斯兰学者的统称，指精通《古兰经》注学、圣训学、教义学、教法学，并有系统的宗教知识的学者。——译者注

的攻击。1258 年，蒙古人摧毁了巴格达及其大部分书籍文献。自由开明的学术氛围已然消失。但到那时，许多最重要的希腊经典著作已经传到了欧洲，科学的火炬将在那里继续燃烧。

2.6 中世纪科学

欧洲中世纪科学的第一粒种子已经播下，罗马帝国的余烬仍在燃烧。波爱修斯（Boethius，约 480—525）和卡西奥多罗斯（Cassiodorus，约 490—580）将希腊经典著作翻译成拉丁文。塞维利亚的伊萨多（Isadore，约 560—636）编写了第一本欧洲百科全书，在中世纪欧洲广受欢迎。第一座爱尔兰修道院在传播学术方面做出了重大贡献。比德（Venerable Bede，约 674—735）为修道院撰写了手稿，主要是一些实用文本和原创科学作品，包括他对历史、宇宙学、天文学、自然科学、数学和历法等方面的研究。几个世纪以来，他的著作成为中世纪欧洲主要的知识来源。

公元 789 年，查理大帝（Charlemagne）在其领地内建立了修道院和教堂学校，引发了广泛的知识复兴，称为加洛林文艺复兴（Carolingian Renaissance），这为欧洲科学奠定了基础。热贝尔·奥里拉克（Gerbert d'Aurillac，约 945—1003）是这一时期的首位知识分子，他强调实用科学和经典并重。从希腊语和阿拉伯语到拉丁语的翻译工作的加快,使人们能够接触到希腊经典著作和伊斯兰世界的原创作品。这一时期也出现了一些重要的翻译家,包括非洲的康斯坦丁(Constantine the African,活跃于1065—1085年)、巴斯的阿德拉德(Adelard of Bath,活跃于1116—1142年)、托莱多的雷蒙德(Raymond of Toledo,活跃于1125—1151年)和克雷莫纳的杰拉德(Gerard of Cremona,约1114—1187)。到了12世纪末,大部分留存的希腊和阿拉伯著作都已被翻译成拉丁文,这一知识体系构成了新欧洲大学课程的很大一部分,此间的复苏被称为12世纪的文艺复兴,欧洲科学突然兴起(见图2-2)。

第一批欧洲大学出现在博洛尼亚(成立于1088年)、巴黎(成立于1150年)、牛津(成立于1167年)、剑桥(成立于1209年)和帕多瓦(成立于1222年)。到了1500年,欧洲有80多所大学,这代表了欧洲知识能力的显著提升。大学是一个重要而独特的机构,此前没有一个伟大的文明有大学的存在。据估计,自欧洲第一所大学的诞生到1500年,有50多万名学生从欧洲大学毕业。

由于这些大学主要教授亚里士多德的作品,因此不可避免地与罗马天主教会的教条发生冲突。1210年,巴黎大学禁止阅读和教授亚里士多德关于自然哲学的著作,如有违反便会被判处逐出教会,这个禁令长达40年之久。1277年,亚里士多德的 219 部著作遭到谴责。亚里士多德认为宇宙是永恒的，事件是由因果决定的；然而，天主教认为上帝创造了宇宙，上帝可以通过神的干预和神谕来决定在任何时候发生什么事情。教会还反对亚里士多德的泛神论，即上帝是自然本身，而不是一个体贴的拟人上帝。亚里士多德提出的地心水晶球宇宙体系阻碍了《圣经》中升天的途径。阿尔伯特·麦格努斯（Albertus Magnus，约 1200—1280）和托马斯·阿奎那（Thomas Aquinas，约 1225—1274）试图调和这些截然不同的观点。这两个人的观点都曾遭到天主教神学家的强烈反对，托马斯尤其努力寻求妥协，最终实现了亚里士多德主义的基督化和基督教的亚里士多德化。从那时起，"托马斯主义"取得了在天主教会的正式地位（托马斯也于 1323 年被封为圣徒）。这意味着一些亚里士多德学说，例如地心世界观被冻结为教会教条，这引起了一个重大问题，必须在几百年后的科学革命中解决。

西欧的知识复兴仍在继续，在某些情况下甚至超过了希腊思想家所达到的水平。罗伯特·格罗斯泰斯特（Robert Grosseteste，约 1175—1253）是英国的一位名人，他发展了验证和证伪的科学方法，并在各个领域广泛探索，包括光学、声学、天文学、历法改革、数学和彩虹（与当时的许多其他人一样）。罗杰·培根（Roger Bacon，约 1220—1292）深受牛津大学格罗斯泰斯特的影响，他同样兴趣广泛，并写了实验科学的原则。彼得·佩雷格里纳斯（Peter Peregrinus，活跃于1265年）研究了磁体的特性，并在一篇影响深远的论文《磁论》（De Magnete）中阐述了他的工作。另一位早期的欧洲科学家是乔达努斯·尼莫拉里乌斯（Jordanus Nemorarius），他最著名的研究是静力学（研究平衡力）。奥卡姆的威廉（William of Ockham，约1285—1349）扩展了格罗斯泰斯特的科学方法论，他在著名的奥卡姆剃刀定律（Ockham's razor）中强调了科学解释需要俭省："如无必要，勿增实体"（即首选最简单的理论）。即使在今天，这仍然是一项指导原则，并且是有充分依据的。

许多思想家研究了动力学，为几百年后牛顿的研究工作打下基础，其中包括牛津的托马斯·布拉德华（Thomas Bradwardine，约1290—1349）、威廉·赫特斯柏里（William Heytesbury，活跃于1330—1340年）、邓布尔顿的约翰（John of Dumbleton，活跃于1331—1349年）和理查德·斯文海德（Richard Swinshead，活跃于1340年）。在巴黎，让·布里丹（Jean Buridan，约1295—1358）提出了一种"冲力说"，该理论接近牛顿运动定律，并在整个欧洲广为人知。布里丹的学生尼克尔·奥里斯姆（Nicole Oresme，约1320—1382）继承了布里丹的工作，他在动力学和天文学领域都很有先见之明。维帖洛（Witelo，约1230—1275）、约翰·佩查姆（John Pecham，约1230—1292）和弗赖堡的迪特里希（Dietrich of

Freiburg，约 1250—1311）继续对光学进行研究。一些对于天文学影响深远的文献也出现了，补充和扩充了希腊和阿拉伯的著作，包括格罗斯泰斯特、约翰内斯·德·萨库洛博斯科（Johannes de Sacrobosco，活跃于 1220 年）和诺瓦拉的坎帕努斯（Campanus of Novara，活跃于 1260 年）。中世纪天文学领域的其他贡献者还包括圣克劳德的威廉（William of St. Cloud，活跃于 1290 年）、西西里的约翰（John of Sicily，活跃于 1290 年）、萨克森的约翰（John of Saxony，活跃于 1330 年）、列维·本·格尔森（Levi ben Gerson，1288—1344）和沃林福德的理查德（Richard of Wallingford，约 1292—1336）。

公元 1347 年至 1350 年间，一场被称为"黑死病"的瘟疫摧毁了整个欧洲，杀死了当时三分之一的人口，许多科学活动突然终结。后来的几个世纪，黑死病断断续续地出现，科学活动只是逐渐恢复。黑死病可能是图 2-2 所示的科学发展显著下降的主要原因。在这一恢复时期，出现了一些知名学者，包括库萨的尼古拉斯（Nicholas of Cusa，1401—1464）、乔治·珀巴克（Georg Peurbach，1423—1461）和约翰内斯·雷格蒙塔努斯（Johannes Regiomontanus，1436—1476）。当然，最著名的是列奥纳多·达·芬奇（Leonardo da Vinci，1452—1519），他是最重要的"文艺复兴人"，除了伟大的艺术成就外，他还对各种各样的学科感兴趣，包括天文学、光学、数学、解剖学、植物学、动物学、地质学、占星术、炼金术、流体力学和工程学。在许多领域，他的研究成果远远领先于当时。

与此同时，约翰内斯·古腾堡（Johannes Gutenberg，1398—1468）于1439年将印刷机和活字印刷引入欧洲，这是一项重大创新，支撑了现代世界的其他重大发展，是世界历史上最重要的事件之一。1492年，克里斯托弗·哥伦布（Christopher Columbus，1451—1506）发现了新世界，为欧洲开辟了全新的发现区域。1517年，马丁·路德（Martin Luther，1483—1546）开始了宗教改革。所有这些突破性的发展极大地改变了欧洲，开阔了人们的视野，鼓励了人们的开放和创新思维。

亚历山大图书馆被毁后，欧洲花了一千多年的时间才完成文化的重建。古希腊哲学家、伊斯兰时期和中世纪学者的伟大作品现在都已广为人知，那些著作被大量印刷并得到充分研究，文艺复兴时期的巨大发展极大地激发了人们的好奇，并且鼓舞人心，因此被视为科学史上的一个重大转折点。

2.7　科学革命

科学革命发生在16世纪和17世纪的欧洲，这是科学的第二次崛起。

尼古拉斯·哥白尼（Nicolaus Copernicus，1473—1543）出生于波兰的托伦镇，在克拉科夫大学就读期间，他接触了当时留存的主要知识分子的作品，从古代到当代均有涉及。然后他去了文艺复兴时期的意大利，在博洛尼亚大学、帕多瓦大学和费拉拉大学学习法律、医学和古典学。1506年，他回到波兰，成为弗龙堡大教堂（Frombork Cathedral）的教士，行医并履行各种民事职责。

在求学期间，哥白尼接触了天文学，并对古老的托勒密模型产生了兴趣，这是用于计算太阳、月球和行星位置的模型。他意识到了该模型的一些缺点，特别是它难以解释某些行星的"逆行"，无法解释水星和金星为什么从不远离太阳，错误地预测月球的视大小会发生显著变化，而且具有本轮、均轮和偏心匀速点等笨重结构。他想知道，如果把太阳而不是地球视为宇宙的中心，这个体系是否会更简单、更合适。

哥白尼不是一个革命者。他希望改进而不是取代托勒密体系，例如，他维系了经典模型的基本圆周运动，但他的日心模型立即解决了一些问题。当外行星围绕太阳相对运动时，它们的不同轨道自动解释了外行星的特殊运动。水星和金星到太阳的距离比地球更近，这解释了为什么它们在天空中从来没有远离过太阳。月球是唯一绕地球轨道运行的天体，这解释了为什么它的视大小变化不大。因此，虽然哥白尼模型仍然需要本轮,并且没有比托勒密模型简单(或更精确),但它解决了一些问题,当然更顺理成章。

但是,就像阿利斯塔克在1 500多年前提出的一样,日心说模型也存在一些问题。最严重的是,当地球绕太阳运行时,观测到的恒星相对位置会发生变化(在轨道的两侧,看到的恒星有角度的差异)。阿利斯塔克和哥白尼都回答说,如果恒星距离地球非常远,这种结果将小到无法检测到。还有一些"常识"问题:为什么自转的地球围绕太阳旋转时,物体不会飞离地球,为什么我们感觉不到来自东方的持续大风,为什么物体会直接落在地球上而不是朝着西方,为什么鸟类向东方飞和向西方飞一样容易,为什么炮弹向东或向西发射能达到同样的距离?对其中一些问题的回答是,地球表面或接近表面的物体都参与其围绕太阳的运动。

哥白尼并不急于发表他的理论。除了可能面临的批评外,日心说的理论也可能在罗马天主教会和新教教会中极不受欢迎,因为在宗教教条中,地球永远是宇宙的中心。1514年,哥白尼暂时发布了一本匿名的小册子,分发给一些最亲密的朋友。在生命的最后时刻,他终于被说服,出版了《天体运行论》(*On the Revolution of the Heavenly Spheres*)一书,献给教皇。这本书出版于1543年,也就是他去世的那一年。

对于这样一本"革命性"的书,很多年来几乎没有受到关注。一个原因是它的技术性很强。许多天文学家都在阅读它，其中一位天文学家甚至在此基础上计算了一组新的天文表格。但直到 17 世纪，哥白尼的作品才出名，因为此前罗马天主教会禁止了这本书和任何关于哥白尼作品的教学行为，新的故事很快就会展开。

哥白尼去世后的几十年里，更加精确的天文测量工具出现了。丹麦天文学家第谷·布拉赫（Tycho Brahe，1546—1601）在哥本哈根北部建造了一座大型综合天文台，并在 20 年的时间里进行了一系列前所未有的精确观测。1600 年，他在一位新赞助人的支持下搬到了布拉格，并雇用了一位名叫约翰内斯·开普勒（Johannes Kepler，1571—1630）的助手。开普勒是一位年轻的德国数学家，他在数学天文学方面的工作引起了第谷的注意。与第谷不同的是，开普勒是日心说模型的支持者。开普勒抵达后不久，第谷去世，开普勒被任命为天文台台长。

开普勒在日心模型的背景下，利用第谷多年来的大量数据，发现了行星运动的三条定律：行星围绕太阳以椭圆轨道（而非圆）运行，从太阳到行星的直线在相同时间内扫过相同的面积，行星轨道运动周期的平方与它距太阳的平均距离的立方成正比。这三个定律为牛顿的万有引力理论提供了天文学基础。1627 年，开普勒利用第谷的精确观测、太阳系的日心模型和他对行星椭圆轨道的知识，出版了一套新表格——

《鲁道夫星表》。有观测数据支撑的模型取得了显著的认同；这是天文学的一大进步。

* * *

伽利略·伽利雷（Galileo Galilei，1564—1642）是科学革命的关键人物之一，也是历史上最伟大的科学家之一。他是第一位现代科学家，他用数学来描述物体的运动，用实验来检验假设。

伽利略的早年生活很颠簸，15岁加入修道院，17岁进入比萨大学攻读医学，然后爱上了数学，辍学成为数学和自然哲学学科的助教。他有一颗好奇心，喜欢辩论，在当时他质疑过亚里士多德的理论。与亚里士多德不同的是，他认为所有物体都以相同的速度下落。他很早就发现钟摆摆动的周期只取决于其长度，而不取决于其重量或弧长。

1589年，伽利略以数学教授的身份重返比萨大学，作为一位独立而睿智的思想家，他声名鹊起。1592年，他被任命为威尼斯共和国帕多瓦大学数学系主任。在他的回忆里，在那里度过的18年是他一生中最幸福的时光。

他研究了各种实际问题，包括军事防御、滑轮系统如何运作，还发明了一种初级通用计算器。他做了著名的实验，让球从斜面上滚下来，证明不同重量的球的重力加速度相同；他知道，如果球是自由落体，也适用同样的理论，因为这只是斜面垂直的极端情况。他用一个"水钟"作为计时器，测量从底部有孔的容器中流出的积水。与希腊人的定性科学相比，他的实验是定量的⊖。

伽利略思考惯性问题，想象一艘船在海上匀速行驶，船上的一切（抛掷的球，掉落的物体）都表现得好像船在静止。他思考了是什么让炮弹在空中飞行。与亚里士多德不同的是，他认为所有运动的物体都倾向于保持运动，而静止的物体则保持静止，这就是惯性定律和牛顿第一运动定律。伽利略研究流体静力学和磁学。他是哥白尼模型的支持者，并与开普勒和其他科学家通信。他证明了一颗"新星"在1604年突然成为天空中最亮的恒星，并且相对于其他恒星没有可观察到的运动，伽利略认为它一定与其他恒星一样遥远，这挑战了亚里士多德关于不改变的天球的概念。（事实上，该"新星"是一颗更暗的恒星，刚刚在一次壮观的爆炸中陨落，这类事件被称为"超新星"。）他证明了炮弹发射的轨迹是一条曲度平缓的抛物线，这与亚里士多德的观点相反，在亚里士多德的观点中，炮弹首先水平移动，然后下降到地面。

1609年，伽利略首次听说荷兰眼镜制造商汉斯·利伯希（Hans Lippershey，1570—1619）发明了望远镜。这种早期版本的复制品具有三倍的放大能力，已经作为玩具出现在欧洲

⊖ 古希腊哲学家不会屈尊于在斜面上反复滚动球那样平庸的事情，而伽利略的实验为牛顿万有引力定律提供了关键信息。

各地的博览会上。伽利略立即意识到这种仪器对威尼斯军事和贸易的潜在重要性，因为用上它更容易看到和识别遥远的船只。他很快自己建造了一个更强大的望远镜，最终达到了20～30倍的放大效果。

他的灵感来源于将望远镜对准天空，并取得了惊人的发现：木星最明亮的四颗卫星在围绕木星自身的轨道上运行（证明并非一切都只是围绕地球运行），月球上的山脉和火山口（因此，月球并不是古人想象的完美球体），以及组成银河系的无数恒星。1610年，他在《星际信使》(The Starry Messenger)一书中阐述了这些观点，该书立即在整个欧洲广为流传。

不久之后，伽利略被托斯卡纳大公授予终身担任哲学家和数学家的高薪职位。当他到达佛罗伦萨时，他听说开普勒已经证实了他发现的木星的四颗卫星。伽利略后来还发现了土星不是一个完美的球体，发现了金星的相位（只有金星绕太阳运行才能解释），并观察了太阳上的斑点，这些瑕疵表明，太阳也不是人们所认为的完美天体。

这些发现为支持哥白尼模型和反对古代托勒密模型提供了非常有力的直接证据，但伽利略仍然谨慎地未提倡哥白尼模型本身。他很清楚乔尔丹诺·布鲁诺（Giordano Bruno，1548—1600）的命运，这位"离经叛道"者被罗马天主教宗教裁判所烧死在火刑柱上，部分原因是他支持日心说。伽利略与教会高层，包括教皇本人都保持着良好的关系。对于伽利略的观测，仍然有亚里士多德式的怀疑论者，他们认为这可能是由于伽利略的望远镜是人工制造的，但伽利略在附近已知的物体上测试了他的望远镜，表明情况并非如那些人所说，教会的一个耶稣会委员会支持伽利略提出的所有主要观测主张。

但过了几年，伽利略开始表示支持哥白尼模型，尽管他最初有所保留。1616 年，一个教皇委员会得出结论，认为太阳位于宇宙中心的观点和地球在太空中运动的观点是异端，哥白尼的《天体运行论》一书被教会禁止。第二年，教皇和宗教裁判所裁定伽利略不得支持或教授哥白尼的世界观。伽利略因此将注意力转移到了其他科学领域。

1623 年，一位新教皇（乌尔班八世）当选，他对伽利略的态度更加积极，第二年，伽利略已经有了六位听众，还被授予了各种荣誉。最重要的是，新教皇允许他只要保持中立立场，就可以写一本关于托勒密和哥白尼这两大主要的世界体系的书。伽利略于 1631 年出版了《关于托勒密和哥白尼两大世界体系的对话》(*Dialogue on the Two Chief World Systems*) 一书。这是两位拥护者之间的一场想象中的辩论，萨尔维亚蒂（支持哥白尼案）和辛普利丘（Simplicio，希腊自然哲学家、数学家，支持托勒密案）。然而，使用辛普利丘这个名字暗示着只有一个傻瓜才会相信托勒密的世界观，且书中的内容似乎明显偏袒哥白尼的观点。教皇和教会都感觉受到了屈辱。教皇委员会奉命进行调查,伽利略因异端罪接受宗教裁判所的审判。

伽利略再次意识到布鲁诺的命运,最终被迫放弃了他对哥白尼主义的信仰("我发誓放弃、诅咒,并且憎恨我的错误")。教会对伽利略最初的判决是终身监禁,后来减为终身软禁。考虑到他在佛罗伦萨郊区阿切特里有一座非常精致的别墅,并且他可以继续进行其他研究,结果并没有那么糟糕。

在后来的时光里,伽利略完成了一本物理学领域的著作——《关于两门新科学的对话》(Discourses and Mathematical Demonstrations Concerning Two New Sciences)。这本书涵盖了他一生在力学、惯性、材料强度、流体性质、空气重量、光学、射弹、钟摆、负载梁等方面的研究。该书阐释了伽利略的落体定律,一个物体在自由落体中所经过的距离与落体时间的平方成正比,书中还讨论了科学方法:观察和重复实验对检验假设的重要性。由于他的著作被禁止在意大利出版,该书于1638年被走私出境并在荷兰莱顿出版。这本书对后来欧洲科学的发展产生了巨大影响。

教会对伽利略的判处严重影响了意大利科学的规模和质量,此后的几十年意大利一直相对落后。但欧洲和希腊一样,优势在于由许多不同地区和国家组成。伽利略的发现和思想在欧洲其他地区自由传播，特别是在当时的北方新教地区，这些地区不再受天主教会的控制。改革对科学的生存至关重要，否则伽利略的书可能根本就不会出版，开普勒和牛顿的作品也可能被禁止。

1758年，教会解除了对哥白尼《天体运行论》的禁令。1822年，教会解除了对伽利略《关于托勒密和哥白尼两大世界体系的对话》的禁令。1992年，在伽利略去世350年后，教会最终赦免了伽利略。

* * *

艾萨克·牛顿（Isaac Newton，1642—1726）出生于英国林肯郡的一个农民家庭。他先是由父母抚养，然后由外祖父母抚养，最后在一所文法学校长大。据说他是个孤独的孩子。16岁时，他被迫离开学校去管理家庭农场。这段经历没有持续多久，因为他对农业没有兴趣。18岁时，他很幸运地被剑桥大学三一学院录取。他发现自己甚至可以忽略大部分正规课程，把大部分时间花在他想要学习的任何东西上，包括科学和数学方面的伟大著作。除了痴迷于自己的研究，他还努力获得了一笔奖学金，使他能够在剑桥待到1668年。1665年时他的学习因肆虐的瘟疫而被迫中断。剑桥大学暂时关闭，牛顿两次回到林肯郡，直到1667年，瘟疫终于消散。

据牛顿本人回忆，1663年至1668年是他最富成效的几年。一些历史学家把1666年称为"牛顿的奇迹年"。牛顿看到一个苹果从树上掉下来而提出万有引力，这个著名故事就发生在他在林肯郡的那段时间。当然，牛顿在那时确实有许多伟大的思想，但他的著作在相当长的一段时间后才得以成熟。1669年，他被任命为剑桥大学卢卡斯数学教授，任期直至1687年离开剑桥，这是对他非凡能力和成就的认可。

牛顿对光学、数学、力学和引力有着广泛的兴趣，他在炼金术和《圣经》解读方面也投入了相当长的时间。

在光学方面，他用棱镜将白光分解成彩虹的七种颜色。然后，他将此过程反转，七彩虹光再次形成白光，这表明白光实际上是所有颜色的混合。他还再次使用棱镜证明，组成色不会进一步减少或改变，这表明它们有光的真正属性，而不是人工制造的折射效果。这是一个极好的实验结果，揭示了光的基本特性之一。

作为光学研究的一个技术衍生产品，牛顿设计并制作了反射望远镜，从而避免光线通过透镜折射而产生的麻烦。1671年，当这项研究被介绍给位于伦敦的英国皇家学会时，牛顿立即被选为该学会的会士，他关于光学方面的研究成果于1672年发表。他认为光是一股粒子流（他称之为微粒），与其他认为光是波现象的人的观点相反——其中一位是皇家学会的另一位成员罗伯特·胡克（Robert Hooke，1635—1703），多年来牛顿与他有各种不同意见。在 1675 年写给胡克的一封信中，牛顿提出了那句名言："如果说我看得比别人更远些，那是因为我站在巨人的肩膀上。"

针对 1672 年的那篇论文有很多细枝末节的争论，这使牛顿非常沮丧，因此他在剑桥隐居。多年来，他的研究不断取得进展，但大多未显露于人。他很痴迷于自己的兴趣，并投入大量时间。

1684 年，埃德蒙·哈雷（Edmund Halley，1656—1742）、胡克和克里斯托弗·雷恩（Christopher Wren，1632—1723）在英国皇家学会讨论行星的轨道。他们怀疑，如果根据"平方反比定律"（inverse-square law），太阳对行星的引力随着距离的增加而减弱，那么开普勒的三个定律可能是正确的，但他们无法证明这一点。当年晚些时候，哈雷在剑桥拜访了隐居的牛顿。他提到了轨道假说，并询问牛顿是否可以对此进行证明。牛顿同意了，到了当年年底，他在一篇题为《天体在轨道中之运动》(On the Motion of Bodies in Orbit) 的论文中向哈雷提交了证明。这是一项惊人的成就，但牛顿拒绝发表这篇论文，他说他希望在发表之前进一步研究这个问题。在接下来的 18 个月里，牛顿付出了巨大的努力，最终完成了可能是科学史上最伟大的出版物。

牛顿于 1687 年出版的《自然哲学的数学原理》(*Mathematical Principles of Natural Philosophy*) 是一部永久改变科学的不朽

著作。该书的出版彻底打破了古代亚里士多德定性世界观的束缚,取而代之的是精确、定量和可行的世界观。宇宙及其所有容纳之物都是根据固定法则⊖运行的,这使得准确预测成为可能。我们处在一个"时钟"宇宙,这意味着,如果每件事都在同一时间已知,原则上就有可能预测未来的每件事⊜。这种变化绝对是革命性的。

《自然哲学的数学原理》将科学革命的其他所有伟大成就——哥白尼的日心说、开普勒行星运动定律和伽利略的物理思想、实验和天文观测等都汇集在一起,形成了一个里程碑式的集合。

该书最大的成就之一是证明了万有引力定律是普遍的,

⊖ "自然法则"的现代概念主要出现在 17 世纪。在古希腊,"定律"几乎总是指人的行为。天体运动的规律性是希腊语单词"天文学"(astronomos)的灵感来源,它将"astro"(意思是"星")和"nomos"(意思是"定律")结合起来,但这是一个特例;亚里士多德写的是原因,而不是法则。在中世纪涉及天意神学的讨论中,自然法则的概念有各种暗示,但勒内·笛卡儿(公元 1596—1650)明确提出了我们所知的现代自然法则概念。这是真正的创新,他为此不断抗争。最后,他感到不得不援引上帝来支持这些定律,既要提供有力的因果效力,又要转移任何来自宗教的反对(他知道伽利略的结局),但很快这个概念就能够独立存在了。它产生了巨大的影响。当开普勒和伽利略得出他们的结果时(在笛卡儿的作品之前),"定律"一词还没有被使用。但牛顿是笛卡儿之后的人,他充分利用了笛卡儿的理论:在他的《自然哲学的数学原理》一书的前几页是三个著名的"公理,或运动定律"。在这方面,他无疑站在笛卡儿的肩膀上。

⊜ 这一观点的首次表述,将其称为科学决定论,实际上是 1814 年由皮埃尔·西蒙·拉普拉斯(1749—1827)发表的。

它既适用于遥远的行星，也适用于地球上的所有物体。为了描述行星的轨道，牛顿发明了微积分，这是另一项重大成就。使用微积分可以将轨道划分为一系列微小的段，这些段共同形成一条平滑的曲线。行星的轨道运动是由其切向运动在太阳引力作用下不断向内偏转引起的。这样，牛顿就能够证明开普勒三定律。牛顿定律可以对行星运动和下落的物体做出无限精确的预测。

该书包含力和运动的一般理论。牛顿著名的三个公理或运动定律，用现代术语表达，简单来说就是：

（1）如果没有外力作用在物体上，物体保持静止或匀速直线运动状态。

（2）物体的加速度等于作用在物体上的外力除以其质量（$F = ma$）。

（3）对于每个作用，都有一个相等且方向相反的反作用。

在本书中，牛顿证明了可以用数学方法解释和预测各种现象，其中包括两个物体围绕一个共同重心的运动，月球、行星、彗星、外行星的卫星和太阳本身的运动，月球的同一侧总是面向地球的原因，海洋潮汐的起因，地球的形状，分点岁差，物体在阻力中的运动，流体的密度和压力，流体静力学，悬浮体的运动，空气中的声速以及流体的运动。从行星的运动到流体静力学，所有这些都是以精确的数学计算出来的。毋庸置疑，这部作品包罗万象。

《自然哲学的数学原理》一经出版便被公认是一本将改变世界的书，它在英国和整个欧洲广泛流传。牛顿声名远扬，他开始参与政治，当了一年的议员。1700年，他成为伦敦造币厂的厂长。高薪使他能够过上体面的生活，他还享受着更多的社交生活。1703年，他成为英国皇家学会主席。1726年，牛顿去世，享年84岁。

随着《自然哲学的数学原理》的出版，科学革命完成了。亚里士多德的著作被放在历史的书架上，世界是由不变的物理定律统治的。

这是科学的崛起中第二个具有里程碑意义的进步。亚里士多德的定性和描述性世界观被牛顿的定量和预测性世界观所取代，后者发挥了很大作用，并且具有惊人的准确性。

牛顿定律具有精确数学预测的能力，再加上利用实验和观察来严格测试此类预测的科学方法，这为理解和预测世界提供了一种强大的方式。这是革命性的，是一种新的思考世界的方式，推动了文明进步，现代科学由此诞生。

科学得到了巨大推动，并在越来越多的前沿领域取得进展。科学革命之后的科学发展呈指数级增长，大概要一整个图书馆的书才能描述这一切。

下面简要概述自科学革命以来的几个重要的科学领域，概述过去几百年科学的兴起。它们包括无限广大的世界（向外到整个宇宙）、无限微小的世界（向内到原子）、光（从光学到

光子）和生命本身（从植物学和动物学到 DNA）。㊀

2.8　无限广大的世界

最大的实体是什么？虽然牛顿原理最终解决了行星运动的争论，但仍然存在许多问题。太阳系有多大？不时出现的彗星是什么？恒星是什么？它们有多远？它们是集中在太阳系外的一个壳层中，还是扩散到无限远？

天文学家利用开普勒定律，根据所有行星的轨道周期，知道它们与太阳的相对距离。但太阳系的绝对规模更难确定。乔凡尼·卡西尼（Giovanni Cassini，1625—1712）使用"视差"方法来确定火星与地球的距离。1672 年，卡西尼把同事送到法属圭亚那，当时他住在巴黎。他们同时对火星进行了观测，并利用两条视线之间的角度来确定到火星的距离。由于所有行星与太阳的相对距离都是已知的，因此只需确定

㊀ 应该注意的是，这些简短的历史是在"后见之明"的帮助下写成的，我们回顾过去，归纳现在知道的有关这四个领域知识的一些科学著作。因此，它们是选择性的，在某种程度上过分简化了科学的实际历史。过去有不同的途径可供选择，而且人们在当时还不清楚每条路会通向哪里，是弯路还是死胡同。正如下一章所强调的，科学和任何人类的努力一样复杂，这一点在大量科学史文献中也得到了明确阐述。最后应该指出的是，虽然 1900 年后有很大一部分科学成果获得了诺贝尔奖，但这里没有提到这些奖项，因为它们会扰乱和打断故事情节；第 4 章讨论了此类奖项。

其中一个行星就可以了解所有行星的相对距离。天文单位（Astronomical Unit，AU）即从地球到太阳的距离，是用于描述太阳系的标准距离标度。卡西尼的计算结果表明，AU 的长度为 1.38 亿公里，这相当接近目前公认的 1.5 亿公里。太阳系十分庞大。

1664 年，詹姆斯·格雷戈里（James Gregory，1638—1675）提出从地球上的不同点进行金星凌日观测，以达到使用简单的几何学来确定地球到太阳的距离。埃德蒙·哈雷后来跟进了这一点，预测下一次金星凌日将发生在 1761 年和 1769 年，并详细介绍了应如何进行观察。由于这两种天象每 243 年才发生一次，这是一个不容错过的机会，通过观测不仅可以了解太阳系的尺度，还可获取与有关海上经度问题的信息。各国参与这项观测的深层原因是其关系到国家声望。

这是第一次真正的国际科学合作，规模巨大。为了顺利完成，来自几个不同国家的科学家必须交流、合作并就一项计划达成一致。一些相关国家（如英国和法国）当时处于战争状态，但他们允许其敌对国家的国民安全通行。1761 年，来自 9 个国家的约 120 名观察员前往世界各地的 62 个观测点。许多人为了到达指定的位置，不得不忍受数月的艰辛。然而，由于天气恶劣，第一次过境基本上没有成功，因此 1769 年的过境充满压力。第二次过境时，詹姆斯·库克（James Cook，1728—1779）船长率领英国皇家海军考察船"奋进号"前往塔希提岛进行著名的观测，法国政府指示其海军不要干涉，因为这是"为全人类执行的任务"。这一次观测汇聚了欧洲、西伯利亚、北美、印度、圣赫勒拿、南非、印度尼西亚、中国以及塔希提岛等 10 个国家 130 个地区的约 250 名观察员。尽管最初有一些令人失望的地方，但最终结果令人印象深刻：他们给出的 AU 为 1.508 亿千米，误差在正确值 1.496 亿千米的 0.8% 以内。

在此过程中，有早期迹象表明光速是有限的[一]。观测表明，当木星离地球最近时，木星卫星的日食"提前"发生，而当木星远离太阳时，日食则推迟发生。光到达地球所需的时间取决于光传播到木星的距离。这一发现归功于丹麦天文学家奥勒·罗默（Ole Rømer，1644—1710），他当时在巴黎天文台工作。他对光速的估计与真实值的误差在 25% 以内，但他的结论在当时是有争议的。詹姆斯·布拉德利（James Bradley，1693—1762）发现了"光行差"，这是光速有限的另一个迹象：地球绕太阳运行时，从遥远恒星接收到的入射光的观察方向会发生轻微变化；这种影响取决于地球相对于光速的速度。这也直接证明了地球绕太阳运动。

牛顿曾提出，神秘的彗星可能只是围绕太阳以椭圆轨道

[一] 光速为 300 000 千米/秒。它是一个通用常数，在真空中没有什么比光传播得更快。天文距离通常表示为"光年"的倍数，即光在一年中传播的距离，这个距离约为 9 万亿千米。

运动的拉长的天体，也就是说，它们会时不时出现。基于这一点，哈雷梳理了历史记录中同一轨道间隔相同时间段的彗星的外观，并在1531年、1607年和1682年的彗星中发现了一个有趣的情况。他认为这些可能是同一彗星的再现（时间间隔的差异可能只是由于路径沿线行星的扰动），在这种情况下，下一次出现将在1758年末或1759年初。考虑到木星的扰动，随后的详细计算预测该彗星将在1759年4月中旬的几周内最接近太阳，到了1759年3月13日，人们确实观察到了它。"哈雷彗星"的回归为牛顿物理学提供了惊人的证据。

海上的导航员可以通过测量中午太阳的高度来轻松确定纬度，但如何确定经度是一个大问题。直到18世纪末，还没有解决方案，由此带来了许多困难，导致了无数船只和生命的消失，因为他们在"盲目"地向西或向东航行。确定经度需要将本地时间与母港的"标准时间"进行比较。怎么才能知道那个遥远的地方的时间？在18世纪，出现了两种相互竞争的可能方案，一种是将月球在固定恒星背景下的运动作为天文钟，另一种是将标准时间"携带"在一个可靠的计时器（精密时钟）上，即使在起伏的海面上也会保持准确。由于这对英国海军和商船队至关重要，英国政府特别设立奖项来征求最佳解决方案。许多其他欧洲海洋国家也参与了解决问题，因为这一问题也曾影响到这些国家，由此促成了有史以来最大规模的科学探索之一。令人惊讶的是，计时器赢得了这场竞赛。钟表匠约翰·哈里森（John Harrison，1693—1776）制造了一系列精密且小巧的计时器，将80天内的误差控制在了5秒。1764年，他在横跨大西洋的航行中试用了他制造的最好的计时器，最终获得了该奖。

人们花费了大量时间和精力来制作更完善的恒星目录，给出它们的位置和亮度，从而为海上导航员提供准确的星表。英国格林尼治皇家天文台于1675年因此而建立，第一个成果是1725年发布的包含3 000颗恒星的目录。为了便于通过月球确定经度，1766年诞生了第一份航海年鉴。其他国家也在进行类似的工作，当计时器成为确定海上经度的首选方法，世界各地主要港口建立的天文台为导航员在起航前提供了精确的天文校准。

其他一些目录纯粹出于科学目的而编制。威廉·赫歇尔（William Herschel，1738—1822）制作了一个2米长的"后院"望远镜来寻找"双星"（天空中相互靠近的恒星），并在1782～1784年发布了数百组双星的目录。他能够确认它们是在相互引力的吸引下绕轨道运行的双星。后来，他建造了一个6米长的反射望远镜来观察天空，寻找星云（漫射光区域）和星团，最终完成了数千个星团的分类目录。他的儿子约翰（John，1792—1871）继续他的工作，最终，在他们的共同努力下，1888年出版了包含7 840个深空天体的新总目录。

星云的性质并不确定，它们都是伪装成单个漫反射物体的遥远星团吗？1845年，第三代罗斯伯爵威廉·帕森思（William Parsons，1800—1867）建造了一个镜片直径1.8米的巨型望远镜来回答这个问题。该望远镜揭示了一些星云具有螺旋结构，它可以分辨猎户座星云中的恒星，但最后没有给出能确定星云性质的确切答案，这必须等待光谱学来解答㊀。

　　光谱学在19世纪首次成为一种工具。1802年，威廉·沃拉斯顿（William Wollaston，1766—1828）重复了牛顿著名的日光实验，但他没有使用针孔，而是使用了1.3毫米宽的狭缝，令他感到惊讶的是，光谱中发现了七条暗线。1814年，德国眼镜商约瑟夫·夫琅禾费（Joseph Fraunhofer，1787—1826）发明了分光镜，他用分光镜在火的光谱中发现了一条亮橙色的线，在太阳光谱中发现了576条暗线。1859年，另外两个德国人，威廉·本生（Wilhelm Bunsen，1811—1899）和古斯塔夫·基尔霍夫（Gustav Kirchhoff，1824—1887）发现热固体和液体产生连续光谱（无谱线），而炽热气体产生明亮的光谱。1864年，天文学家威廉·哈金斯（William Huggins，

㊀ 在光谱学中，我们使用棱镜或分光镜将光谱扩展到其组成颜色（波长），从蓝色到红色。不同的光源可以在光谱中的特定波长处产生窄、亮（发射）或暗（吸收）特征。这是光源中的原子和分子造成的，被称为发射和吸收"线"（"线"只是分光镜狭缝的图像）。它们的相对强度告诉我们光源的化学成分。线也可以通过源的运动沿着光谱移动。如果光源向我们移动，谱线会移向光谱的蓝端，如果光源远离我们，谱线就会移向红端。这些变化被称为蓝移和红移，这种现象就是我们熟知的"多普勒效应"。

1824—1910)发现其中一个星云具有明亮的光谱,证明"真正的"气体星云确实存在;后来他发现,当连续光谱通过气体时,会出现该气体特有的暗线。在天文学中,这些亮线和暗线是由恒星和星云中的原子引起的发射线和吸收线,我们在地球上观察到的原子就是这些。因此,我们可以利用在实验室得到的原子知识来确定遥远的恒星和星云是由什么组成的。

反之亦然。在1868年的日食期间,皮埃尔·詹森(Pierre Jansen,1824—1907)和诺曼·洛克耶(Norman Lockyer,1836—1920)在太阳光谱中看到了一种不熟悉的线条图案。洛克耶认为它们一定是某种未知的元素,他将其命名为"氦"(helium,来自希腊神话的太阳神Helios)。27年后,即1895年,氦在地球上被发现。因此,事实证明,不仅牛顿引力定律适用于地球和宇宙,原子物理学也是如此。遥远宇宙中的物质和地球上的物质是一样的,这是一个惊人的启示。

在18世纪和19世纪,人们在原来的六颗行星的基础上增加了两颗新行星,一颗是偶然发现的,另一颗是基于牛顿力学的预测。1781年,威廉·赫歇尔用大望远镜进行了一系列观察,发现了一个不寻常的天体,原来是天王星。天王星之前很可能已经被观察过好几次(甚至在公元前128年被喜帕恰斯发现),但还没有被确认为行星。进一步观察表明,其运动偏离了单一的行星轨道,赫歇尔考虑了各种因素,认为另一个大质量天体的引力扰动是最有可能的原因。英国和法国都通过计算预测了该天体的位置，1846 年的观测发现了它，并揭示了它确实是另一颗行星——海王星。这是牛顿物理学又一次惊人的成功预测。

那么恒星呢？在科学革命之前，天文学家将恒星视为外天球的一部分，其位置和亮度都不变。然而，1572 年第谷发现了一颗超新星，它突然明亮地出现在天空中，然后逐渐消失，人们意识到恒星可能并不是一成不变。勒内·笛卡儿（René Descartes, 1596—1650）在其影响深远的 17 世纪宇宙学说中提出，恒星是像太阳一样发光的物体，只是距离远得多，分散在整个宇宙。

这一新概念开辟了一个全新的研究领域。恒星会移动吗？它们的亮度相同吗？它们在空间中是如何分布的？为了解决第一个问题，哈雷研究了格林尼治皇家天文台早期版本的恒星目录，并将恒星位置与喜帕恰斯在公元前 2 世纪收集的较小目录中的恒星位置进行了比较。1718 年，哈雷发现在一些情况下，恒星位置上的差异远远大于月球在天空中的角度大小。这远非古代星表有错误这一理由所能解释的，而是表明恒星已经产生了移动，进一步反对了恒星不动的天球理论。

根据观测到的太阳黑子的自转可以得出，其他恒星也可能自转，由此造成的视亮度也会不同。但是，除了新星（突然且短暂变明亮的恒星，第谷发现的"超新星"就是一个极端的例子）之外，预期的变化很小，很难用当时的望远镜探测到。然而，一些恒星在 18 世纪被发现有显著的变化，一种是由于日食，另一种是由于脉动，即所谓的"造父变星"，这在 20 世纪宇宙学中起着至关重要的作用。但总的来说，针对这种亮度变化的科学研究需要等待以后的发展。

恒星有多远？在日心模型中，地球每年围绕太阳旋转，因此每半年它都位于其轨道的对面，对给定恒星的观察将显示其移动到了不同角度（所谓的"年视差"）。事实上，这种影响因太小而无法被观察到，因为恒星大都处于极远的距离，正如阿利斯塔克和哥白尼所认为的那样。到了 18 世纪初，改进后的测量视差已能够测量距离超过 40 万 AU 的恒星。另一种估算恒星距离的方法是假设太阳是典型的恒星，并将其亮度与恒星的亮度进行比较。由于物体的视亮度与其距离的平方成反比，因此可以相对于地球到太阳的距离来确定到恒星的距离。用此种方法，克里斯蒂安·惠更斯（Christiaan Huygens，1629—1695）估计天狼星（天空中最亮的星）距离我们有 28 000 AU。牛顿使用了这种方法的一种变体，预测天狼星离我们有 100 万 AU。他的预测离我们不远了，我们现在知道天狼星离我们有 54 万 AU 远。

确定恒星距离的关键仍然是直接测量恒星视差。这需要精确测量由于地球绕太阳公转而引起的"附近"恒星相对于遥远恒星的视位置的变化。这种影响非常小（还不到一"弧秒"，约为月球直径的 1/2 000），并且需要处理一些复杂情况。但最终，经过百年来数位天文学家的努力，弗里德里希·威廉·贝塞尔（Friedrich Wilhelm Bessel，1784—1846）在1838年报告了一个令人信服的恒星测量结果，当视差为0.3弧秒时，可得出距离为10光年。这只是最近的恒星之一，它的光需要10年才能到达地球。最后，天文学家开始意识到宇宙的巨大。

这些早期的测量用肉眼进行，因此是一项缓慢的工作。到了1900年，人们只知道大约存在60个视差，不过这也足以获得有关恒星特性的有用的统计数据。根据恒星的距离和视差（观测）亮度，可以确定真实（固有）光度。使用照相底片记录恒星的图像和光谱，就可以确定它们的颜色和成分。

另一个重要参数是恒星的质量。这一信息是从研究围绕彼此旋转的双星中获得的。光谱观测利用多普勒效应给出了两颗恒星的速度，然后使用牛顿物理学计算双星系统中恒星的质量。有了这些因素，研究恒星物理学成为可能——天体物理学诞生了。

1910年，两位天文学家，丹麦人埃希纳·赫茨普龙（Ejnar Hertzsprung，1873—1967）和美国人亨利·诺利斯·罗素（Henry Norris Russell，1877—1957）独立发现了两个恒星参数之间的关键关系。这两个参数是恒星的光度及其颜色（代表其温度），显示这种关系的图称为赫罗图（也称H-R图），它现在仍然是研究恒星的重要工具之一。大多数恒星位于图中所谓的"主星序"上,一端是高温的大质量恒星,另一端是低温的小质量恒星。当它们变老时,会以特有的方式偏离主星序,因此可以在赫罗图上跟踪整个恒星类的完整寿命。太阳本身是一颗普通恒星,它位于主星序的中间。赫罗图为天体物理学家提供了强大的工具,可以用来理解恒星的演化。

当距离可测定时,原则上就可以在三维空间中绘制出整个宇宙。宇宙的结构是什么?牛顿认为恒星的数量可能是无限的,并且在空间中均匀分布;每颗恒星都会处于静止状态,并在所有其他恒星的引力作用下,在各个方向都保持平衡。也许他选择了忽略夜空中最明显的大规模特征,由大量恒星组成的银河系,或者可能是他没有意识到这一点,因为这种特征在北半球并不十分明显。事实上,1750年,英国天文学家托马斯·莱特(Thomas Wright, 1711—1786)提出,银河系是一个巨大的恒星盘,我们可以看到它的边缘,因为太阳系也嵌入其中,但是他假设宇宙无限大,而且(平均而言)在最大的规模上是均匀的。几个世纪以来,许多人都注意到,在一个拥有无限时间和空间的永恒宇宙中,存在着无数不变的恒星的想法很难实现。威廉·奥伯斯(Wilhelm Olbers,1758—1840)注意到了这一佯谬。奥伯斯指出,夜空黑暗的事实否定了那个包含无数不变恒星的无限稳恒态宇宙。因为在这样一个宇宙中,大小不一的恒星在每一条视线上都会重叠,整个夜空在各个方向都会像太阳表面一样明亮。这种佯谬一直持续到20世纪，宇宙学显著发展之后，这一矛盾才得以解决。

阿尔伯特·爱因斯坦（Albert Einstein，1879—1955）提出的关于空间、时间和物质的数学和物理理论流传至今。1905年，爱因斯坦提出了狭义相对论（下一节将详述），随后雄心勃勃地将其扩展为广义相对论，其中包括加速度和引力；狭义相对论和牛顿定律是这个广义理论的特例。他的主要洞察是认识到加速度和重力之间没有区别，它们是等价的。他需要高等数学来创建一般理论，并在19世纪数学家波恩哈德·黎曼（Bernhard Riemann，1826—1866）的著作中找到了这些理论，黎曼开发了多维曲面的几何。在爱因斯坦的广义相对论中，空间和时间被视为一个与物质相互作用的时空。物质的存在使时空弯曲，所以我们可以说"扭曲空间"。

在艰苦卓绝的努力之后，爱因斯坦终于在1916年发表了他的理论。可以理解的是，他急切需要新理论有一些实证基础。在19世纪，人们认识到牛顿定律并不能准确解释观测到的水星近日点的推进，每世纪有43弧秒的差异。人们提出了各种解释，包括一些看不见的小天体的扰动或未知"暗物质"的平滑分布。事实证明，不需要未知物质，爱因斯坦的理论完全解释了这种差异。他还提出了其理论的另外两个预测：太阳引力能使光发生弯曲，以及光在强引力场中会发生红移。

众所周知，19世纪初，牛顿的引力理论预测了大质量物体对光的弯曲。一颗遥远的恒星刚刚掠过太阳表面，它发出的光会偏移大约 0.9 弧秒。爱因斯坦在其 1916 年发表的论文中表明，广义相对论预测的衰减是前者的两倍，并建议进行实际测量。尽管当时战火纷飞，英国天体物理学家亚瑟·爱丁顿（Arthur Eddington，1882—1944）还是知道了这一点，他建议英国皇家学会制订计划，观察 1919 年发生的日食，其想法是首先拍摄日食，显示周围的星场，然后（几个月后的晚上）在太阳不出现的情况下拍摄同一片天空。比较这两张照片应该会发现，在日食期间，距离太阳圆盘最近的恒星似乎在往远离太阳的方向移动。于是人们发现了偏移，其角度正是爱因斯坦预测的值。这种现象成为全世界的头条新闻。

爱因斯坦在 1917 年发表过一篇论文，他想把广义相对论应用于最大的实体——宇宙，这是合乎情理的。他知道在天文学家目前的观点中宇宙是静态的，相对距离最遥远的恒星，其运动相对较小，这也支持了这一点。然而，根据他的方程，宇宙不可能是静态的，它要么在膨胀，要么在收缩。但随后他意识到，在他的方程中简单地增加一个常数（现在称为宇宙常数）可以得出宇宙静止，所以他加入常数并发表了论文。他后来会意识到这是一个多么大的错误。

与此同时，有关变星观测的重要工作正在取得进展，这将在发现遥远宇宙的过程中发挥关键作用。亨丽爱塔·斯旺·莱维特（Henrietta Swan Leavitt，1868—1921）在哈佛大学的一个团队工作,研究一类被称为"造父变星"(Cepheid variables)的恒星,这类恒星是在称为小麦哲伦星系(Small Magellanic Cloud, SMC)的恒星"云"中观察到的。在无数胶片中找到这些恒星是一个艰苦的过程,所有造父变星都经历有规律的变亮和变暗,周期从1天到70天不等。

莱维特最终发现,造父变星的亮度越高,周期越长。到了1912年,她已经有了25个造父变星的足够数据,并用数学公式表达了这种周期–亮度关系。她意识到,这种关系之所以表现得如此清晰,是因为SMC距离非常远,以至于所有恒星实际上都与我们保持着大致相同的距离。所以这个关系实际上是周期和固有光度之间的关系。这是一个惊人的发现,使得测量宇宙距离成为可能。所需要的只是(使用视差法)得出地球附近的几个造父变星的距离,以便确定它们的固有光度。然后,所有其他造父变星的固有光度可以从周期–光度关系中推导出来。通过这种方式,仅仅通过测量造父变星的周期和视亮度就可以确定遥远的造父变星的距离。我们可以测量到遥远的恒星和星系的距离了!

1913年,赫茨普龙是第一个测量到地球附近造父变星距离的人。他的校准结果表明到SMC的距离为30 000光年。(我们现在知道,经过尘埃消光校正后的距离实际上是197 000光年。)

这项关于造父变星的研究应时成为世界上最大的望远镜

的数据，首先是加利福尼亚州威尔逊山上的 1.5 米反射镜，然后是 1918 年在同一座山上建造的 2.5 米胡克望远镜。哈罗·沙普利（Harlow Shapley，1865—1972）是第一个使用观测造父变星的这些望远镜测量"银河系"的人。人们普遍认为银河系主宰着宇宙，太阳系位于这片星盘的中心，但他证明了银河系的中心实际上距离太阳系约 3 万光年那样远，他估计银河系本身的直径约为 30 万光年，还有其他漫射光斑，但许多人认为这些只是银河系的卫星、恒星或气态星云。包括美国人希伯·柯蒂斯（Heber Curtis，1872—1942）在内的一些人认为它们可能是一个巨大星系宇宙中的一个个遥远星系，而银河系只是其中之一。

埃德温·哈勃（Edwin Hubble，1889—1953）正合时宜地抵达了威尔逊山，他对宇宙做出了有史以来最伟大的发现。他在芝加哥大学学习数学和天文学，是牛津大学早期的罗德学者之一。他也学过法律，但没有从事这一职业。25 岁时，他开始在芝加哥大学耶克斯天文台攻读天文学研究生，并于 1917 年获得博士学位。随后，他加入了美国陆军，但为时已晚，他没有参加战斗。在剑桥待了一年后，他搬到威尔逊山天文台工作，在那里度过了余生。

1925 年，哈勃分辨出螺旋星云（仙女座星云，现在称为仙女座星系）中的单个恒星。他识别了星云中的几个造父变星，并能够确定其距离约为 90 万光年。这本身就是一个重大发现,因为它表明至少一些螺旋星云实际上是遥远的星系。随后他在其他几个类似的螺旋星云中发现了造父变星,并再次指出了巨大的差异。他突破了望远镜的观测极限,找到了当时最遥远的星系。

人们越来越清楚地认识到,到星系的距离与其红移之间存在关系。维斯托·斯里弗(Vesto Slipher,1875—1969)在洛厄尔天文台工作,他可以发现红移,但不能获得距离。他发现39个星云有红移,而只有两个有蓝移。对这些结果的自然解释是,大多数星云正在迅速远离我们。1927年,比利时天文学家乔治·勒梅特(Georges Lemaître,1894—1966)发表了一篇论文,他在论文中推导并解释了在从原点膨胀的宇宙中,星系的距离和后退速度之间的关系(为此,他使用了爱因斯坦的广义相对论,但排除了宇宙是静态的假设)。而后,产生了最大影响的是哈勃在1929年的研究,它恰如其分地证明了一个简单的事实,即星系的红移与其和地球之间的距离成正比。这是一个惊人的结果,被称为哈勃定律(Hubble's law)。整个宇宙正在膨胀!

当爱因斯坦听说宇宙膨胀时,他表示在公式插入宇宙常数是"我一生中最大的错误",他在1931年气愤地将其从方程中删除。如果他把公式保留为原来的形式,便会预测出宇宙膨胀,造就一个伟大的发现。但尽管如此,爱因斯坦的广义相对论确实成为宇宙膨胀的理论和数学框架,而备受诟病的宇宙常数在 20 世纪后期可能会回归。

几个世纪以来，恒星如何发光一直是个谜。它们惊人的能力来源是什么？它们怎么能维持这么长时间？19 世纪末，地质学和进化一方面似乎需要巨大的时间尺度，另一方面物理学家预测恒星的寿命较短，这之间存在一定的矛盾。威廉·汤姆森（William Thomson，又称开尔文勋爵，1824—1907）假设太阳的能量来自其引力能量，当其在自身重量下缓慢收缩时，引力能量被转化为热量，他估计太阳的年龄约为 3 000 万年。但在 19 世纪末结束时，物理学家已经发现了放射性元素，这是太阳恒定能量输出的一个可能来源，虽然其寿命仍然很短。尽管如此，恒星发光可能涉及某种亚原子过程的观点越来越受欢迎。

鉴于 20 世纪早期亚原子物理学的发展和爱因斯坦著名的方程 $E = mc^2$（显示质量和能量的等价性），爱丁顿在 1920 年宣布物质中的亚原子能量几乎是取之不尽的，足以为太阳提供 150 亿年的能量。论据来自这样一个事实，即氦原子的质量小于合成它的四个氢原子的总质量，因此能量是通过核聚变反应将氢"燃烧"成氦释放的。20 世纪 20 年代末，当阿尔布雷希特·安索德（Albrecht Unsold，1905—1995）和威廉·麦克雷（William McCrea，1904—1999）确立了太阳中氢原子相对于其他元素的巨大优势时，又一个重要的认识出现了。

许多物理学家在 20 世纪 30 年代末确定了核聚变过程中

的关键相互作用,其中最著名的是汉斯·贝特(Hans Bethe,1906—2005)和卡尔·冯·魏茨泽克(Carl von Weizsacker,1912—2007)。这些研究还受益于战时发展核武器和后来发展核反应堆的举措。但即使到了 20 世纪 50 年代初,人们仍认为没有什么能阻止氢燃烧结束时恒星的中心塌陷。直到 1952 年,埃德温·萨尔皮特(Edwin Salpeter,1924—2008)展示了氦燃烧的过程,当"较重"的元素(原子核中质子较多的元素,例如碳、氧和氖)产生时,这一观点才被彻底改变。这一突破不仅对恒星进化有重大影响,而且对宇宙学甚至宇宙中的生命也有重大影响。但这仍然不是完整的故事,两年后,弗雷德·霍伊尔(Fred Hoyle,1915—2001)表明,萨尔皮特的方法不够快,无法给出所观察到的重元素比率,他预测了碳-12 原子核中的一个关键"共振",随后在预测的能量下发现了该共振。现在,创造重元素的道路是明确的。最终,在 1957 年,玛格丽特·伯比奇(Margaret Burbidge,1919—2020)、杰佛瑞·伯比奇(Geoffrey Burbidge,1925—2010)、威廉·福勒(William Fowler,1911—1995)和弗雷德·霍伊尔共同发表了关于元素如何在恒星中形成的指导性综述论文。

至此,人们了解了恒星是如何发光的,几乎所有的元素都是由恒星爆炸所产生的。我们体内的原子也都是由恒星爆炸所产生的。

在普通恒星中,这种正常的核合成过程只能产生铁元素。

比铁重的元素（例如铜、银、金和铀）必须通过其他方式制造。人们最终发现，超新星爆炸中产生的短暂但能量极高的相互作用可以产生拥有足够丰度的较重元素。日趋复杂的计算机模型可以细致地跟踪这些相互作用，但观测数据很难获得，因为超新星非常罕见，而且大多数都是遥远的。幸运的是，1987 年，银河系的近邻大麦哲伦星系发生了超新星爆炸，这是自伽利略时代以来最近的超新星。现在，人们使用各种强大的望远镜和卫星获得了大量详细的观测数据，甚至能够更好地理解超新星了。

回到哈勃在 1929 年的发现，乔治·伽莫夫（George Gamow，1904—1968）以及他的同事拉尔夫·阿尔菲（Ralph Alpher，1921—2007）和罗伯特·赫尔曼（Robert Herman，1914—1997）在 20 世纪 40 年代末认真钻研宇宙的膨胀，并研究出早期宇宙处于非常稠密而且非常热的状态时可能产生的后果（霍伊尔戏称之为"大爆炸"）。他们得出的一个重要结果是，这种状态将导致宇宙中的轻元素氢、氘、氦和锂的产生。阿尔菲和伽莫夫于 1948 年发表了一篇论文^㊀，宣布了这一重要预测，随后通过观察证实了预测的丰度。

早期热阶段的另一个结果是衰变的余辉。辐射会随着宇宙的膨胀而冷却，并会红移到更长的波长。1948 年，阿尔菲

㊀ 伽莫夫为开玩笑加了汉斯·贝特的名字，以使论文中的 Alpher-Bethe-Gamow 与 $\alpha-\beta-\gamma$ 对应；阿尔菲和贝特都不觉得好笑。

和赫尔曼计算出，辐射的温度将低至 5 K（"绝对零度"以上 5 度，即零下 268 摄氏度），并且可以在毫米波长下检测到⊖。

1964 年，两位射电天文学家阿诺·彭齐亚斯（Arno Penzias, 1933—）和罗伯特·威尔逊（Robert Wilson, 1936—）使用一种天线来精确测量来自射电源和天空背景的发射，该天线最初是贝尔实验室为卫星无线电通信设计的。他们必须识别并去除数据中的所有外来噪声，经过不懈努力（他们甚至巧妙地从天线中去除了两只鸽子及其粪便），最终发现了波长 7.35 厘米的微波噪声（相当于 3.5K 的黑体辐射），比预期的高出 100 倍，并能在整个天空背景中保持不变。与此同时，天体物理学家罗伯特·迪克（Robert Dicke, 1916—1997）、吉姆·皮伯斯（Jim Peebles, 1935—）和大卫·威尔金森（David Wilkinson, 1935—2002）在 40 公里外的普林斯顿大学准备寻找宇宙大爆炸的余晖。当彭齐亚斯得知普林斯顿大学的工作后，他给迪克打了电话，他们意识到彭齐亚斯和威尔逊偶然发现了背景辐射（Cosmic Microwave Background, CMB）。这是一个巨大的发现，被认为是支持宇宙大爆炸模型的决定性证据。

随后，三大主要航天器（COBE 卫星、WMAP 卫星和普

⊖ 无线电、毫米波、红外线、光、紫外线、X 射线和伽马射线发射都是一个巨大而连续的"电磁频谱"的一部分。我们通常所说的"光"只是光谱中间非常窄的光学范围。

朗克卫星），以及许多地面和气球实验对CMB进行了观测，发现其特征包含了有关宇宙大尺度特性和起源的宝贵信息。CMB有一个非常特殊的光谱——它是人类已知的最完美的"黑体"光谱，这个特征实际上证实了CMB是大爆炸的余晖，它在天空中是均匀的，能精确到十万分之一。此外，CMB还包含了胚胎星系的微弱印记，它们在大爆炸发生后的38万年里才被发现。

在过去的一个世纪里，有两个关于宇宙的主要谜团尚未解开。20世纪30年代，瑞士天文学家弗里茨·兹威基（Fritz Zwicky，1898—1974）研究了星系团最外层成员的运动，发现它们的运动速度远远快于牛顿物理学的预期：这样的运动本应将它们从星系团中弹出，但星系团显然完好无损。兹威基假设星团内部和周围可能有大量看不见的物质，提供足够的引力以使星团保持完整。20世纪60年代和70年代，维拉·罗宾（Vera Rubin，1928—2016）和一些研究人员在星系外层的恒星和气体中发现了相似的物质，只有当星系被看不见的"暗物质"组成的巨大质量"光环"包围时，最外层的恒星和气体才能保持原位。其他证据也都指向了同一点。我们现在很清楚地知道，宇宙中暗物质的总质量是已知的普通物质质量的五倍以上。普通物质只是看不见的巨大暗物质海洋上的"泡沫"。人们已经进行了许多研究和搜索，事实表明缺失的质量一定以某种奇异的形式存在着，例如一种未知的基本粒子。我们尚未发现宇宙中的某种主要成分。

另一个谜团是暗能量。20世纪90年代，由索尔·珀尔马特（Saul Perlmutter，1959—）、布莱恩·施密特（Brian Schmidt，1967—）和亚当·里斯（Adam Riess，1969—）领导的两大天文学家小组利用遥远的超新星来探测备受追捧的宇宙减速参数（宇宙中的所有物质都因引力而导致膨胀减慢）。与原定设想相反的是，1997年他们发现宇宙正在加速膨胀。这被归因于一种神秘的"暗能量"，它在整个宇宙中具有排斥力（类似于爱因斯坦在1916年引入的宇宙常数）。根据爱因斯坦的方程$E=mc^2$，物质和能量是等价的。暗能量、暗物质和普通物质分别占宇宙总质能的68%、27%和5%。因此，如今的我们发现，我们仍然无法解释95%的宇宙是由什么组成的。

但是，尽管暗物质和暗能量仍保持着神秘，宇宙的大尺度特性现在已经得到了相当准确的测量，可以说我们生活在"精确宇宙学"的时代。这些特性引发了关于宇宙起源的全新假设，以及存在其他"宇宙"的可能性——也许我们所处的宇宙只是其中之一。1979年，阿兰·古斯（Alan Guth，1947—）对宇宙标准大爆炸模型中的某些问题感到困惑。他认为，如果宇宙在极早期就经历了短暂的超膨胀期，那么这些问题就可以迎刃而解。这成为一个非常流行的假设，后来被称为"膨胀宇宙学"。从这一点可以推断，这段膨胀时期实际上不是宇宙大爆炸的一部分，而是大爆炸的原因。这一

第2章 科学发展简史

观点和其他观点共同引发了"多元宇宙"的概念，在这个概念中，由于有限"量子真空"中的自然创造事件，新的宇宙一直在形成。研究人员目前一直在搜索有关这些假设的各种证据。

最后我们回到太阳系。我们知道有一颗恒星被行星（太阳系）包围，接下来我们就想知道，是否还存在其他的恒星。寻找围绕其他恒星运行的行星似乎是一项不可能的任务，因为恒星比行星亮得多。但是，在20世纪的一项重大天文发现中，瑞士天文学家米歇尔·马约尔（Michel Mayor，1942—）和迪迪埃·奎洛兹（Didier Queloz，1966—）于1995年使用一种新技术发现了第一颗围绕正常恒星运行的"太阳系外行星"。从那时起，人们已经陆续发现了3 700多颗太阳系外行星，仅在银河系中就可能存在1 000多亿颗行星。

几乎所有天文学领域都从20世纪出现的许多新技术中受益匪浅。完整电磁频谱已经可以用于观测，包括无线电、毫米波和光学波段（可通过地面望远镜观测）以及红外线、紫外线、X射线和γ射线波段（可通过太空望远镜观测）等。人们建成了巨型望远镜，配备了巨大的高科技仪器和强大的计算能力。人们完成了大量发现，包括类星体、脉冲星、射电星系、黑洞、X射线双星、γ射线暴、原恒星喷流、星际脉泽，以及仍然神秘的"快速射电暴"等。这些都是天文学领域的巨大收获。

除了电磁频谱本身，还有三个关于宇宙的观察窗口：宇宙射线（与地球大气层相互作用的高能粒子）、中微子（可以直接穿过地球的幽灵粒子）和引力波（时空本身的畸变）。

研究人员已经研究了几十年的宇宙射线。它们几乎都是质子和带电原子核，起源于太阳和太阳系之外，为基础物理提供了独特的信息。但是，星系磁场使得太阳系外宇宙射线偏离其原始路径，因此无法准确定位其来源。在过去，来自16个国家、69个研究所的400多名科学家共同在阿根廷建造了巨大的皮埃尔·俄歇天文台（Pierre Auger Observatory），通过观察高能宇宙射线（10^{18}电子伏特以上的宇宙射线）产生的"空气簇射"来研究高能宇宙射线。该天文台由1 600个汽车大小的水箱探测器和24个专用望远镜组成，探测器分布在3 000平方千米的范围内。因为高能宇宙射线非常罕见，在最高能量下，平均每世纪每平方千米只有一次，因此这需要很大的空间。近期，研究人员对12年来记录的数万次事件的观测进行了分析，从它们在天空中的总体分布中得出结论，这些超高能粒子极有可能不是银河系的——它们来自我们的星系之外。

与宇宙射线不同，中微子几乎可以不受阻碍地通过任何物体，因此灵敏的中微子望远镜可以识别其来源并研究其物理性质。但正是因为中微子几乎可以通过任何物体，所以它们极难被检测到。太阳会产生大量的中微子，这些中微子已经在一些实验中被检测到了。几十年来，真正被检测到的

第 2 章 科学发展简史

中微子似乎只有理论预期数量的一半（"太阳中微子消失之谜"），但这种差异现在已经得到了解决。1987 年，研究人员在大麦哲伦星系中发现了第一颗超新星，其中产生了大量中微子（约 10^{58} 个），其中 19 个中微子是在美国和日本的两个深矿实验中探测到的。这几次探测产生了大量关于中微子的信息，标志着中微子天文学的开始。第 4 章将会进行更加详细的介绍，人类正在开发更大的中微子望远镜。

最近，引力波的发现打开了一扇关于宇宙的崭新的窗户，引力波是一场遥远的灾难事件对时空本身的扭曲。1916 年，爱因斯坦在广义相对论中预测了这种辐射，但爱因斯坦本人也对引力波表示怀疑，由于信号微弱，这种辐射不一定会被探测到。但自 20 世纪 60 年代以来，人们做出了越来越复杂的尝试。激光干涉引力波天文台（Laser Interferometer Gravitational-wave Observatory，LIGO）由位于美国南海岸和西北海岸的两个大型干涉仪组成，该天文台最终在 2015 年 9 月实现了突破性探测。两个干涉仪同时检测到由两个遥远的超大质量黑洞（分别是太阳质量的 29 倍和 36 倍）合并引起的啁啾信号，这种信号非常特殊和复杂，与爱因斯坦理论的预测惊人地一致。

在接下来的几年里，LIGO 和一座名叫处女座（Virgo）的欧洲天文台共同发现了更多情况，最有趣的是 2017 年 8 月两颗中子星的合并。超大质量黑洞的合并没有留下碎片，但质量较小的中子星的合并产生了相对论喷流、核反应和丰富的热气——这对更传统的天文台来说是一场电磁辐射的盛宴。美国国家航空航天局的费米伽马射线空间望远镜在中子星合并后不到两秒的时间内就检测到伽马射线，地面望远镜很快识别出天空中的新光点，七大洲的70多个观测团队凭一腔热情夜以继日地研究这一"千新星"的结果。这是一个千载难逢的机会，它产生了可能是天文学家有史以来最大规模的动员和论文风暴，其中一篇论文有数千名合著者。这次合并发生在距离地球只有1.3亿光年的地方，是迄今为止人类接触到的最近的引力波和伽马射线天文学事件。这场事件提供了许多天体物理过程的新信息，也进一步证实了爱因斯坦的理论，该理论正确预测了复杂的引力波信号及其与伽马射线暴在时间上的重合（引力波也以光速传播）。人们在世界各地和太空中建造了更多的引力波干涉仪，毫无疑问，引力波已经为研究宇宙提供了一个重要的新窗口。

2.9 无限微小的世界

最小的实体是什么？古希腊人称之为原子。如前所述，已知最早思考这个问题的思想家是希腊哲学家留基伯、德谟克利特和后来的伊壁鸠鲁。他们认为所有物质都是由被真空隔开的原子组成的。相反，亚里士多德特别反对原子论，因为他反对真空的概念,而原子论设想原子在真空中移动并相互作用。两千年后,在科学革命时期,人们再次提到了这个问题。

笛卡儿拒绝接受原子的概念,他与亚里士多德的想法一致:"自然界里是没有真空的",密度更大的物质会立即填充一个空洞。此后,原子论的复兴是皮埃尔·伽桑狄(Pierre Gassendi,1592—1655)对科学最重要的贡献。他认为原子之间没有任何物质,它们可以结合在一起形成他所说的分子。事实上,有相关证据表明原子之间可能存在空洞。埃万杰利斯塔·托里拆利(Evangelista Torricelli,1608—1647)是一位意大利科学家,也是伽利略晚年的助手。受伽利略思想的启发,托里拆利在1643年发明了第一个气压计。他用汞填充一端密封的玻璃管,并将其开口向下插入水银盆中,然后汞柱下降,在汞柱顶部和玻璃管顶部之间留有一段间隙。笛卡儿了解了这个实验,但仍然坚持认为有一种更精细的液体可以填补所有的空白,防止真空的存在,即使是在太空中。

笛卡儿去世后,奥托·冯·格里克(Otto von Guericke,1602—1686)发明了一种真空泵,它非常完美,可以在排除空气的过程中熄灭蜡烛,也可以使铃声静音。1657年,他制作了两个直径为半米的半球,并从中抽出所有空气,用真空密封将它们锁在一起。真空的效果很好,以至于让16匹马平均分成两组,分别站在球体的两边拉拽,都无法把这个球体分成两半。笛卡儿仍对超精细流体无处不在的想法深信不疑，但是对于牛顿来说，真空的存在已成必然。

罗伯特·波义耳（Robert Boyle，1627—1691）进一步阐述了这些观点。在他最著名的实验中，他使用了一个 J 形的玻璃管，顶部打开，短端封闭。他将汞倒入管子中，填充底部的 U 形弯管，封闭短端的空气。然后，他通过向长端注入更多的汞来随意增加空气压力。他的发现被称为波义耳定律：气体的体积与气体的压强成反比。他指出，原子概念可以轻而易举地解释这种现象，而笛卡儿的世界模型无法做出解释。他在实验领域拒绝了四种古老的"元素"——土、水、气和火。他钻研炼金术，但试图将科学方法引入其中，他撰写了《怀疑派化学家》（*The Sceptical Chymist*），这本书成为炼金术演变为化学的转折点。他支持原子假说，认为原子可以在液体中自由移动，但根据不同的结构，以各种方式结合在一起，形成不同的固体。他认为化学的作用是决定事物是由什么组成的。

1691 年，哈雷尝试用镀金的细丝来估算原子的大小。他问工匠们在绘制和镀金银丝时用了多少黄金。根据这些信息，以及金属丝的直径和长度，他估计银周围的金厚度为 120 纳米，这是金原子大小的上限。我们现在知道金原子的实际尺寸是这个尺寸的 1/1 000，但至少这是第一次尝试。

具有讽刺意味的是，对极其微小领域的研究并不涉及显微镜（显微镜是在17世纪早期发明的）。但是，对气体的研究从未停歇，从而产生了化学、分子、原子甚至更小的实体。

约瑟夫·布莱克（Joseph Black，1728—1799）凭借所做的研究闻名遐迩时，他还是个在爱丁堡大学攻读博士学位的年轻人。为了使他的重要发现成为可能，他开发了一种灵敏的天平，这种天平比当时的任何天平都精确得多。他发现，石灰石可以加热或者用酸处理，产生一种他称之为"固定空气"的气体，这种气体比空气密度大，能够熄灭火，也能使动物丧失生命。我们将这种气体称为二氧化碳。他证明了空气是气体的混合物，这在当时是革命性的。

约瑟夫·普里斯特利（Joseph Priestley，1733—1804）确定了另外十种气体，包括氨、氧化亚氮和一氧化碳。他最著名的成就是发现了氧气。在所有此类工作中，他根据德国化学家格奥尔格·施塔尔（Georg Stahl，1659—1734）提出的燃素理论解释了这些结果。根据这一理论，燃烧是由一种物质（燃素）留下正在燃烧的材料造成的。普里斯特利没有将燃烧与氧气联系起来，但他确实观察到了这种新气体的一些特征，即点燃的蜡烛浸入这种气体时会突然熊熊燃烧，老鼠在充满这种气体的密封容器中会茁壮成长。

亨利·卡文迪许（Henry Cavendish，1731—1810）出生于英国的一个贵族家庭。从私立学校毕业后，他考上了剑桥大学。他的父亲把他引领到了科学界，他把自己的余生都献给了科学事业。他的研究涉及化学、物理和地球。对于工作的极致追求是他广为称赞的特质。他还因发现氢或他所说的"可燃空气",并对其性质进行了仔细的实验而声名远扬。他证明了水不是一种元素,而是其他两种物质的混合物,这为未来的研究工作提供了重要线索。

把所有这些发现整合起来,使化学成为真正科学的人是安托万·拉瓦锡(Antoine Lavoisier,1743—1794)。拉瓦锡的父亲是巴黎的一名律师,拉瓦锡在巴黎大学学习法律,但也修读了数学和科学课程,这些课程决定了他的职业方向。他很富有,所以可以随心所欲。除了发展自己的科学兴趣外,他还是几个贵族委员会的成员和令人痛恨的大型包税公司(当时称作 Ferme Generale)的管理员。这些有助于他获得科研资助,但也导致了他的死亡——他于 1794 年被斩首。但他的科学生涯是辉煌的,他被视为"现代化学之父"。他认识到了氧在燃烧中的作用,并终结了燃素理论。他制作了第一张通用的元素表。他于 1789 年出版的《化学基础论述》(Elementary Treatise on Chemistry)一书,其价值有时堪比化学领域的《自然哲学的数学原理》。

汉弗莱·戴维(Humphry Davy,1778—1829)是一位杰出的科学家,除了上过一所省级文法学校外,他没有接受过正规教育。他出生于英国康沃尔的一个农民之家,以种地为生。18 岁时,他自学了法语,并阅读了拉瓦锡的法文原版

《化学基础论述》。第二年,他成为布里斯托尔一家新研究所的助理。他用氧化亚氮进行了实验,这种气体因其令人迷醉的特性而被广泛称为"笑气",他也因此而闻名。而后他成为伦敦新成立的皇家学院的讲师,一年之内,23岁的他被任命为化学教授。在研究工作过程中,他分离出钾、钠和氯,并成为皇家学会主席。从自学成才的业余爱好者到身居英国科学界的最高职位,戴维的蜕变可谓惊人。

约翰·道尔顿(John Dalton,1766—1844)是另一位出身寒微的科学家。他的父亲是一名织布工,道尔顿就读于当地一所贵格学校(Quaker school)。15岁时,他和兄弟以及堂兄弟一起经营了一所贵格学校,他在那里一直待到27岁。除了在学校的职责外,他还开始做公开演讲,这让他变得家喻户晓,从而在曼彻斯特找到了一份教书的工作。几年后,他发现自己可以靠做家教谋生,这为他做科学研究提供了充足的时间,余生他都在曼彻斯特度过。他感兴趣的领域是气体混合物的性质,最终形成分压定律,即道尔顿定律。他还思考了元素是由什么组成的,并提出了原子理论。他认为每种元素都是由它特有的不可摧毁的原子组成的,这些原子可以与其他元素的原子以简单的比例结合,形成化合物。不同元素的原子以大小和重量区分。1808年,道尔顿在《化学哲学新体系》(*A New System of Chemical Philosophy*)一书中阐述了这些观点,这本书介绍了一个估计的"原子量"列表。他的理论受到了不同程度的接纳，因为一些人仍然很难接受原子被真空分隔的想法，但它慢慢被接受为现实的启发式模型。道尔顿收获了无数荣誉，并成为皇家学会会士。

瑞典化学家永斯·贝采尼乌斯（Jöns Berzelius，1779—1848）从小失去双亲，由叔叔抚养长大。他在乌普萨拉大学学习医学，然后转到位于斯德哥尔摩的医学院。28岁时，他成为斯德哥尔摩大学的一名教授，而后他的兴趣转向了化学。他研究了大量化合物中元素的比例，并编制了当时已知的所有40种元素的相对原子量表。他的工作为道尔顿的原子理论提供了有力的证据。

19世纪早期的另外两项发展进一步推动了原子理论。首先，法国化学家约瑟夫·路易·盖-吕萨克（Joseph Louis Gay-Lussac，1778—1850）发现气体按体积以简单比例结合（水蒸气中氢和氧的比例是2∶1）。受这一发现的影响，意大利物理学家阿莫迪欧·阿伏伽德罗（Amadeo Avogadro，1776—1856）假设在给定压力和温度下，同体积的任何气体都包含相同数量的粒子（原子或分子）。

由于爱德华·弗兰克兰（Edward Frankland，1825—1899）、阿奇博尔德·库珀（Archibald Couper，1831—1892）和弗里德里希·凯库勒（Friedrich Kekule，1829—1896）等人的研究，原子（和分子）的概念在19世纪后期成为共识。化合价（valency）一词是指一种元素（或原子）与另一种元素

第 2 章　科学发展简史

结合的能力。原子间键的概念也很容易想象，例如碳原子连接成环，是通过键将其与其他原子连接。

19 世纪 60 年代，四位科学家分别独立"发明"了著名的元素周期表。他们意识到，如果元素按原子量的顺序排列，则存在一种周期性模式，在这种模式中，每隔 7 种元素便出现性质相似的元素。前三位是法国矿物学家亚历山大·贝古耶·德·尚库尔托伊斯（Alexandre Beguyer de Chancourtois，1820—1886）、英国化学家约翰·纽兰兹（John Newlands，1837—1898）和德国化学家洛塔尔·迈耶尔（Lothar Meyer，1830—1895）。他们都提出了元素周期表的本质，但没有一个像德米特里·门捷列夫（Dmitri Mendeleev，1834—1907）那样引人注目。

门捷列夫出生在西伯利亚，是家里 14 个孩子中最小的一个。他的父亲是一名校长，在门捷列夫很小的时候就失明了。门捷列夫 14 岁时，当时他的父亲刚去世一年，他的母亲靠经营玻璃制品厂来养家糊口，后来工厂被大火烧毁了。然后母亲带他去圣彼得堡接受教育。由于无法在大学获得教职，他成为一名中学教师。他最终在圣彼得堡国立大学获得了化学硕士学位，并在那里工作了两年，然后他前往巴黎和海德堡参加了一个政府资助的项目。回到俄罗斯后，他获得了博士学位，并成为圣彼得堡国立大学的化学教授，在那里他待了很多年。

1869年，门捷列夫发表了著名论文《关于元素原子量与性质之间的关系》（On the Relation of the Properties to the Atomic Weights of Elements）。他注意到一个更广泛的模式。与其他研究人员一样，门捷列夫将元素按原子量递增的顺序填入每行8格的表中。然后，在表格的列中对齐化学性质相似的元素，但也有一些不规则的排列和缺口。他主动改变了一些具有相似原子量的元素的顺序，以确保所有列只包含具有相似性质的元素。他还在表格中留下了三个空白，声称这些空白对应三个尚未发现的元素，并预测了这些元素将具有什么性质。事实证明，截止到1886年，这三种元素都被发现了，这大大增强了人们对元素周期表的信任。毫无疑问，门捷列夫发现了化学世界的基本原则。

对物质最基本元素的探索现在正由化学家传递到物理学家手中。19世纪下半叶，物理学家发展了气体动力学理论，该理论基于组成原子和分子的运动（假设它们存在）。该领域的两位先驱是苏格兰人詹姆斯·克拉克·麦克斯韦（James Clerk Maxwell，1831—1879）和奥地利人路德维希·玻尔兹曼（Ludwig Boltzmann，1844—1906）。麦克斯韦在1859年发表的一篇论文中提出，在15℃的温度下，空气中的分子每秒经历80多亿次碰撞，平均自由程为600万分之一厘米。在宏观尺度上，这种狂热的活动呈现在我们面前的是平滑、连续的气体。麦克斯韦证明了热和运动之间的关系：温度是分子平均速度的衡量标准。玻尔兹曼进一步发展了这一理论，分子速度在其平均值附近的概率分布被称为麦克斯韦-玻尔兹曼分布（Maxwell-Boltzmann distribution）。

人们当时对分子的大小进行了各种估算。1865年，奥地利人约翰·洛希米特（Johann Loschmidt，1821—1895）推断，在液体中分子彼此接触，但在气体形式下分子互相分离，并使用平均自由程估计构成空气的分子大小约为百万分之一毫米，离现代所测量的值相差不远。

1905年被称为"爱因斯坦奇迹年"，在这一年里，爱因斯坦发表了其四篇著名论文中的一篇，与布朗运动（Brownian motion）联系在一起。对于爱因斯坦来说，这似乎是一个相当模糊的话题，但他决心证明原子是真实的。1827年，苏格兰人罗伯特·布朗（Robert Brown，1773—1858）注意到，通过在显微镜下的观察，漂浮在水中的花粉粒以非常不稳定的方式移动。他很快就确定了这种运动存在于任何悬浮在液体或空气中的微小颗粒中，这种现象被称为布朗运动。有人认为，这可能是由于介质分子对颗粒的影响，但无法证明这一假设。爱因斯坦的论文最终对这一现象给出了明确的统计描述。花粉颗粒以"随机行走"的方式，离开出发点的直线距离与所用时间的平方根成正比。爱因斯坦预测，在17℃时，水中微米大小的粒子的速率为每分钟六千分之一毫米。法国物理学家让·佩兰（Jean Perrin，1870—1942）接受了测量这一运动的挑战，他证实了爱因斯坦的预测，并最终证明了原子和分子的物理真实性。

原子真的是最小的实体吗？或者它有基础结构吗？还有更小的实体吗？19世纪60年代，人们利用正负极间产生电流的真空管进行研究时，从阴极（负极）发射的光似乎沿着直线传播，这些被称为阴极射线。有人认为它们可能是由物质颗粒组成的。威廉·克鲁克斯（William Crookes，1832—1919）证明，如果在真空管中放置障碍物，会产生一个清晰的阴影；射线可能会导致一个小桨轮旋转，这表明它们携带动力。1894年，约瑟夫·约翰·汤姆逊（J. J. Thomson，1856—1940）证明射线的运动速度比光慢得多，到1897年，越来越多的证据表明射线携带电荷，它会因磁场的影响转向，也会导致中间的金属板带负电。1897年，汤姆逊在测量了阴极射线的荷质比后得出结论，构成阴极射线的粒子比原子的千分之一还要小——他发现了电子，这是已知的第一种亚原子粒子。

大约在同一时期，德国理论物理学家马克斯·普朗克（Max Planck，1858—1947）正在研究一个非常不同的问题：黑体辐射（black-body radiation）。一个完美的黑体是能够吸收落在其上的所有辐射的物体，而发射出去的辐射只取决于其温度。普朗克在许多实验中测量了发射辐射的光谱，但很难建立一个能够产生完整光谱的数学模型。普朗克最终在

1900年取得了成功，但也为此付出了巨大的代价：他设想的辐射"振荡器"的能量只能取某些基本能量单位的整数倍，它们是"量子化"的。起初，他认为这只是一个启发式的假设，但它奏效了。这一假设与经典物理学不相容，标志着量子物理学的诞生。

这涉及爱因斯坦1905年四篇著名论文中的另一篇：《关于光的产生和转化的一个试探性观点》(On a Heuristic Viewpoint Concerning the Production and Transformation of Light)。在这篇论文中，爱因斯坦提出光本身是量子化的：光的行为就像是由相互独立的量子或光子组成的。也是在这篇论文中，他将这一假设应用于光电效应，在光电效应中，电磁辐射可以将电子击出金属板的表面。那么，光是像过去一个世纪所假设的那样是一种波，还是像爱因斯坦的新理论那样是一股粒子流？美国人罗伯特·密立根（Robert Millikan，1868—1953）最终证明了光电效应的真实性，他实际上一开始反驳这一理论，因为和很多人一样，他也曾认为光是一种波。

在发现电子之后，约瑟夫·约翰·汤姆逊（J. J. Thomson）于1904年提出了原子内部结构的模型，即"梅子布丁模型"（plum pudding model）。他认为原子是由浸入正电荷"汤"中的电子组成的，正电荷平衡了负电荷。该模型由新西兰人欧内斯特·卢瑟福（Ernest Rutherford，1871—1937）及其在曼彻斯特大学的团队进行实验测试，他们将新发现的"α粒子"化成了薄金箔。通过寻找带正电的α粒子的偏移，他们探测出金原子的内部。他们发现，虽然大多数α粒子直接穿过，但也有少数粒子被反射，令他们感到惊讶的是，他们甚至发现了罕见的α粒子直接返回的情况。卢瑟福在1911年得出的结论是，原子包含一个非常小的带正电的原子核，原子核会转向并反射被低质量电子包围的带正电的α粒子。原子核仅占原子直径的十万分之一大小；原子大多是包含电磁场的空白空间。

卢瑟福模型的问题在于它是不稳定的，没有什么可以阻止带负电的电子落入带正电的原子核。我们可以想象到，电子在围绕原子核的轨道上，就像围绕太阳的行星一样，但轨道上的电子会很快因电磁辐射而失去能量，落入原子核。1912年，丹麦物理学家尼尔斯·玻尔（Niels Bohr，1885—1962）访问了正在曼彻斯特的卢瑟福，并与之交流了6个月之久，他在曼彻斯特构思了原子的量子模型，并于1913年发表相关论文。他提出电子以稳定、离散的能级（"轨道"）围绕原子核旋转，但在发射（或吸收）电磁能量的过程中可以从一个能级跳到另一个能级。通过这种方式，他能够解释观察到的氢原子谱线（经典物理学无法产生这些离散特征）。这是一项伟大的成就，也是量子物理学的一个重大进步。玻尔的模型，以及在接下来的十年中所取得的成果，为人们理解化学提供了很好的基础。

20世纪20年代，相关研究人员发表了许多关于量子物理学的重要论文。1924年，路易·德布罗意（Louis de Broglie，1892—1987）在索邦大学完成了博士论文，他在论文中提出，与电磁波可以用粒子来描述一样，所有物质粒子，例如电子，也可以用波来描述。任何事物都具有双波粒性质，这被称为波粒二象性，这是量子力学的核心主题。在德布罗意提出这个大胆的假设后不久，有两个独立的实验观察到了电子衍射，一个是克林顿·戴维孙（Clinton Davisson，1881—1958）和雷斯特·革末（Lester Germer，1896—1971）完成的，另一个是乔治·汤姆森（George Thomson，1892—1975）完成的。波粒二象性的惊人现实得到了证实。

1926年，另外两个从概念上描述原子中电子行为的不同数学模型的论文得到了发表。其中一位作者是埃尔温·薛定谔（Erwin Schrödinger，1887—1961），他完全基于波，用波动方程描述亚原子世界。另一种是沃纳·海森堡（Werner Heisenberg，1901—1976）提出的粒子方法，涉及能级之间的"量子跳跃"。保罗·狄拉克（Paul Dirac，1902—1984）提出了一种更抽象的形式主义，表明其他两种方法包含在该形式主义中，并且在数学上是等价的。这些迥异的理论都是正确的，它们描述了相同的现象。

海森堡在1927年发表了著名的关于"不确定性原理"

（uncertainty principle）的论文，举世瞩目。他证明，根据量子力学，从理论上讲，不可能同时准确地知道一个系统的所有属性。例如，如果粒子的位置准确已知，则其动量无法确定；位置越准确，动量越不准确，反之亦然。这种理论同样适用于时间和能量。这不是测量的局限性造成的，而是大自然本身的基本属性。这些属性的值由"概率波"确定。爱因斯坦对此感到很失望，他认为未来便会发现潜在的现实，在现实中，严格的因果关系占主导地位，而非概率和不确定性。他说"上帝不会掷骰子"。但几十年后进行的后续实验驳斥了爱因斯坦的观点，并证实了量子力学的预测。虽然这一切看起来很奇怪，但这似乎就是现实世界。

同样在1927年，狄拉克发表了公认最明确的电子波动方程式。它有两个解，第二个解似乎描述了质量与电子相同，但带有正电荷的粒子。例如，人们认识到高能光子可以转化为一对粒子，即普通的负电子和正电子。1932年，卡尔·安德森（Carl Anderson，1905—1991）在宇宙射线研究中观察到了这种现象。他把正电子（positive electron）称为阳电子（positron）。这是第一个已知的"反物质"粒子，现在已知每个粒子都有一个带相反电荷的"反粒子"。

与此同时，有关原子核性质的研究仍在继续。继德国和法国研究人员进行了用 α 粒子轰击原子核的研究之后，詹姆斯·查德威克（James Chadwick，1891—1974）在1932年进行了类似的实验，并得出结论，α 粒子将既往未知的中性粒子从原子核中击出。他确定中子的质量略大于他发现的质子的质量。

是什么使原子核保持在一起的？沃尔夫冈·泡利（Wolfgang Pauli，1900—1958）和恩利克·费米（Enrico Fermi，1901—1954）的理论研究表明，短程"强核力"可以将质子和中子保持在一起，另一种短程"弱核力"可以解释放射性 β 衰变的过程，在这种过程中，质子和中子可以相互转换，最终确定了原子核的粒子和力。

随后，在 20 世纪 30 年代和 40 年代的理论工作最终形成了一个完整的理论，描述了电磁辐射和物质如何相互作用，量子力学与爱因斯坦的狭义相对论（如下所述）完全一致。众所周知，量子电动力学（Quantum ElectroDynamics，QED）是由日本科学家朝永振一郎（Sinitiro Tomonaga，1906—1979）和美国科学家朱利安·施温格（Julian Schwinger，1918—1994）以及理查德·费曼（Richard Feynman，1918—1988）独立发展而来的。他们所有的方法在数学上都是等价的。量子电动力学成功的一个衡量标准是，它对电子"磁矩"的预测与实验一致，在 100 亿分之一以内。

20 世纪 50 年代至 60 年代，科学家在新的粒子探测器中发现了令人困惑的新亚原子粒子流。两个质子的高能碰撞可能会产生数百个新的、意想不到的粒子，其中大多数粒子寿命很短。1964 年，默里·盖尔曼（Murray Gell-Mann，1929—2019）和乔治·茨威格（George Zweig，1937— ）提出的夸克模型为这个"强子动物园"提供了一个主要的简化模型。根据这个模型，质子和中子包含三个更基本的实体，称为"夸克"，它们永远无法逃离父质子和中子。这些现象是在 20 世纪 60 年代末的实验中首次被"看到"的，实验表明它们是点状的，与夸克模型相匹配。

纵观整个发展历程，科学家首先发现了原子，然后是电子、质子和中子，现在人们正在探索夸克在基础物理学中更小的尺度，达到 10^{-18} 米，这是原子的数百万分之一。

在那些令人兴奋的日子里，诞生了一系列重要的理论和实验。1967 年，谢尔登·格拉肖（Sheldon Glashow，1932— ）、史蒂文·温伯格（Steven Weinberg，1933—2021）和阿卜杜勒·萨拉姆（Abdus Salam，1926—1996）提出了"粒子物理标准模型"，将电磁力和弱力统一为"弱电"力。量子色动力学（Quantum ChromoDynamics，QCD）是应用于夸克尺度的核物理的现代版本，是对盖尔曼的夸克模型的改进。戴维·格罗斯（David Gross，1941— ）、戴维·普利策（David Politzer，1949— ）和弗兰克·维尔泽克（Frank Wilczek，1951— ）都对 QCD 的发展做出了重大贡献。

1984 年，由卡洛·鲁比亚（Carlo Rubbia，1934— ）和西蒙·范德梅尔（Simon van der Meer，1925—2011）领导的欧

洲核子研究中心（European Organization for Nuclear Research，CERN）的大型合作发现了弱力的巨大载体。最近，在2012年，欧洲核子研究中心的大型强子对撞机（LHC）发现了"希格斯玻色子"，它负责产生所有基本粒子的质量。"希格斯机制"是彼得·希格斯（Peter Higgs，1929—2024）和其他一些理论家在几十年前提出的。希格斯玻色子是标准模型中的最后一块，它的发现对基础物理学来说是一个重大事件。

粒子物理的标准模型可对所有已知的亚原子粒子进行分类，包括电磁力、弱力和强力。它解释了世界上加速器的所有实验结果。根据标准模型，物质的基本成分是"费米子"（"轻子"和"夸克"）家族及其反粒子。"玻色子"是基本力的载体："光子"携带电磁力，"胶子"携带强力，"W"和"Z"粒子携带弱力。希格斯玻色子赋予了粒子质量。

标准模型为化学、生物学、电子学、工程学、材料科学、天体物理学、大部分宇宙学和日常生活物理学提供了准确的物理基础。量子色动力学运行着质子、中子和其他"强子"的世界，量子电动力学管理着光、原子和化学的世界。标准模型是一个里程碑式的成就，这是人类已知的最成功的理论，其预测与实验一致，精度高达100亿分之一。

这是一个非同寻常的时代。越来越多的大型强子对撞机数据源源不断地涌入，每一个细节都经过仔细审查，它们仍然与几十年前开发的标准模型的预测一致。有人可能会得出这样的结论：就"无限微小"的研究而言，标准模型的理论已经非常成功，以至于发现的时代已经结束。但是，物理学家一直不满足于此，他们渴望寻找标准模型之外的任何可能的"新物理"（尽管标准模型取得了非常大的成功，但仍被认为是不完整的，在几个方面的结果仍不尽如人意）。科学家正在探索更多的可能性，最后一章将进行更为详细的介绍。

2.10 光的追寻

什么是光？人们对光学、磁学和电学的研究都可以追溯到古希腊。欧几里得洞察到光是以直线传播的，他也研究了光的反射。泰勒斯探索了磁性，他用干布摩擦琥珀以吸引羽毛（希腊语中琥珀的意思是光明）。这三种现象之间有联系吗？

在整个希腊奇迹、伊斯兰时期和中世纪时期以及科学革命期间，与光有关的现象都被反复研究。如前文所述，到了18世纪初，牛顿已经确定白光是光谱中所有颜色的组合，证明光以有限的速度传播，关于光的本质有两种争论——粒子流（牛顿的微粒理论）或波现象（由克里斯蒂安·惠更斯、罗伯特·胡克等人提出）。微粒理论已支配了一个世纪。

而后英国人托马斯·杨（Thomas Young，1773—1829）

迈出了重大一步。他的名字几乎等同于著名的"双缝实验"（double-slit experiment），在该实验中，托马斯·杨证明了光通过两个窄平行缝形成的两条光束发生衍射，然后相互干涉，在某些方向上相互增强，在其他方向上相互抵消。结果很明显是一种波的模式，类似于两块卵石落入水池时的涟漪相互作用。正如他在1803年对英国皇家学会所说的那样，"只要太阳还在照耀，实验……就可以轻松地重复，而且不需要任何其他设备，每个人都可以这样做"。尽管这个实验很清晰、很强大，但最初人们仍然不愿意放弃牛顿这样的巨人提出的微粒理论。

不久之后，一位名叫奥古斯丁·让·菲涅耳（Augustin-Jean Fresnel，1788—1827）的法国年轻人对光学产生了兴趣，并将对光的研究作为一种业余爱好。他原本是一位从事道路工程的土木工程师，对托马斯·杨的工作一无所知。菲涅耳最终发展了自己的光波理论，并于1818年在法国科学院组织的解释光特性的竞赛中提交了该理论。三位评审官都支持牛顿的微粒理论，其中一位数学家兼物理学家西莫恩·德尼·泊松（Siméon Denis Poisson，1781—1840）认为他在菲涅耳的理论中发现了致命的缺陷。他计算出，根据菲涅耳的衍射理论，光束应该在一个小的阻塞盘后面产生一个亮点，显然（根据牛顿的微粒理论和常识）阻塞盘那里应该有最暗的阴影。组委会主席、物理学家多米尼克·弗朗索瓦·让·阿拉果（Dominique-François-Jean Arago，1786—1853）进行了相同的实验，并惊讶地观察到了预测的亮点。这使大多数科学家相信了光的波动性质，这一理论在整个19世纪占据了主导地位。

与此同时，电力现象在18世纪和19世纪初也引起了越来越多的关注。18世纪中期，美国人本杰明·富兰克林（Benjamin Franklin，1706—1790）对电学的研究做出了重要贡献，为此他被选为英国皇家学会会士。他最著名的想法是通过在雷雨中放风筝来证明闪电是电，后来他发明了避雷针。

随后，意大利学者亚历山德罗·伏特（Alessandro Volta，1745—1827）对电现象研究做出了卓越贡献。部分启发来自与另一位意大利人路易吉·伽伐尼（Luigi Galvani，1737—1798）就青蛙腿的抽搐（伽伐尼称之为"动物电"）引发的争议，伏特意识到青蛙的腿只是两种金属之间的导体。经过一系列实验，他发明了"伏特电堆"，即今天的电池。他的发明由许多轮流放置的银板和锌板构成，由浸泡在盐水中的纸板隔开；当顶板和底板通过电线连接时，会产生稳定的电流。1800年，这一重大发现在英国皇家学会的一次会议上宣布。一夜之间，科学家开始使用可控制开关的连续电流。伏特的电池成为科学研究中不可或缺的工具，就像如今我们在日常生活使用电池一样。

1820年，丹麦科学家汉斯·克里斯蒂安·奥斯特（Hans

Christian Ørsted,1777—1851)注意到,当附近导线中的电流被打开和关闭时,罗盘指针会产生偏移,这是一种"远距离作用"的奇怪情况。指针与导线成直角,这是将电和磁联系在一起的第一个迹象。

迈克尔·法拉第(Michael Faraday,1791—1867)因其在这些领域上的研究而闻名遐迩。法拉第家境贫困,长大后成为伦敦一个装订工的学徒,这给了他广泛阅读的机会。他还从事化学和电学实验,是伦敦城市哲学学会的活跃成员。凭借不懈的毅力和超好的运气,他于1813年成为英国皇家研究院的实验室助理,与汉弗莱·戴维一起进行化学实验。最终,他凭借自己的才华而举世闻名。

在听说奥斯特的实验后,法拉第在1821年设计了自己的实验,并发现他可以使携带电流的电线围绕固定磁铁连续旋转。这一发现促成了电动机的诞生,使他在整个欧洲广为人知。原来电可以产生运动!

法拉第继而进行化学领域的研究,成为皇家研究院实验室主任和富尔顿化学教授,但在1831年,他重拾电磁学领域的研究,并取得了另一项重大成就。他发现,如果通过一个线圈移动磁铁,就会在导线中感应电流。运动可以发电!

法拉第在1821年和1831年的发现相互呼应。除了发明了第一台电动机外,他还发明了第一台发电机。

法拉第的传奇故事并没有就此结束。他细致入微地探索了一些新的推测，根据这些推测，磁力线和电力线是存在的（现在称之为场），其中的扰动需要时间才能传播，光本身可以用力线的振动来解释。

詹姆斯·克拉克·麦克斯韦（James Clerk Maxwell）承袭了法拉第的研究。他出生在爱丁堡一个相对显赫的家庭，在苏格兰西南部的加洛韦长大。他的父亲是一名律师，对科学技术有着浓厚的兴趣。麦克斯韦的母亲在他八岁时去世，而麦克斯韦从小接受着家庭教师相当严厉的教育，直到十岁时，他被送到爱丁堡学院。他的父亲带他参观过一些科学演示和爱丁堡皇家学会的一次会议，15岁时，麦克斯韦的第一篇科学论文发表在该学会的会刊上。他先后在爱丁堡大学和剑桥大学学习，成为三一学院（牛顿曾经待过的学院）的院士。随后，他成了阿伯丁大学的教授。1860年，麦克斯韦在伦敦国王学院提出了电磁理论，将电和磁结合起来。

1864年，麦克斯韦发表了那篇不朽的论文《电磁场的动力学理论》(A Dynamical Theory of the Electromagnetic Field)。他的方程表明，电磁波的速度等于$1/(\varepsilon_0\mu_0)^{1/2}$，其中$\varepsilon_0$和$\mu_0$分别是电常数和磁常数。当他插入这两个分别测量的常数的值时，他发现电磁波的速度与光速完全相同（在实验误差范围内）。他写道："我们几乎不能回避这样的结论，即光存在于同一介质的横向波动中，这种波动是产生电和磁现象的原因。"他发现光本身是一种电磁现象。光、电和磁都是单一物理现象"电磁"的显现。麦克斯韦理论是自牛顿原理以来物理学领域迈出的最伟大的一步。

可是还存在一个问题。如果电磁是一种波现象,那么波在哪里?媒介是什么?以太渗透空间的概念当然可以追溯到古希腊(以太的意思是"新鲜空气"或"晴朗的天空",希腊神话中有一个神名字是"以太")。以太在17世纪和18世纪被用作传播光波的介质的名称,在19世纪末被用作传播电磁波的介质的名称。如果有这样一种介质,我们就可以利用地球围绕太阳的运动来探测"以太风"。美国科学家阿尔伯特·迈克尔逊(Albert Michelson,1852—1931)和爱德华·莫雷(Edward Morley,1838—1932)在1887年进行了一次精确的实验,他们比较了不同方向的光速,结果表明,在光与地球运动方向同向、成直角以及任何其他方向时,光速之间没有明显的差异。这是第一个反对以太存在的重要证据(这个非常细致的实验被戏称为"历史上最著名的'失败'实验")。

1905年,阿尔伯特·爱因斯坦采取了一种完全不同的方法。他假设麦克斯韦理论中的常数光速实际上是恒定的,无论观察者的运动是朝向或远离光源,还是任何其他方向。这是一个完全非直觉的想法,但他遵循它的逻辑结论。在他的一个"思维实验"中,他想知道"坐在光束上"会是什么样子,他乘坐有轨电车去伯尔尼工作,这让他想到不同的观察者是如何感知运动和周围事件的。其结果是爱因斯坦提出了革命性的狭义相对论，发表在他1905年四篇著名论文中的第三篇中，题为《论动体的电动力学》（On the Electrodynamics of Moving Bodies）。其影响可能很奇怪（例如著名的"双胞胎悖论"，双胞胎中的一位结束太空旅行回到家，发现自己的年龄远低于留在家中的兄弟或姐妹），但这是无法阻挡的。爱因斯坦关于光的问题引发了他在时空概念上的彻底革命。牛顿关于绝对空间和同时性的概念一去不复返了（尽管牛顿物理学在日常生活中一如既往地发挥着作用）。为了结束这一切，爱因斯坦在1905年底根据狭义相对论写了一篇三页的"衍生"论文：《物体的惯性依赖于它的运动成分吗？》（Does the Inertia of a Body Depend Upon Its Energy Content?）。在这篇论文里，他提出了著名的方程 $E = mc^2$。

截止到当时的阶段，光的性质已经经历了多次迭代，包括欧几里得光线、惠更斯和胡克的波动理论、牛顿的微粒理论、托马斯·杨和菲涅耳的光波理论。自从爱因斯坦在1905年关于光电效应的另一篇著名论文中提出"粒子"，"粒子"（在本例中称为光子）论又一次出现，密立根对此进行了证实。但这也不是最后一次，20世纪20年代，光（和其他物质一样）被视为粒子和波。最终，光被纳入粒子物理的标准模型，电磁力与弱力统一为"电弱力"，预计还会有进一步的统一。

在整个科学史上，人们对光的研究无疑走过了一条相当曲折的道路。

2.11 探索生命本身

生命的基础是什么？与前几节中提出的问题一样，对生命的研究也可以追溯到古希腊时代。亚里士多德被认为是"动物学之父"，因为他研究并分类了数百个物种，而提奥弗拉斯托斯（Theophrastus，约公元前371—公元前287）被称为"植物学之父"。多年来，物种的收集和分类一直是博物学家的主要活动，尤其是那些生活在科学革命时期和之后的博物学家。

一个有趣的巧合是，一个几乎奠定了生命世界研究基础的人与牛顿生活在同一时代。创新和科学新领域的时机显然已经成熟。约翰·雷（John Ray，1627—1705）成为17世纪最杰出的博物学家。他是村里一个铁匠的儿子，经过不懈努力考上了剑桥三一学院。他天赋异禀，在1649年成为三一学院的院士。院士可以自由地学习他们喜欢的任何东西，对雷来说，他最喜欢的就是植物学。由于当时没有植物分类方案，他开始着手进行制定。幸运的是，他最终与同事弗朗西斯·维路格比（Francis Willughby，1635—1672）合作，维路格比与他有许多共同的兴趣。他们进行了几次实地考察，不仅在英国，还在欧洲大陆的大部分地区，雷专注于植物，维路格比专注于动物。据说他们的欧洲之旅就像达尔文的"小猎犬号"之旅一样成果丰硕，雷和维路格比带着对生物世界的生动了解以及大量的标本和笔记回来了。1672年，维路格比去世，但雷坚持完成他们计划出版的作品。在1677年和1686年，雷以维路格比的名义出版了《鸟类学》和《鱼类史》，1686年、1688年和1704年，雷出版了《植物史》三卷巨著。1710年，雷去世后《昆虫史》出版。这些著作为更著名的卡尔·林耐的研究铺平了道路。

雷是最早认识到化石是曾经存活的动植物遗迹的人之一，他思考了整个物种可能已经从地球上消失的想法。他还想探索在高山上发现鱼类化石的意义，以及山脉上升到如此之高大致需要多长的时间尺度。

与此同时，17世纪早期开发的显微镜帮助生物学家完成了一系列惊人的发现，从苍蝇的眼睛结构到生命物质的细胞，以及人们与微生物领域的第一次相遇。1665年出版的罗伯特·胡克的《显微制图》（*Micrographia*）一书中精彩的插图突出了这项新技术的前景。随着时间的推移，显微镜变得更加强大和可靠，它最终在阐明生命过程上发挥了重要作用，后面的章节将进行详细的介绍。

卡尔·林耐（Carl Linnaeus，1707—1778）以提供动植物分类方法而闻名。他出生于瑞典南部，在隆德大学和乌普萨拉大学学习医学。从童年起，他就对花卉产生了兴趣，他在学习医学课程的同时也学习了花卉。在1735年获得医学学位之前，他参加了几次植物学考察，并最终于1742年被任命为乌普萨拉大学植物学教授。他是一位笔耕不辍的学者，在他的学生时代，便于1735年在《自然系统》(*Systema Naturae*)一书中介绍了分类学思想。这项研究被修订、更新并发行了十个版本，最后一个版本是在1758年。在林耐的分类系统中，生命的层次（自上而下）是界、门、纲、目、科、属和种。林耐引入了双名法，给每个生物体起了两个词的名字（属和种）。根据他自己和其他人实地考察的结果，林耐对数千种植物和动物进行了分类。林耐氏分类系统至今仍在使用。

值得注意的是，林耐大胆地将人类（智人）纳入了他的系统，即动物界。他认为没有任何科学理由将人类与他的分类系统区分开来，且系统已包括类人猿。

与生命进化有关的一个主题是地球的年龄。1620年，爱尔兰大主教詹姆斯·乌舍尔（James Ussher, 1581—1656）根据《圣经》计算出创世年份为公元前4004年。到了18世纪，这一点已经从各方面受到质疑。雷指出，山脉的年代与圣经的时间尺度之间可能存在冲突。林耐也对化石的存在表示怀疑，因为化石远离当前的海洋。牛顿本人曾说过，一个地球大小的炽热铁球需要5万年才能冷却。至少有一个人试图用铁球做实验——乔治·路易·勒克莱尔（Georges Louis Leclerc, 1707—1788），他因44卷巨著《自然历史》(*Historire Naturelle*)而广为人知，他估计地球至少有75 000年历史。另一个法国人让·傅里叶（Jean Fourier, 1768—

1830)以傅里叶变换闻名,他使用热流方程估算出了一亿年的年龄。而作为证据的化石似乎将地球的年龄指向了一个更大的时间跨度。

乔治·居维叶(Georges Cuvier,1769—1832)可能是19世纪初世界上最有影响力的生物学家。他一生的大部分时间都在巴黎自然历史博物馆工作。他从事比较解剖学研究,并就此主题发表了五卷著作。他强调了食肉动物和食草动物在解剖学上的差异,并在此基础上区分了化石。他认为,物种一旦被创造出来,就会以相同的形式固定下来,直到灭绝。他的研究为古生物学奠定了基础,按年代顺序排列化石所在的地层成为可能。他认为地球经历了一系列导致物种灭绝的灾难,并且和其他人一样,居维叶认为生命的历史可以追溯到很久以前。

让·巴蒂斯特·拉马克(Jean Baptiste Lamarck,1744—1829)是居维叶的拥护者,他也曾在巴黎自然历史博物馆工作,并因其观点而闻名,即个体可以在其一生中形成特征,然后将其传给下一代。最典型的例子是长颈鹿,(根据拉马克的说法)长颈鹿为了摘树顶端的叶子,实际上会在一生中不断延长脖子,因此,它的后代出生后脖子更长("拉马克遗传")。与居维叶不同的是,拉马克认为物种永远不会灭绝,它们只是变成了另一种形式。这些想法被艾奇恩那·若弗鲁瓦·圣·蒂莱尔(Étienne Geoffroy Saint-Hilaire,1772—

1844）采纳，并对此进行了延伸。他提出，环境可能在进化中发挥直接作用：如果拉马克所述的改变导致有害影响，这些个体将死亡，并被更适合其环境的其他个体所取代。在现代人看来，这听起来有点像达尔文主义。

18 世纪末，人们逐渐意识到地质作用塑造了地球，并决定了物种必须适应的环境。詹姆斯·赫顿（James Hutton，1726—1797）以均变论原理而闻名，即如果有足够的时间，我们周围世界的所有特征都可以用今天所熟悉的地质作用来解释，即持续侵蚀和抬升，偶尔发生地震和火山活动。另一种观点被称为灾变论，设想地球发生过极端的灾难。但是，均变论要求地球的年龄实在比以前设想的要大得多。查尔斯·莱尔（Charles Lyell，1797—1875）最初是一名对地质学着迷的律师，1828 年他在欧洲进行了一次历史性的地质考察，回来后宣布与赫顿持相同观点。他被生命如何适应因长期地质作用而不断变化的环境这个话题深深吸引。他的《地质学原理》（*Principles of Geology*）一书广受欢迎，影响深远。他在第二版中写道，许多曾经生活在地球上的物种显然已经灭绝，并被其他物种所取代，而它们灭绝的原因可能是对资源的竞争。

这一幕现在已经为查尔斯·达尔文（Charles Darwin，1809—1882）完美地安排好了。达尔文出生在英国什鲁斯伯里附近的一个医生家庭，有三个姐姐和一个哥哥。他的童年很快乐,直到 8 岁时母亲去世。后来他被送到附近的一所寄宿学校,在那里他对自然历史产生了浓厚的兴趣。16 岁时,他被送到爱丁堡的医学院,但他非常讨厌看到血,转而学习自然历史课程。两年后,他去了剑桥基督学院,这一次是为了攻读学位,准备成为一名乡村牧师。后来,他再次转向自然历史课程,并且成绩优异。尽管他忽视了传统课程,但还是设法获得了一个体面的学位,并于 1831 年毕业。然后,(通过剑桥的联系)达尔文意外收到了一份邀请,即陪同罗伯特·菲茨罗伊船长乘坐英国皇家海军"小猎犬号"邮轮进行为期 5 年的环球航行,特别是研究南美洲的自然历史和地质。

他们在 1831 年启航,当时达尔文只有 22 岁。这是一次史诗般的航行,有许多冒险和经历让他大开眼界。"小猎犬号"邮轮原本要调查南美洲海岸,但达尔文可以自由探索,他的大部分时间都花在陆地探险上。他看到了巴西的热带森林,与高乔人一起骑马进入阿根廷内陆,经历了智利的地震,研究了加拉帕戈斯群岛的野生动物,参观了塔希提岛,看到了澳大利亚的有袋类动物,探索了科科斯(基林)群岛的环礁,还访问了毛里求斯。他对地震后的抬升、加拉帕戈斯不同岛屿上相关物种的多样性以及珊瑚环礁的形成提出了自己的想法。他的标本和信件不时被寄回英国,因此当他于 1836 年回国时,他在科学界已经广为人知。

达尔文将 1836 年至 1842 年这段时期(当时他和新婚

妻子艾玛从伦敦搬到位于肯特的新家)形容为他在科学领域最有创造力的时期。在此期间,他与包括莱尔本人在内的许多英国科学界名人进行了交流,发表了演讲,并作为一名作家获得了无数好评。1839 年,他的《小猎犬号环球航行记》(*Voyage of the Beagle*)一书出版,他被选为英国皇家学会会士,并步入了婚姻殿堂。他的父亲擅长做财务规划,这使得达尔文能够作为一名自筹资金的"绅士科学家"继续他的研究,度过余生。达尔文和妻子在肯特的家中定居下来,育有十个孩子。达尔文可以自由地学习与写作,并且和其他博物学家通信。

当"小猎犬号"邮轮返回英国时,达尔文确信了进化的事实。但这个想法是如何产生的呢?1837 年,达尔文开始着手第一本关于物种演变的笔记。对达尔文产生重大影响的是托马斯·马尔萨斯(Thomas Malthus,1766—1834)的《人口学原理》(*Essay on the Principles of Population*)一书。马尔萨斯提出,若非受到食肉动物、疾病和食物短缺的制约,人口有能力呈指数级增长。达尔文意识到这可能是关键:物种内部和物种之间的竞争可能导致只有适应能力最强的物种才能繁殖和生存。那些不太适应环境的物种会死亡并灭绝,取而代之的是那些更适应环境的物种("最适合的物种才能生存")。这最终成为自然选择进化论,达尔文在搬到肯特之前就已经概述了这一点。1844 年,他在一份手稿中阐述了自己的想法,并附上一封写给妻子的信,信中要求这份手稿在他死后出版。他并没有急于出版,因为他担心教会和公众可能的反应;他还担心惹恼自己的妻子艾玛,因为她是一位虔诚的基督徒。取而代之的是,他将主要注意力转向了一个新项目:藤壶。1854年,他完成了有关该主题的三卷著作,并因此获得了皇家学会颁发的皇家奖章。同年,他开始整理笔记和手稿,为一部关于物种进化的巨著做准备。

1858年,达尔文收到阿尔弗雷德·拉塞尔·华莱士(Alfred Russel Wallace,1823—1913)的一篇论文,题为《论变种无限背离原型的倾向》(*On the Tendency of Varieties to Depart Indefinitely from the Original Type*),他感到非常震惊。华莱士对自然历史非常感兴趣,他靠在巴西和远东收集标本并将其出售给英国的博物馆和富有的收藏家谋生。他曾见过达尔文一次,两人开始通信,达尔文甚至成了华莱士的顾客之一。华莱士对进化论有了自己的初步想法,并于1855年发表在一篇论文中。达尔文的朋友们开始担心达尔文可能会被先发制人,并敦促他发表。和达尔文一样,华莱士也是受马尔萨斯的工作启发,1858年,华莱士的见解与达尔文1837年提出的见解相同。1858年,当达尔文于1858年收到华莱士征求他意见的论文时,他做了一件正确的事情:将信件交给莱尔,提出将华莱士的论文寄给一家杂志。莱尔有一个不同的想法,即将达尔文1844年的提纲添加到华莱士的论文中,并作为联合出版物提供给伦敦林耐学社（Linnean Society）。这篇论文经林耐学社阅读后，在没有引起轰动的情况下进行了发表。华莱士对这一结果感到非常高兴，并感谢了达尔文。

达尔文付出了巨大的努力来完成他的代表作《论依据自然选择即在生存斗争中保存优势的物种起源》（On the Origin of Species by Means of Natural Selection, or the Preservation of Favoured Races in the Struggle for Life），这本书于 1859 年出版，广受好评。这本书被广泛接受，因为它有严密的论证逻辑，并通过各种例子得到了很好的证明。这本书永久改变了自然历史领域。

在 19 世纪后期，关于达尔文理论仍有两个悬而未决的问题一直处在争论中。一个是关于进化需要很长的时间尺度。物理学家，特别是威廉·汤姆森（开尔文勋爵）认为，根据当时的物理学，太阳将无法继续照耀任何所需的东西。这个问题在 20 世纪初得到了解决，当时人们认识到亚原子过程可以使太阳运行数十亿年。另一个问题是，自然选择进化所需的遗传机制仍然未知。

事实证明，第二个问题的答案已经由摩拉维亚修士格雷戈尔·孟德尔（Gregor Mendel，1822—1884）提出。孟德尔出生在一个贫穷的农业家庭，家里穷尽一切让他接受教育。孟德尔高中（学习体育学）毕业后，在奥尔米茨大学学习了两年的哲学和物理。此时，他已经穷困潦倒，他成为布尔诺圣托马斯修道院的修士,以寻求接受教育的机会。神学研究结束后,他被派往维也纳大学学习两年,课程包括物理、统计学、化学和植物生理学。1853年,他回到修道院当老师,有足够的时间进行研究,在1856年至1868年期间(之后他被提升为修道院院长),他在豌豆遗传方面进行了开创性的工作。

孟德尔在修道院的实验花园里有一大块地,种植了数千株豌豆。他的工作需要极大的细心、自律、准确的记录和顺利的统计。他的每一株实验植物都是人工授粉的。他的工作清楚地揭示了某些因素在决定植物特征("表型")中的作用。今天我们把这些因素称为基因。它们成对出现,一种是显性的,表现在显性性状中,另一种是隐性的。他的研究结果表明,四分之一的豌豆植株具有纯种隐性基因,四分之一为纯种显性基因,四分之二为杂交基因。他的这些归纳后来被称为孟德尔遗传定律。他表明,遗传并不是通过融合双亲的特征来实现的,而是通过从每一个双亲身上提取个体特征来实现的。他幸运地选择了基因如此简单的豌豆,因为大多数生物体的遗传更为复杂。

1865年,孟德尔在布伦向自然科学学会提交了他的研究结果,并于1866年在布尔诺自然研究协会学术研讨会发表了一篇德语论文,同时向欧洲各地的顶尖生物学家发送了副本,但除了一些当地报纸的报道外,他的研究结果几乎没有产生任何影响。非常遗憾的是,达尔文和同事都没有注意到孟德尔的

第 2 章 科学发展简史

工作成果[一],这本可以为达尔文的物种进化理论提供机制,并使遗传学研究提前 30 多年。不过,孟德尔的遗传定律(和论文)在 20 世纪之交被其他四个人重新发现。荷兰植物学家雨果·德·弗里斯(Hugo de Vries,1848—1935)进行了非常类似的研究,1899 年他正要发表自己的研究成果时,偶然发现了孟德尔的论文。德国人卡尔·柯伦斯(Carl Correns,1864—1933)、奥地利人埃里希·冯·契马克(Erich von Tschermak,1871—1962)和美国人威廉·斯皮尔曼(William Spillman,1863—1931)也"遭遇"了同样的情况,但他们四个人都认同孟德尔是遗传定律的真正发现者。

生命潜在的化学基础尚不清楚。长期以来,人们通过显微镜研究已经证实,所有生物都是由细胞组成的,所有细胞都是由其他细胞分裂产生的。已知细胞由一个外壁和一个称为细胞核的中心部分组成,外壁包围着某种黏性液体。研究人员还观察到精子渗入卵子,两个细胞核融合成一个。1879 年,华尔瑟·弗莱明(Walther Flemming,1843—1915)利用彩色染料突出细胞的内部特征,发现细胞核含有明显的线状结构,他称之为染色体。他发现,当一个细胞分裂时,染色体被复制并在两个子细胞之间共享。奥古斯特·魏斯曼

[一] 事实上,孟德尔曾将自己的论文寄给达尔文,几年后,在达尔文庞大的图书和论文库中发现了这本书(连接页未剪开,表明尚未阅读)。

（August Weismann，1834—1914）指出了细胞分裂生长过程与产生卵子或精子过程之间的差异。

美国人托马斯·摩尔根（Thomas Morgan，1866—1945）为遗传学和自然选择进化科学奠定了基础。他研究了常见的果蝇，这种果蝇具有繁殖周期快和只有四条染色体的双重优势。他在果蝇中发现了几个稳定的可遗传突变，这为遗传和进化研究提供了重要线索，他和同事在1915年写了一本非常有影响力的书——《孟德尔遗传机制》(*The Mechanism of Mendelian Heredity*)。达尔文的理论现在有了坚实的遗传学基础，下一步是确定染色体本身的性质。

众所周知，细胞核的化学成分不同于蛋白质的化学成分。1869年，瑞士生物化学家弗雷德里希·米歇尔（Friedrich Miescher，1844—1895）从细胞核中提取他所说的核酸（现在称为脱氧核糖核酸（DNA）），并证明这是一种含磷的酸，因此与碳水化合物和蛋白质等已知的生物分子群不同。1885年，奥斯卡·赫特维希（Oskar Hertwig，1849—1922）意识到弗莱明和魏斯曼的研究，甚至宣称"核酸是负责传播遗传特征的物质"。许多人对此表示不赞同。染色体也含有蛋白质，人们认为只有蛋白质才能携带生命密码。

菲巴斯·利文（Phoebus Levene，1863—1940）研究了核酸的结构和功能，并表明DNA的成分按磷酸糖基顺序连接。利文认为DNA是一种相对较小的分子，它的组织方式使其无法携带遗传信息。利文的观点被广泛接受,大家支持细胞中的重要信息包含在复杂蛋白质的结构中,而DNA只是起辅助作用的观点。但是在1944年的一项重大进展中,奥斯瓦尔德·埃弗里(Oswald Avery,1877—1955)及其同事解决了一个难题,即发现引起肺炎的两种细菌之间的遗传转化现象,他们证明细菌的遗传是DNA而不是蛋白质造成的。那么,也许遗传物质最终就是DNA?

埃弗里及其同事的论文促使埃尔文·夏格夫(Erwin Chargaff,1905—2002)研究个体和物种的DNA。他发现,一个特定物种内所有组织的DNA组成都是相同的,而不同物种的DNA组成不同,如果这是各物种的生物特征,那正符合人们的预期。DNA包含称为A、C、G和T的"碱基分子",夏格夫还表明DNA样本中碱基A的数量与碱基T的数量相同,碱基G的数量与碱基C的数量相同。这些关系被称为夏格夫法则,它们对阐明DNA的结构至关重要。

在20世纪40年代末和50年代初,有三个研究DNA结构的小组,分别是:加州理工学院的莱纳斯·鲍林(Linus Pauling,1901—1994),伦敦国王学院的莫里斯·威尔金斯(Maurice Wilkins,1916—2004)和罗莎琳德·富兰克林(Rosalind Franklin,1920—1958),剑桥大学的弗朗西斯·克里克(Francis Crick,1916—2004)和詹姆斯·沃森(James Watson,1928—)。鲍林是那个时代最著名的生物化学家之一，现在他正把注意力转向 DNA。他在蛋白质中发现了螺旋形式，因此肯定蛋白质中的螺旋结构会与 DNA 中的螺旋迹象相协调。1953 年初，鲍林宣布发现了 DNA 的结构——一种三螺旋结构。当克里克和沃森看到这篇论文的预印本时，他们立即知道鲍林的结果是错误的，因为这与富兰克林获得的 X 射线晶体物理学数据不一致。如果他们要第一个找到并发布正确的 DNA 结构，他们将不得不匆促完成工作。

克里克是一位转向生物学研究的物理学家，沃森是一位雄心勃勃的年轻美国分子生物学博士，他对 DNA 很感兴趣。他们在剑桥的同一个办公室工作，并开始了一次非官方合作，以使用模型构建方法计算 DNA 的结构。他们很清楚，该结构必须允许精确的复制过程，以便相同的拷贝可以传递到子细胞中。他们也非常了解夏格夫在 1952 年访问剑桥时发现的规则。1953 年初，当沃森向威尔金斯展示鲍林论文的副本时，威尔金斯向沃森展示了富兰克林最好的一张 X 光照片，而富兰克林对此不知情。这种违反礼节的行为是导致克里克和沃森找到正确解答的关键——双螺旋终被发现。1953 年 4 月，他们发表了论文《一种脱氧核糖核酸结构》（A Structure for Deoxyribose Nucleic Acid），获得了极大的赞誉。这是一个里程碑式的发现。

当关于克里克和沃森研究成果的消息从剑桥传来时，富兰克林实际上已经快要发布她自己版本的双螺旋结构研究成果。富兰克林和威尔金斯的工作获得了一些赞誉：他们各自的论文与克里克和沃森的论文一起发表在同一期《自然》杂志上。

简单而优雅的双螺旋结构立即展现了它的功能。它非常适合 DNA 的那三种功能，即告诉细胞必须做什么，为细胞繁殖提供基础，并将遗传密码代代相传。基于 DNA 的遗传很容易通过自然选择提供进化机制。令人惊讶的是，生命的所有复杂性都是基于这种简单的双螺旋结构，这是所有生命体所共有的遗传形式。

这一切实际上是如何运作的呢？乔治·伽莫夫提出，遗传密码是沿着 DNA 链的长度以三元组的形式书写的。一个三元组包含三个位置，每个位置可以被四个可能的碱基中的一个占据，这会形成 64 种可能的组合。这个理论足以解释构成蛋白质的 20 种氨基酸。那么 DNA 中编码的信息是如何用来制造氨基酸的呢？克里克提出，一些未知的"改编者"参与了从 DNA 传递信息的过程。马歇尔·尼伦伯格（Marshall Nirenberg，1927—2010）及其同事是第一个研究出与特定氨基酸对应的遗传密码的人，这是一个重大而著名的突破；罗伯特·霍利（Robert Holley，1922—1993）发现了转运 RNA，即克里克提出的"改编者"。这些科学家和其他科学家成功地破译了蛋白质合成的整个遗传密码。我们现在可以读取 DNA 中编码的信息了！

既然 DNA 的结构和功能已经被发现，一个长期的目标是，沿着 DNA 链的所有 30 亿个碱基对的位置序列绘制出整个人类基因组。第一步是切割并复制许多 DNA 片段，这可以通过使用特殊的酶进行切割和细菌复制来实现。然后找到这些 DNA 片段中碱基对的顺序，并将所有信息拼接在一起。

沃纳·阿尔伯（Werner Arber，1929—）、丹尼尔·那森斯（Daniel Nathans，1928—1999）和汉弥尔顿·史密斯（Hamilton Smith，1931—）发现了能够切割和操纵 DNA 的关键酶。这些"限制性内切酶"可以识别 DNA 上的特定序列或位点，并将基因组切割成短链，然后用放射性标签标记这些链的末端，以便进行识别。

在 1977 年的一项重大突破中，弗雷德里克·桑格（Frederick Sanger，1918—2013）和同事开发了一种快速测序技术，可以对长段 DNA 进行测序。这被称为"桑格方法"（Sanger method）。桑格曾在 20 世纪 50 年代证明，每种蛋白质都有一个独特的基因序列，对于解决 DNA 如何编码蛋白质至关重要。

在采取了其他几项技术步骤之后，1990 年，全球启动了一项雄心勃勃的人类基因组计划，以确定整个人类基因组的 DNA 序列。该计划于 2003 年在 NIH（美国国立卫生研究院）主任弗朗西斯·柯林斯（Francis Collins，1950—）的领导下完成，比计划提前了两年。它耗资 30 亿美元，涉及 6 个国家

20个研究所的大规模测序和计算能力。迄今为止，它仍然是世界上最大的生物合作项目。（克雷格·温特（Craig Venter，1946—）和他名下的塞雷拉基因组公司（Celera Genomics）同时完成了一个规模较小、成本较低的私人竞争项目，该项目得到了公共资助项目的数据支持。）人类基因组测序工作取得了巨大成功，终结了数个世纪以来人们对生命奥秘的探索。

从那时起，许多其他物种的基因组已经完成测序。日本有一种花叫作衣笠草，其拥有已知最长的DNA，1 490亿个碱基对；小麦有150亿个碱基对，人类基因组有30亿个碱基对，最小的非病毒基因组是一种有16万个碱基对的细菌，因此我们的基因组在长度上绝非特例。

虽然DNA的故事确实引人入胜且具有基础性，但它只是分子生物学的一部分，细胞要复杂得多。下面的介绍总结了过去几十年来分子生物学中一些更重要的发展，以帮助我们了解分子生物学的复杂性和进展。

20世纪30年代末，康拉德·沃丁顿（Conrad Waddington，1905—1975）思考了基因如何产生发育现象，并写了一本关于"表观遗传学"（epigenetics）的书（epigenetics一词的前缀"epi"表示在某某之上，表观遗传学是指叠加在基因组本身上的调控系统）。他创造了"表观基因型"（epigenotype）一词，它指的是基因组和表型之间的所有复杂实体和相互作用。他还介绍了非常丰富的"表观遗传景观"（epigenetic landscape)概念,这为基因调控对细胞分化等发育的调节提供了一个隐喻图像。

显然,了解基因表达的机制至关重要。1961年,弗朗索瓦·雅各布(Francois Jacob,1905—1975)和雅克·莫诺(Jacques Monod,1910—1976)对大肠杆菌进行了研究,发现大肠杆菌中存在能够抑制相关基因转录的特定蛋白质,并因此发现了反馈环。这一重要发现开启了基因表达调控原理的研究。如今,人们在基因表达的各个层面都发现了调控现象。

1967年,马克·普塔什尼(Mark Ptashne,1940—)从一种病毒中分离出一种蛋白质,该病毒利用细菌的DNA进行自我繁殖,从而感染细菌。该蛋白质通过附着在细菌DNA上的特定位点发挥作用。与其他人一样,普塔什尼发现调控基因的蛋白质就像锁的特定钥匙一样工作。在这种结合发生后,蛋白质键与其他结合蛋白质相互作用以打开或关闭基因。普塔什尼和同事后来发现,同样的机制也适用于其他生物体,例如酵母、果蝇、植物和人类。这解释了自然界中的基因激活。

悉尼·布伦纳(Sydney Brenner,1927—2019)对分子生物学和动物发展做出了几项重要贡献。他在20世纪60年代早期的见解引发了分子生物学领域的中心范式,即遗传信息只能从DNA流向蛋白质,不能从蛋白质流向DNA。他提出了"信使RNA"(mRNA)的概念。引用他的话说就是,"前基因组生物学和后基因组生物学面临的问题仍然相同,即弥合基因型和表型之间的差距"。

1998年,安德鲁·法尔(Andrew Fire,1959—)、克雷格·梅洛(Craig Mello,公元1960—)及其同事在《自然》杂志上发表了一篇论文,表明有大量双链RNA的微小片段可以在mRNA产生蛋白质之前破坏mRNA,从而有效地关闭基因。他们开辟了分子生物学的一个全新领域。这一过程被称为RNA干扰(RNA interference),或通过双链RNA(double-stranded RNA)使基因沉默。这项重要的工作彻底更新了有关分子生物学过程和调控的知识。

1958年,约翰·格登(John Gurdon,1933—)利用蝌蚪体细胞的完整细胞核成功克隆了一只青蛙。由此他得出结论,分化的体细胞有可能恢复多能性。这项工作广为人知,他的技术至今仍在使用。当时,他无法证明移植的细胞核来自完全分化的细胞,但这一点在1975年最终得到证实。这使遗传学家对细胞分化的看法发生了重大变化。后来,山中伸弥(Shinya Yamanaka,1962—)及其同事在2006年取得了一项惊人的突破,他们经过实际操作,可利用一种新技术从成年小鼠的正常体细胞组织中制备出多能干细胞,该技术涉及表观遗传调控因子。(多能性细胞可以产生构成身体的任何和所有不同类型的细胞,干细胞就是多能性的。)这为逆转衰老开辟了一条潜在的重要途径。

科学的崛起

事实上,在 2016 年的后续突破中,胡安·卡洛斯·伊兹皮苏·贝尔蒙特(Juan Carlos Izpisua Belmonte,1960—)及同事使用调控"山中伸弥因子"(Yamanaka factors)来实现部分"倒回早衰小鼠细胞中的表观遗传时钟"。结果是,他们将这些老鼠的寿命延长了 30%,这清楚地证明了衰老并不是一个不可逆转的过程。他们受到了一些蜥蜴和鱼类对失去的尾巴或四肢进行再生的研究的启发。在 2018 年的一篇综述论文⊖中,他们提出,由于熵的无情拖拽,衰老是一条不可避免的下坡路,是大多数疾病的主要风险因素,原则上可以通过定期对体内 200 种细胞进行体内表观遗传"重新编码"来减缓衰老。他们的重点是增加健康的寿命,但这项研究显然也对人类的整体寿命有影响。与此同时,其他研究人员正在采取各种不同的方法来解决衰老的问题,如今,这一问题似乎不像过去那么棘手了。

分子生物学是无限复杂和迷人的,由此产生了丰富的知识。但是,另外几个生物学领域也在 20 世纪迅速崛起。

神经科学就是其中之一。卡米洛·高尔基(Camillo Golgi,1843—1926)和圣地亚哥·拉蒙·卡哈尔(Santiago Ramón y Cajal,1852—1934)在神经系统结构方面做了早期开创性的工作。高尔基发现了一种对神经组织进行染色的方法,使得

⊖ Elixir of Life: Thwarting Aging with Regenerative Reprogramming (Beyret et al., 2018).

人们首次看到大脑中单个神经元及其独特而复杂的结构。他的研究工作提出：神经系统是一个单一的网络。拉蒙·卡哈尔经常被称为"现代神经科学之父"。他沿用并改进了高尔基染色法，他绘制的神经元详图也因此出名。他发现神经元是作为独立的实体存在的，而不是像高尔基所说的那样作为连续网络中的节点存在。神经元之间是相邻的，而不是相连的。这被称为神经元理论，是现代神经科学的基础。

20世纪30年代末，艾伦·霍奇金（Alan Hodgkin，1914—1998）和安德鲁·赫胥黎（Andrew Huxley，1917—2012）开发了一些方法，使他们能够使用当时的原始设备记录活轴突中的电流。遵循着约翰·杨（John Young，1907—1997）的开创性工作，霍奇金和赫胥黎利用大西洋鱿鱼的巨大轴突来提供可以测量的离子电流，该轴突拥有已知最大的神经元。1939年，他们报告了首次检测到的"动作电位"，这种电信号能够使生物体的活动由中枢神经系统协调。二战结束后，他们继续这项工作，且已能够显示出动作电位是如何传递的。几十年后，他们关于细胞膜中存在"离子通道"的假设得到证实。

卡尔·拉什利（Karl Lashley，1890—1958）是世界一流的大脑研究者之一，他从20世纪20年代到50年代早期对大脑进行了实验和研究。他测试了经过训练的大鼠在特定诱导的脑损伤前后的行为，试图找到一个有关记忆的生物中心。最后，他得出结论，记忆并不局限于大脑的某一部分，而是分布在整个大脑皮层。这项富有影响力的工作导致科学界持续了几十年的反局部化偏见。事实上，我们现在知道，大多数脑组织是高度专业化的，尽管典型的认知行为确实激活了大脑的许多区域。

了解神经回路并不一定能告诉我们它是如何工作的。伊芙·马尔德（Eve Marder，1948—）研究了一个由30个神经元组成的简单回路，这些神经元参与了小龙虾消化系统的控制。她发现，细胞的连接和行为受到数十种不同化学物质组成的"汤"的调控，从而改变了回路功能。她展示了大脑如何在发育过程中发生变化，同时保持结构稳定。有人说，这种来自非常简单回路的复杂性可以被视为所有生物学研究的隐喻。

在最近一项令人惊讶的研究中，加利福尼亚大学洛杉矶分校的大卫·格兰兹曼（David Glanzman）及同事成功地将记忆从一种动物"移植"到另一种动物身上。他们用创伤性电击训练了一些蜗牛，蜗牛因此学会了缩回壳中50秒，而不是通常的1秒。然后，他们将这些蜗牛的RNA注射到其他未经训练的蜗牛体内，被注射蜗牛在感应到抽头后也会很长时间地缩回壳中。除了这个引人注目的新发展外，该研究还认同记忆涉及RNA诱导的神经元表观遗传学变化的观点。

20世纪初，数学被引入生物学领域。发展群体遗传学数学理论的三位主要人物是罗纳德·费希尔（Ronald Fisher,

1890—1962）、约翰·霍尔丹（John Haldane，1892—1964）和西沃尔·赖特（1889—1988）。他们用数学将孟德尔遗传学和自然选择结合起来，这被称为新达尔文现代进化综合进化论。费希尔的数学工具尤其为现代统计科学奠定了基础，不仅在生物学领域，也被应用在心理学和其他几个领域。他们三人都对进化科学做出了其他重要贡献。霍尔丹认为生命可能起源于无机分子，并引入了"原始汤"的概念，后来被称为奥巴林-霍尔丹假说（Oparin-Haldane hypothesis）。

威廉·哈密顿（William Hamilton，1936—2000）是20世纪最重要的进化理论家之一。他解决了费希尔和霍尔丹都担心的一个问题：一个生物体如何通过自己的力量帮助其亲属来提高其基因的适应性。他为利他主义的存在提供了严格的基因基础。他于1964年发表的论文《社会行为的遗传进化》（The Genetic Evolution of Social Behavior）和1970年发表的论文《进化模型中的自私和恶意行为》（Selfish and Spiteful Behaviour in an Evolutionary Model）被认为是基础性的研究。哈密顿是社会生物学的先驱之一，对进化生物学和行为生态学做出了很大贡献。爱德华·威尔逊（Edward Wilson，1929—2021）被视为"社会生物学之父"，1975年他出版了《社会生物学：新综合》（Sociobiology: The New Synthesis）一书，将昆虫行为理论应用于脊椎动物和人类。他将人类包括在动物行列，在当时引发了一场抗议风暴（一些人强调人类不是动物)。理查德·道金斯(Richard Dawkins，公元 1941—)推广了这些理论，并在 1976 年出版的《自私的基因》(*The Selfish Gene*)一书中提出了以基因为中心的观点。

这些只是过去几十年生物学某些领域发展的一小部分。生物学在各个领域都在不断发展，现在生物无疑是科学研究的一片沃土。

2.12　不断发展的观点

回顾这一章，我们可以清楚地看到现代科学发展的历程。

自从我们的祖先在大约 700 万年前从黑猩猩进化而来，99.9% 的时间里他们都是简单的狩猎采集者，进化极其缓慢。数百万年过去了，他们才开发出石器，又过了一百万年，他们才学会使用火。数万年前，他们开始了一系列创新，从改进的武器、制作的珠宝、绘制的洞穴绘画和符号到举行埋葬仪式。经过数百万年的进化，他们最终变得与现代人类相似。

一万年前，我们的祖先发展了农业，他们所处的世界就此发生了变化。他们有了固定的居所，这为人口增长打下基础，第一个主流文明出现在大约 5 000 年前。在天文学、工程学和其他基础科学领域都有发展，但这些文明都没有产生自然哲学、对自然世界的理性研究和现代科学的基础。

公元前 6 世纪,"希腊奇迹"的出现使得科学第一次崛起。世界应该由理性思维来解释,理性思维是自然本身的一部分,而不应该由宗教、神和神话来解释。这是一个革命性的发展。为什么科学会诞生在希腊？希腊由分散的城邦组成,公民相对自由。希腊当然有宗教,但这里的宗教是支离破碎的,没有统领一切的祭司阶级来强加教条。辩论是人们的一种习惯,通过辩论可能会有无数新颖的想法迸发。具有关键洞察力的哲学家是米利都的泰勒斯,他受过良好的教育,世故而博学,被视为自然哲学之父。

这种哲学传统在希腊持续了一千年,在公元前 5 世纪到 3 世纪前后达到顶峰,当时是苏格拉底、柏拉图和亚里士多德的时代。到目前为止,亚里士多德对自然哲学做出了最大的贡献,他的作品统治了科学领域近 2 000 年。但是,这种希腊哲学传统逐渐消失了,没有明显的原因。也许当时的人认为,古希腊先贤们对所有能研究的东西都进行了一番研究,古典时代伟人们的智慧令后人永远无法超越。后来到了罗马帝国时期,人们不再有时间进行这种无聊的思考,新的基督教崇拜与"异教徒"研究是对立的。到了公元 5 世纪,亚历山大图书馆被毁,罗马沦陷。

公元 7 世纪有一个重要的新发展：伊斯兰的崛起。人们对希腊经典著作有相当大的兴趣,并进行了大量的阿拉伯语翻译工作。伊斯兰科学遵循希腊传统，特别是天文学、数学和医学领域，在伊斯兰黄金时期盛行，在公元10世纪左右达到顶峰，但伊斯兰科学后来随着对"外国"和非伊斯兰学说态度的强硬化而衰落。

与此同时，在西欧，希腊经典著作被翻译成拉丁文，一些来自希腊原文，另一些来自阿拉伯语版本。修道院在这场翻译活动中发挥了重要作用。公元11世纪至12世纪，西欧建立了几所大学，课程集中在希腊经典上。在接下来的几个世纪里，一些大学出现了中世纪和文艺复兴时期的欧洲思想家，他们的智慧超越了古典希腊自然哲学家的水平，但直到16世纪，西欧盛行的世界观仍然是亚里士多德和托勒密的世界观。

公元16世纪和17世纪，出现了第二次科学的崛起——科学革命。哥白尼把宇宙的中心从地球转移到了太阳，开普勒和伽利略提供了令人信服的证据来支持日心说，牛顿证明了地球和宇宙的统一，并建立了支配一切的物理定律。事件是可以被预测的，且具有惊人的准确性。这是一个里程碑式的节点，亚里士多德和托勒密被放在历史书架上。世界是按照基本的物理定律运行的，这些定律被一次次地证明。这是对我们世界观的一次惊人而彻底的修正。现代科学诞生了。

公元17世纪和18世纪，这种世界观变得更加牢固。"自然哲学"逐渐被"科学"所取代，这里的科学指的是对自然和物质世界的研究。法拉第的实验和麦克斯韦方程组阐明了电和磁并建立联系,达尔文提出了引人注目的自然选择进化理论,物理学看似刚好完成,几乎没有其他的研究要开展。

但 20 世纪初发生了更多的革命。爱因斯坦的相对论取代了牛顿的绝对时空概念,量子力学的出现奠定了我们对原子和亚原子世界认识的基础,生命的基因基础已为人所知。我们所处的宇宙又发现比预期的要大得多,人们甚至发现了宇宙的膨胀。人类学会了飞行,发明、发现了无线电、电视、原子能和互联网,还登上了月球。在人类历史中仅千分之一的岁月,人类却获取了前所未有的科学知识和技术能力。

自然哲学只在希腊出现过一次,这一事实突显了它的独特性和重要性:它是全人类的宝贵财富。从希腊到伊斯兰和中世纪,再到科学革命,自然哲学在历史上一直处于脆弱的存续状态。直到今天,全世界都可以接触自然哲学。

有趣的是,当时的研究人员并没有科学发展的总体规划。很多研究人员只是以他们自己的方式在自己的时代开展研究,经过几个世纪的发展,最终使得我们今天拥有大量的科学知识。

因此,在整个科学史上,只有两次重大革命:公元前 6 世纪希腊自然哲学的出现引入了自然原因的概念,以及 17 世纪的科学革命引入了定量预测和可验证的自然定律。

如果科学的崛起中没有这两个基本步骤,会发生什么?

我们只需要看看世界其他地区在这一时期的大部分时间里的发展情况就能一窥究竟。在世界某些地区,狩猎采集社会仍然存在。直到最近,在许多其他地区,人们还在靠着很久以前的文明勉强维持着生活。

英国的工业革命还会发生吗?人们认为其受各种各样的原因驱动;当然,一个主要原因是科学革命的全新世界观所带来的刺激。为了人类的利益,人们可以解释、预测和操纵世界。这是启蒙时期的灵感,启蒙时期是理性、乐观和以进步为导向的,这对工业革命产生了极大的刺激。虽然工业革命早期的创新并不直接涉及先进的科学知识(第一台蒸汽机实际上是由古希腊人生产的),但19世纪后的发展(例如电报)需要的就不仅仅是基本知识了,先进的科学很快在后来的发展中发挥了重要作用。

19世纪中期,欧洲大部分地区的公共卫生领域发生了令人瞩目的革命,最初也并非直接依赖于先进科学。疾病或流行病仅仅归因于迷信或宗教的日子早已一去不复返了,人们采取理性和常识的方法来理解病因并找到对策。19世纪中期的公共卫生措施是这一时期人们健康水平和寿命显著提升的重要原因。而在19世纪末,随着研究人员在实验室里确定了各种疾病的实际成因,医学发生了真正的科学革命,"特效疗法"成为可能。

总之,先进的科学知识在19世纪加速融入技术和医学中，并形成了一股创新风潮，在 19 世纪末和 20 世纪加速发展。其结果是，仅仅在过去的两到三个生命周期里，科学和技术都出现了前所未有的指数级增长，而这只是人类历史的一小部分。

科学革命的好处是显而易见的。如果没有它，如今的世界看起来将与数百年甚至数千年前一样。

如今，技术的发展和人们的生活水平都大幅度提高。我们对世界的了解比几百年前要多得多。现阶段，我们了解了所有生命的基础和联系，以及生命是如何进化的；我们了解了原子及其组成部分，并释放了核能的潜力；我们了解了宇宙及其进化和组成。如今的知识体系如此广博，我们也切实地开始利用它。科学技术的未来实在是无限光明。

第 3 章

通往知识之路

3
CHAPTER
第 3 章

第 2 章对许多科学家及其成就进行了综合概述，以相对独立的视角分析每个科学家实际完成工作并取得重大成果的不同方式。他们是独立完成的还是以团队的形式完成的？是靠纯粹的灵感和创造力，还是为了收集数据和建立假设而苦苦挣扎？他们是有目的地寻找，还是偶然发现了什么？他们只是在正确的时间处于正确的地方吗？通往知识的道路并不总是像教科书中的科学方法那样平坦。

科学到底是什么样的？本章会用个人经历和轶事来说明，科学可能像任何人类活动一样复杂，科学过程可以涉及任何一种特征、因素和方法。比如这些没有特定顺序的关键词（有时相互重叠，有时相互矛盾）：自我激励、智慧、激情、实用主义、自由、联系、错误、实验、好奇心、团队合作、教育、发现、观察、演绎、坚持、社交、判断、横向思维、思想交融、创造性、独处、想象力、发明才能、收集、综合、坚韧、直觉、机会、洞察力、证伪、技术、本能、怀疑论、分歧、开放思想、诚信、时机、偶然性、决心、验证、探索、解释、沟通、灵感、归纳、经验、理论、推测、假设、反思等。

好奇心、智慧、自由、教育、自我激励和决心显然至关重要。运气和机缘巧合有时会起到一定的作用，就像无意中发现或找到一条重要线索，从而导致重大进展。有可能会发生错误，但错误最终也可能是有益的。许多伟大的科学成果来自连续而耗时的实验、观察和样本收集。人与人的联系可能是非常重要的，有些人会促使科学家走上正确的轨道或者在他们身边扮演指引的角色。无知甚至有时也是一个因素：某位科学家兴高采烈地进行着一系列调查，不理会别人说这是做不到的，然后在笨拙的探索中发现了某个令人惊讶的重要结果。孤独有时对平静状态下的反思和灵感至关重要；在其他情况下，团队合作是有益的，甚至是必不可少的。

横向思维（或"打破常规"）通常会产生新的结果。不同学科之间的交叉可以带来新的想法和技术，因此了解各个领域的人是有好处的，结果有时可能是颠覆性的。想象力可以为科学开辟全新的道路。争论和分歧是科学过程中自然而重要的组成部分：人们对不同的观点进行辩论，其结果是我们对被研究对象的认识更加严谨。到目前为止，对科学家最大的批评来自其他科学家。

我们如今所做的大部分科学研究都依赖于技术,它是我们用来发现和观察的工具。理论是实验和观察、解释结果、构建科学世界观及预测新现象的重要伙伴。正规教育对如今的科学至关重要,虽然我们也注意到,过去有很多科学家基本上是自学成才的。

战争与和平当然是重要因素。科学人才和资源在战争期间被重新定位,战争曾推动对科学产生重大影响的技术的发展:雷达引发了射电天文学;破译代码促成了计算机;原子弹的发展促成了战后研究亚原子世界的主要设施;在冷战期间,人造卫星带来了一系列卫星和技术,为宇宙观测开辟了整个电磁频谱。很明显,先进技术对未来的任何战争都至关重要,战后对科学技术的资助大幅增加。但对科学的长期发展而言,显然和平更加必要。

在现代科学中,通信和联系比一二百年前重要得多。耗时更短,通信变得更快。资金必须得到保证,因此科学家必须善于准备拨款提案,以及争取使用大型设施的时间。参加会议和与他人交流很重要,既要跟上最新的发展,也要了解世界各地的其他科学家。一个人在某个领域的声誉,部分是通过这类人际交流以及出版物建立起来的。

回顾上一章中提到的数百位重要科学家的职业生涯和成就,我们可以了解到多年来各种特征和因素所起的作用。这绝不是全面的科学家列表,甚至不是一个定义明确的统计样本（事实上，这些科学家是历史上最成功的科学家中的一部分，这表明了强烈的选择效应），但这个统计样本也许可以粗略地解释科学是如何进步的。

这些科学家都很聪慧，有强烈的自我驱动力和坚定的决心。他们都是由纯粹的好奇心驱动的（金钱不是目的，命令也非导向，他们思维里没有这样的应用程序）。按照当时的标准，他们都受过相当好的教育；大多数人受过正规教育，少数人是自学成才。

真正令人震惊的是，在1900年之前出生的科学家中，近90%都是独立工作和发表论文的。虽然他们中的大多数人都有某种有益的"联系"，以及世界各地与他们交换意见和信息的同事，但这些科学家有自己的想法，得出自己的结论，并自己发表文章。其中一些科学家确实是孤独的，其他人拥有合作伙伴或在小组中工作。合作的趋势随着时间的推移而缓慢增长，尤其是在20世纪，在1900年后出生的科学家中，只有不到一半的人自己发表论文。当然，到了今天有一些非常大的团队，甚至有数千人的规模。

这数百位科学家中有一半参与了某种实验工作（尽管只有大约一半的案例被视为"标准教科书实验"）。超过三分之一的人做了观察工作。当然，大多数实验和观察都涉及一定程度的技术，其中约三分之二的实验和观察产生了新的发现。超过一半的科学家从事理论研究（应该注意的是，实验、观察、发现和理论并不相互排斥）。只有一小部分科学家是"集邮者"，他们做着令人筋疲力尽、细小但必不可少的实地工作，对世界各地所有形式的生命和化石以及天空中的所有恒星和星系进行编目。不到五分之一的科学家运气尚佳，好运气在他们的工作中发挥了重要作用，许多书中都介绍了科学中的意外发现，因为这些故事非常迷人，值得关注。最后，第 2 章的综合介绍中只提及了两个错误——爱因斯坦和鲍林的著名错误，但这无疑是一种选择效应，因为这数百位科学家皆在有史以来最成功的科学家之列。

　　顺便提一下，从上一章的整体介绍中可以明显看出，大多数自然哲学家和科学家的寿命相对较长。在古希腊、伊斯兰、中世纪和"现代"（从 1600 年到现在）时期，这些自然哲学家和科学家的平均寿命分别为 73 岁、75 岁、62 岁和 75 岁。相比之下，从旧石器时代到一两个世纪前的平均预期寿命只有 25～35 岁，19 世纪的世界平均寿命为 31 岁。在古罗马和 1850 年的英国，出生后的预期寿命分别为 20～30 岁和 40 岁，即使是度过了婴儿期并顺利成长到 10 岁的人，他们的总预期寿命仍分别为 48 岁和 58 岁。什么可以解释自然哲学家和科学家的长寿？他们的科学产出通常在 30 多岁的时候到达峰值㊀，甚至有人会更早，因此从事科学研究与长寿无关。也许

　　㊀ Age and Scientific Genius（Jones et al., 2014）.

是因为他们在相当好的社会经济条件下过着相对平静、远离闹市和富有反思的生活，避开了平常生活的危险和劳累。无论出于何种原因，我们都从他们漫长的科学生涯中受益匪浅。

以下各节阐述了科学的一些特征和因素，并举例说明了它们是如何参与一个或多个科学领域的发展的。

3.1 好奇心

好奇心是第 2 章所介绍的历史中几乎所有科学家的主要驱动力。从字典的定义来看，好奇心是"渴望知道或学习某事"。因此，好奇心往往导致实验、观察，或一个结果与含义尚不清楚的概念："我好奇如果……会发生什么。"

哥白尼想知道如果太阳被认为是中心而不是地球是中心，太阳系会是什么样子，他找出了其中的含义。伽利略好奇地想看看不同质量的球滚下斜面的速度有多快，并想通过新望远镜看到天空。牛顿想了解光的性质。哈雷好奇星星是否在天空中移动。托马斯·杨很好奇，如果光线穿过两条紧密平行的缝隙会发生什么。法拉第想知道磁铁是否能感应电流。达尔文想知道物种是如何进化的。孟德尔很好奇豌豆的遗传。

迈克尔逊和莫雷感兴趣的是，他们是否可以通过光实验检测到以太。爱因斯坦想知道驾驭在光束上会是什么样子，于是他提出了著名的狭义相对论。卢瑟福很想知道如果 α 粒子被烧成金箔会发生什么。密立根急切地想知道他是否能反驳爱因斯坦的光电效应。加莫想知道，如果宇宙开始于一个热而稠密的阶段，这将意味着什么。哈密顿想知道一个有机体如何从帮助其亲属中受益。珀尔马特、施密特、里斯和同事们很想知道宇宙膨胀是如何演变的。纯粹的好奇心一直是科学的主要驱动力。

最近一个令人印象深刻的例子是尼基·克莱顿（Nicky Clayton），她在加利福尼亚大学戴维斯分校的草坪上午休时开始观察西丛鸦㊀的行为。与大多数人只是随便注意到这些鸟然后继续前行不同，她对它们的行为非常好奇，以至于当她去剑桥时，这成为她的一个主要研究项目。如果一只丛鸦得到的食物比它现在需要的多，它会秘密贮存（储存和藏匿）多余的食物，有时会一次又一次。这需要很好的记忆力。只有当其他丛鸦在偷看或偷听时，才会重新贮存，只有经验丰富的小偷才会这样做（"利用小偷的特点来认识丛鸦"）。如果另一只丛鸦是群体中占主导地位的成员，则重新贮存的可能性更大；如果另一只丛鸦是它的伙伴，则不太可能重新贮存，且通常会与它共享食物。这些研究在动物认知领域具有

㊀ 西丛鸦是丛鸦的一种。——编辑注

相当重要的意义。他们补充了一些动物利用它们过去的知识来规划未来的证据，并且他们认为这些鸟可能像人类一样，有一种"心智理论"，将意识或"心智"归因于他人的能力。戴维斯校园草坪上偶然的好奇心促成了动物行为学的重大突破。

理查德·马莱斯卡（Ryszard Maleszka）很想知道蜜蜂幼虫是如何变成工蜂（一个蜂箱中有上万只工蜂，在几周内都会死亡）或是蜂王（每个蜂箱一只，可以活几年）的，完全相同的基因组产生非常不同的结果。唯一已知的区别是工蜂给一些幼虫喂食大量的一种叫作"蜂王浆"的物质，正是这些幼虫可以成为产卵的蜂王。2006年，当马莱斯卡对蜜蜂基因组进行测序时，他发现了甲基化（一种表观遗传控制机制）的证据，他想知道这是否是导致幼虫成为工蜂或蜂王的原因。他和同事发现，他们可以通过抑制基因组的甲基化来模拟蜂王浆的作用。他们可以控制哪些幼虫发育成蜂王，哪些幼虫发育成工蜂，基本上是"在开关的瞬间"。在他们的实验中，能够使72%的幼虫变成蜂王，而通常在一个由数万只蜜蜂组成的蜂巢中只有一只蜂王。这证明了表观遗传学过程是工蜂和蜂王之间存在差异的原因，所有作为工蜂或蜂王的详细指令都编码在同一基因组中。这还表现出对整个物种的显著控制。

3.2 想象力

在科学史上,想象力几乎与好奇心并重,这两个特征通常同时出现在科学家个人的生活中。从字典中可以看出,想象力是"创造新想法的能力"。

牛顿想象出了支配我们所处世界的力,他认为同样的引力定律可能支配着太空和地球上的事物。林耐在概念方面迈出了重要的一步,创造出至今仍在使用的动植物分类系统。道尔顿在19世纪早期研究气体,提出了一种与现代观点非常相似的原子理论。达尔文评估了生命世界的大量信息,并洞察到物种是通过自然选择进化的。令人惊讶的是,这一概念如此简单的理论解释了地球上生命的巨大多样性。

麦克斯韦在电磁学理论中融入了想象力和数学,因此将电和磁统一起来。门捷列夫等人通过想象看到元素的属性如何与其原子量相关,门捷列夫的洞察力在元素周期表中留下空白,这些空白将由尚未发现的元素填补。普朗克思考了黑体辐射,而且迸发出灵感,认为产生黑体辐射的振荡器可能是量子化的。爱因斯坦有一个"巧妙的想法",即加速度和引力是等价的,并提出了广义相对论。

玻尔设想了如何通过假设能级之间的量子跳跃来解决原子模型的问题。路易·德布罗意在博士论文中提出了一个大胆的建议,即物质粒子可以用波来描述,引入了波粒二象性的概念。在与玻尔进行了无休止的讨论后，海森堡提出了令人震惊的"不确定性原理"，表明概率在亚原子世界中占主导地位。从观测到的星系运动和距离来看，勒梅特和哈勃都意识到宇宙正在膨胀，勒梅特得出结论，一定有一个"起点"。沃丁顿想知道基因是如何在身体的各种细胞中产生差异发育的，于是引入了"表观遗传景观"的概念。

霍伊尔和同事设想了富有想象力的宇宙"稳态理论"，替代大爆炸理论。当发现大量粒子时，盖尔曼创造了"夸克"来简化粒子物理。古斯认为"膨胀"是解释当时宇宙学主要问题的一种方式。马约尔和奎洛兹想象出了一种巧妙的方法来发现第一颗太阳系外行星。

在这里需要特别关注一个激发想象力的杰出例子。1917年，在慕尼黑工作的奥地利人卡尔·冯·弗里希（Karl von Frisch）发现蜜蜂有一种特殊的行为模式。当蜜蜂回到蜂巢时，它有时会跳冯·弗里希所说的"摇摆舞"（wanzltanz）。蜜蜂走在一条直线上，同时来回摆动腹部，然后绕回来，一次又一次地重复表演。冯·弗里希怀疑这可能是某种形式的符号性交流，他猜对了。直线摇摆行走的方向与相对于太阳方向的新食物来源相关。摇摆行走的长度与到食物的距离有关。摇摆舞的活力与食物供应的可取性有关。这令人十分惊讶。冯·弗里希将这些研究持续了几十年。在最初公布于众时，他的仔细研究遭到了大量的怀疑和批评，但蜜蜂的摇摆舞现在被广泛认为是已知的非灵长类动物交流中最复杂的例子。冯·弗里希因这项杰出的工作获得了1973年诺贝尔生理学或医学奖。

3.3 坚定的决心

令人印象深刻的是，这些人中有多少人经过了多少努力才能够进入一个他们可以从事科学研究的职位。他们有强烈的自我驱动力、顽强的毅力和坚定的决心。伽利略本人早年在一所修道院，然后成了一名医科学生，后来他爱上了数学，并辍学成为数学和自然哲学的导师。牛顿16岁时辍学，然后开始经营家庭农场，他逃脱了这种命运，设法在剑桥谋得一个职位。为了专心于科学和数学，他基本上忽视了正规课程；好在他做得很好，留在了剑桥。他孤身一人超强度地工作着，撰写的《自然哲学的数学原理》绝对是一部杰作。赫歇尔建造了自己的巨型望远镜，并几十年如一日地忍受着孤独，研究天空。

汉弗莱·戴维是一位农民的儿子，除了在一所省级文法学校就读外，他没有受过正规教育。他自学法语，18岁时读了拉瓦锡的原著。他成功地成为布里斯托一所研究所的助理，在那里他以实验闻名，23岁时他被任命为伦敦皇家学会的化学教授。约翰·道尔顿出身寒微，是一个织布工的儿子。他在当地一所学校就读，15岁时，他和哥哥一起经营了一所贵格会学校。他还做过公开演讲，最终他在曼彻斯特当了一名私人家教，有时间从事他著名的科学研究。

查尔斯·达尔文的母亲在他8岁时去世，他在一所寄宿学校接受基础教育。16岁时，他被送往爱丁堡的医学院，但改学了自然历史课程。然后，他被送到剑桥接受适合神职人员的教育，但他固执地再次转向自然历史课程。最终，在毕业后不久，他收到了一封改变一生的信，邀请他加入"小猎犬号"邮轮探险队。德米特里·门捷列夫出生于西伯利亚的一个家庭，是14个孩子中最小的一个。他的父亲失明，在门捷列夫13岁时去世。他的母亲努力照顾着全家人，并将门捷列夫带到圣彼得堡接受教育。起初他无法进入大学，在学习化学并开始科学生涯之前，他成了一名实习教师。孟德尔出生在一个贫穷的农家，他在当地一所学校接受了基础教育，并在花光钱之前完成了两年的大学学业。之后他成了一个修士，并最终完成了大学学业，回到了他进行著名研究的修道院。

人们说"钻研问题的科学家就像叼着骨头的狗"——意志坚定，永不言弃。这些年来，一些引人注目的例子证明了这种坚韧。

阿尔伯特·爱因斯坦一生都表现出非凡的决心。他在慕尼黑上学，但讨厌学校的生活方式，于是离开学校，搬到意大利与家人团聚。在这段时间里，他写了一篇关于以太在磁场中状态的短文，预示了即将发生的事情。16岁时，他试图进入著名的苏黎世联邦理工学院，但没有成功，而是在瑞士的另一所学校完成了中学学业。然后，他再次努力进入苏黎世联邦理工学院并完成了那里的数学和物理课程。他花了两年的时间寻找工作，身心疲惫，最终在马赛尔·格罗斯曼的帮助下，成为伯尔尼瑞士专利局的一名审查员。在那里，他写下了1905年那篇著名的论文，这是他辉煌事业的开始。

在接下来的十年里，爱因斯坦为一项新的项目感到痛苦和挣扎，该项目最终取得了历史上最伟大的科学成就之一。他知道狭义相对论是不完整的，因为它只对匀速运动有效，他想把狭义相对论推广到重力和加速度。1907年，他有了一个自称为"我一生中最幸福的想法"：引力和惯性质量的等效，即"等效原理"。他意识到重力会使光线弯曲，使时钟走得较慢。1911年，广义相对论的一些基本特征开始显现，但直到1912年，他才意识到合适的理论需要非欧几里得几何。好在他的老朋友马赛尔·格罗斯曼正是这个领域的，他向爱因斯坦介绍了伟大数学家波恩哈德·黎曼的著作，黎曼在19世纪50年代开发了多维弯曲空间的几何。

广义相对论的物理理论需要四维时空，其中"时空告诉物质如何运动，物质告诉时空如何弯曲"（引用物理学家约

第 3 章 通往知识之路

翰·惠勒的话）。爱因斯坦和格罗斯曼同时起步，追求两种相反的策略，一种是从经典物理学的已知要求出发，另一种是从纯数学形式主义出发。人们希望这些理论能够融合成一个正确的理论。爱因斯坦和格罗斯曼得出的理论最终满足了物理要求，但并非在所有坐标系中都有效，也就是说，它通常不是协变的。这种结果很让人失望，但他们觉得这是最好的办法了。1913 年，爱因斯坦和格罗斯曼将其发表在了名为"Entwurf"（德语，意为"大纲，草案"）的论文中。同年，爱因斯坦和米歇尔·贝索（Michele Besso）使用 Entwurf 场方程计算了大众熟知的水星近日点提前，他们获得的值明显小于观察到的值。在同一篇论文中，他们研究了旋转参考系，并得出了一个错误的结果，他们认为这证明了马赫原理的有效性，即惯性是由于宇宙中所有物质的综合作用，而不是牛顿物理学的"绝对空间"。这些不正确的结果，再加上爱因斯坦对 Entwurf 场方程通常不协变的担忧，让他在 1915 年秋天再次努力探索。

这一次，爱因斯坦从数学角度出发，要求广义协变性。在近乎疯狂的努力中，他把这些碎片拼在了一起。在这期间，他于 1915 年 11 月向当时的普鲁士皇家科学院提交了四篇论文。在第一篇论文中，他坦率地总结了过去几年中犯的所有错误，解释了他对协变场方程的重新搜索，并成功地展示了新结果。在第二篇论文中，他介绍了一个微小但重要的改进。在第三篇论文中,他证明新理论为水星近日点的推进给出了正确结果。在第四篇也是最后一篇论文中,他迈出了关键的一步;凭借这一点,他实现了建立真正协变广义相对论的目标,这是一项巨大的智慧成果,也是科学史上的一个里程碑。爱因斯坦本人非常惊讶于数学形式主义产生正确理论的力量。关于自己的奋斗与探索,他曾对一位同事说:"很遗憾,我的学术论文把我在这场斗争中最后的错误永远铭刻了",另一位同事说,"每年(爱因斯坦)都会收回他前一年写的东西",到第三年,他写下"心满意足但筋疲力尽"这几个字来收尾。

爱因斯坦下定决心要探索到最后,他的余生都在一场堂吉诃德式的努力中,以创造一种将引力和电磁学相结合的统一理论。他从未成功过,即使在今天,能结合所有自然力的统一理论仍然是现代物理学的圣杯。

另一位非常坚定的科学家是德国气象学家阿尔弗雷德·魏格纳(Alfred Wegener),他惊异于当今世界地图上各大洲的形状像一个巨大的可拼在一起的拼图。难道这些大陆过去曾是一体,只是随着时间的推移而不断漂移?其他人以前对此进行过猜测(可以追溯到16世纪的阿亚伯拉罕·奥特柳斯),但魏格纳对此更认真。他比较了大西洋对岸的岩石类型、地质和化石,发现它们似乎在很大程度上吻合。1912年,他提出大陆确实经历过漂移,并于1915年出版了《海陆的起

第 3 章 通往知识之路

源》(*The Origin of Continents and Oceans*) 一书。但魏格纳的理论遭到了许多嘲笑，主要是因为缺乏令人信服的机制。他的反对者将他视为局外人，这其中不乏专业地质学家，即使他那相当教条的风格也于事无补。但他仍然下定决心，坚持自己的理论，并继续提供更多的证据。不幸的是，他于 1930 年在格陵兰岛探险时去世，享年 50 岁，几十年后他的理论才戏剧性地得到证实。

20 世纪 60 年代初，支持"大陆漂移"理论的新证据大量涌现，到了 60 年代末，该理论得到了压倒性的支持。许多新证据来自使用回声测深仪和磁强计对海潮的研究，这些研究揭示了巨大的大洋中脊渗出岩浆，导致平行的区域朝磁场相对方向对称地辐射开来，就像斑马条纹一样；大陆就像记录地球磁场中周期性波动的巨型收音机。美洲与欧洲和非洲的分离速度每年只有几厘米，大约与指甲生长一样快，快到可以通过 GPS 测量实时观察到，并且足以使大西洋在短短 2 亿年内形成，这在地质时间尺度上非常短。最近，研究人员在 11 000 千米外的澳大利亚发现了一块加拿大地盾，证明了一个超大陆在十亿多年前开始漂移。魏格纳现在被誉为这场重大科学革命的发起人。

另一个关于决心的例子是莱奥纳多·海弗利克（Leonard Hayflick），他从 1958 年开始研究动物和人类细胞的一些特性。人们早就"知道"所有正常细胞都是"不朽"的。当海弗利克研究组织培养时,他沮丧地发现,所研究的细胞在实验中只复制了有限的次数——大约50次。他努力想知道自己做错了什么,但最终他想到,也许这些细胞的寿命确实有限。1961年,海弗利克和同事保罗·墨海德(Paul Moorhead)进行了细致的实验,结果表明情况确实如此,但他们的论文最初遭到了拒绝,因其与半个世纪以来的教条相矛盾。他们的研究结果经过了一段时间才被广泛接受,并最终被誉为一项重大突破,这种现象被称为"海弗利克极限"(Hayflick limit)。这是一个里程碑式的发现,表明细胞是生物死亡和生存的中心。研究人员后来发现,海弗利克极限与位于DNA链末端的非编码重复序列(被称为"端粒")的长度有关;这些端粒一直在保护DNA,经过连续的复制而慢慢耗尽,直到细胞死亡时。此外,有一种叫作端粒酶的酶可以补充端粒,使一些细胞(如干细胞和癌细胞)永生。这些和随后的研究对细胞生物学和关于衰老的广泛讨论产生了重大影响。

海弗利克极限的一个惊人含义是,我们体内的原子和分子随着时间来来去去,它们不断地被替换。时间尺度在某些情况下取决于组织的类型,也许在一些情况下只能延续数天,在另一些情况下则能延续数年。几十年过去,我们体内几乎所有的原子都会被替换。因此,如果你在看一张20年或30年前拍摄的照片,你看到的是一个完全不同的身体,这个人身上的原子和分子现在都不在你体内!我们体内保存的是信

第 3 章 通往知识之路

息,而不是原子。这些信息编码在你的 DNA 和大脑中,正是这些信息定义了你是谁,并赋予了你终身的身份。

西澳大利亚州珀斯的一位研究人员下定决心,实实在在地冒着生命危险来证明他的理论。长期以来,人们一直认为胃溃疡和十二指肠溃疡是由压力引起的,制药公司每年从抗酸药中赚取数十亿美元。但在 20 世纪 70 年代末,珀斯一位名叫罗宾·沃伦(Robin Warren)的病理学家注意到,在感染区域附近经常发现弯曲的小细菌。巴里·马歇尔(Barry Marshall)是同一家医院的年轻实习生,他对沃伦的发现很感兴趣。1982 年,两人开始对 100 名患者的活检进行研究。他们发现所有的十二指肠溃疡患者都有过量的细菌,这种细菌被称为幽门螺杆菌,然后他们意识到正是这些细菌导致了溃疡。当他们宣布发现时,人们纷纷表示怀疑,他们的论文被拒了。他们意识到,他们的发现不仅威胁到一个价值 30 亿美元的行业,还威胁到整个胃镜领域。

为了确切证明他们的研究,他们必须用这些细菌感染动物。他们无法在大鼠或小鼠身上做到这一点,因为幽门螺杆菌只影响灵长类动物。他们陷入了绝望,在知道不能在其他人身上做实验的情况下,马歇尔培养了一些从某病人体内提取的细菌,把它们与肉汤混合,然后自己喝了下去!5 天后,他生病了;10 天后,胃镜检查发现了无数细菌、炎症和胃炎,他服用了抗生素并且治愈了。马歇尔的实验举世闻名,他和沃伦因"发现幽门螺杆菌及其在胃炎和消化性溃疡疾病中的作用"而获得 2005 年诺贝尔生理学或医学奖。这个戏剧性的故事体现了一个科学家异常坚定的决心。

3.4 独处和团队合作

在过去的半个世纪里，投身科学活动令人倍感孤独，这真的很值得注意。如上所述，全世界范围内，在 1900 年之前出生的一些最重要科学家的样本中，接近 90% 的科学家都是独自工作的。我们所生活的现代科学世界中，所有的技术奇迹，都是仅几百名主要科学家独自工作的成果。当然，他们通过人际关系、出版物、信件和少数的会议与他人接触，许多科学家在大学或研究所工作，那里可以进行日常互动。但他们基本上是自己完成工作的。

想想哥白尼、伽利略、牛顿、胡克、赫歇尔、爱因斯坦、哈勃、茨威基、波义耳、布莱克、普里斯特利、卡文迪许、拉瓦锡、道尔顿、门捷列夫、玻尔兹曼、普朗克、德布罗意、薛定谔、惠更斯、托马斯·杨、法拉第、麦克斯韦、莱尔、达尔文和孟德尔。虽然他们都生活在社会中，并融入社会，但他们的科学工作都是独自完成的。

在过去，有些科学家组成了团队，例如第谷和他的助理开普勒，约翰·雷和维路格比，以及迈克尔逊和莫雷。但这些情况在 20 世纪之前是罕见的。

也有数百人甚至数千人组成的科学团队参与了科学冒险，但几乎所有这种形式都是最近才开始的。

20 世纪之前唯一的大型合作是 1761 年和 1769 年的金星探秘。这是真正的国际合作，来自 9～10 个国家的一二百名观察员，环游全球进行勘察。由于这被视为"全人类的使命"，参与国命令其军队支持观察员在其领土上行进，即使这些国家彼此处于战争状态。这些都是非凡的努力。

最近有一些大规模的合作。大型粒子加速器及其探测器非常昂贵且复杂，数千名科学家参与其中。大型强子对撞机是欧洲核子研究中心和其他几个国家的合作成果，计算中心位于 35 个国家，涉及数千名科学家和技术人员。

天文学也成了"大科学"。大型光学和射电望远镜及其仪器非常昂贵，大型国际团队不仅经常参与制造这些设施，还参与分析和发布科学结果。卫星和太空任务也非常昂贵，同样有数百名科学家参与其中。发现宇宙膨胀加速的两个团队涉及数十名科学家，2015 年发现引力波的合作涉及 80 多个科研机构的 1 000 多名科学家。

人类基因组计划涉及在 6 个国家 20 多所大学和研究所工作的数千人。它仍然是世界上最大的生命科学合作项目。

回顾第 2 章所介绍的科学史，很明显，大型合作是一种新现象，在过去几十年内才兴起，现在它们是现代科学的一个永恒特征。

3.5 与他人的联系

有时候，个人联系能够以各种关键方式给予科学家帮助，例如帮助他们进入战略位置、实现科学目标，或帮助他们获得研究方法与线索。

一个非常幸运的人与人之间的际遇发生在17世纪初，这为之后牛顿提出万有引力理论铺平了道路。1600年，当天文学家第谷·布拉赫带着大量准确的天文数据搬到布拉格时，他聘请了年轻的数学家约翰尼斯·开普勒做他的助手。不久后第谷去世，开普勒获得了全部宝贵的数据。凭借他的数学背景和哥白尼模型，开普勒最终推导出行星运动三定律，这对几十年后牛顿的工作至关重要。

另一个联系引发了牛顿对万有引力的研究。埃德蒙·哈雷是英国皇家学会里牛顿的熟人，1684年，他对牛顿进行了一次重要访问，提到了他与罗伯特·胡克和克里斯托弗·雷恩关于平方反比吸引定律能否解释开普勒定律的讨论。牛顿在几个月内证明了这一点，并在两年内出版了《自然哲学的数学原理》一书。

第 3 章 通往知识之路

个人联系对查尔斯·达尔文的职业生涯也至关重要。在剑桥大学期间，达尔文在植物学教授约翰·亨斯洛（John Henslow）的指导下学习，亨斯洛非常尊重达尔文。1831 年，当海军部准备在罗伯特·菲茨罗伊船长的指挥下由英国皇家海军"小猎犬号"进行勘测考察时，亨斯洛建议邀请达尔文参加考察，研究南美洲的自然历史和地质。达尔文热切地接受了这一邀请，接下来发生的就是我们所知的历史了。

科学史上的另一个重要联系是爱因斯坦与马赛尔·格罗斯曼建立的同窗友谊。当爱因斯坦从苏黎世联邦理工学院毕业后失业两年时，正是格罗斯曼的岳父帮助爱因斯坦在伯尔尼的瑞士专利局找到了一份工作。爱因斯坦在伯尔尼工作期间有着卓越的洞察力，这让他得以在 1905 年发表四篇著名的论文。

20 世纪 50 年代初，当弗朗西斯·克里克和詹姆斯·沃森在剑桥大学试图了解 DNA 结构时，他们非常清楚罗莎琳德·富兰克林获得的关键 X 射线影像，富兰克林当时在伦敦国王学院莫里斯·威尔金斯领导的团队里。1953 年 1 月，在一个关键时刻，威尔金斯在未经富兰克林知情或许可的情况下，向他们展示了富兰克林那张最好的照片。这种未经授权的"联系"为克里克和沃森提供了解决 DNA 结构的最终线索之一（富兰克林当时也接近解决方案，然而她于 1958 年去世，四年后，克里克、沃森和威尔金斯因这项工作获得诺贝尔奖）。

3.6 跨学科交流

如果将在一个领域获得的知识转移到另一个领域，这将是非常有益的。这种交叉可以是革命性的，可以通过以下几种方式实现：来自两个不同领域的科学家相互交流，一个科学家获悉或进入其他领域，或者采用另一个领域的新技术。

1943 年，著名物理学家埃尔温·薛定谔在都柏林举行了一系列公开演讲，主题不在他自己的专业领域。他想知道细胞内的基础物理和化学如何解释生命的秘密。在演讲的基础上，他在 1944 年写了一本内容丰富的书，题为《生命是什么？》(*What is Life?*)。这本书引起了许多人的注意，其中包括弗朗西斯·克里克。克里克是一位参与过战时项目的物理学家，他于 1947 年开始研究生物学，部分原因是受到薛定谔著作的激励。他去了剑桥，遇到了詹姆斯·沃森，他们合作发现了 DNA 结构。20 世纪 80 年代，克里克转向了另一个兴趣：意识。他认识到意识长期以来被许多神经科学家视为一个禁忌话题，并于 1994 年出版了《惊人的假说：灵魂的科学探索》(*The Astonishing Hypothesis: The Scientific Search for the Soul*) 一书，他在书中辩称，神经科学已经发展到能够研究大脑如何产生意识体验的地步。他的书很有启发性，意识研究已经成为一个活跃的研究领域。

罗伯特·梅（Robert May）是另一位进入生命科学领域的

物理学家。他是一位理论物理学家，对动物种群动力学产生了浓厚兴趣。他利用数学知识对种群生物学领域做出了重大贡献，帮助发展了理论生态学，并将这些工具应用于关于疾病和生物多样性的研究。

一些很久以前发展起来的数学领域的研究成果已经被采用，并用于完全无法预见的目的。傅里叶变换是由傅里叶在 19 世纪初为研究热流而开发的，是 X 射线晶体学和射电天文学中的核心工具；"快速傅里叶变换"（fast Fourier transform）是我们今天使用的 Wi-Fi 的核心功能。黎曼的多维几何学是在 19 世纪中期纯粹出于兴趣而发展起来的，70 年后爱因斯坦将其用于广义相对论。

3.7 正确的时机

通常情况下，特定科学发现或开发的时机是"正确的"。在过去几年或几十年里所做的科学工作已经为之铺平了道路，所需要的只是当时的科学家迈出关键的一步。有时会有两个或更多的科学家在同一时间有相同的想法。

第 2 章介绍的一些重大发现是由不同的个人或团队独立完成的。自然选择进化论是达尔文和华莱士分别独立提出的，达尔文获得了赞誉。元素周期表是由四位科学家独立开发的，门捷列夫获得了赞誉。孟德尔的遗传定律是由五位科学家独立发现的，但在这个项目中，孟德尔比其他四位科学家领先30年，因此他获得了赞誉。宇宙的膨胀是由乔治·勒梅特和埃德温·哈勃提出的，哈勃有令人信服的数据，他获得了赞誉。富兰克林、克里克和沃森都发现了DNA的结构，克里克和沃森写出结果的速度更快，所以他们获得了赞誉。彭齐亚斯和威尔逊意外地发现了微波背景辐射，而当时迪克和团队正在建造一台专门用于发现微波背景辐射的望远镜，他们本可以在几个月内发现微波背景辐射。珀尔马特、施密特和里斯团队基本上同时发现了宇宙膨胀的加速。

还有许多这样的例子。17世纪末，万有引力定律的时代已经到来。伽利略提供了有关地球表面引力定律的重要证据，开普勒提出了行星运动三定律。英国皇家学会的埃德蒙·哈雷、罗伯特·胡克和克里斯托弗·雷恩正在讨论用平方反比吸引定律来解释开普勒定律的可能性。但有人可能会想，除了牛顿之外，是否还有人能把这一切都放在一起，写进《自然哲学的数学原理》这样一部永垂不朽的杰作中。

20世纪初，每个物理学家都知道麦克斯韦方程组中的光速是一个常数，迈克尔逊-莫雷实验没有发现"以太"的证据。这需要爱因斯坦的天才头脑来完成他的"思维实验"，并提出狭义相对论。在当时的情况下，广义相对论也是一部杰作，尽管还没有其他人接近他所做的。当爱因斯坦将狭义相对论应用于宇宙时,它成为(现在仍然是)宇宙学的理论框架。而其他人很快就解决了其中的许多问题。

在当今纷繁复杂的科学领域中,许多科学家担心结果被另一位更快发布的科学家"挖走"的可能性,这并不奇怪。

3.8 主动和被动的科学研究

我们可以通过各种方式了解世界,每种都很重要。在实验中,我们能够改变参数(尺寸、质量、时间、温度、速度、电流、磁场、化学性质等),这是巨大的优势,因此可以在一系列条件下研究现象。这在物理、化学和其他几个领域都是典型的例子。实验室条件是受控的,我们可以根据需要多次重复实验,改变参数以提取最多的确定信息。

当我们无法控制情况时,唯一的选择是观察和记录。观察和记录在天文学和许多生物学领域的效果是显而易见的。然而,即使在天文学领域,人们仍然可以提出假设,并使用新的观察结果来进行检验。如今的观察结果可能非常有力。由于卫星的出现,整个电磁频谱都可以被利用。在天文学史上,对天空中大面积的恒星和星系进行勘测具有重要意义。恒星目录可以追溯到古代,在近代历史上,第谷·布拉赫、威廉·赫歇尔和约翰·赫歇尔以及许多其他天文学家和主要国家天文台都做出了重要贡献。人们发现,光谱可以揭示遥远恒星和星系的化学和物理属性。恒星的分类使得利用赫罗图(Hertzsprung-Russell diagram)理解恒星的演化成为可能。亨丽爱塔·莱维特对变星的"收集"促成了造父变星和宇宙距离尺度的发现。在多波长方面,各种类型的星系的现代目录使得研究星系的演化以及最终研究宇宙的大规模结构和演化成为可能。我们对宇宙及其内容的理解成果显著,因为这些都是基于"纯粹的观察"。

在研究动物行为和认知时,可以理解的是,科学家最初将动物带入实验室,并试图在实验室环境中进行测试,就像它们是人类婴儿一样。但最终人们意识到,这对许多物种的研究是适得其反的。当然,大多数动物在人为环境中表现得不好,我们只有通过观察它们在自然栖息地中的表现才能真正了解它们的能力。好在我们开发了先进的摄像机、传感器和其他设备,使我们能够在夜间、树上、隧道里、水下、光线下以及低速和高速下观察它们的"私人生活"。卡尔·冯·弗里希(Karl von Frisch)、康拉德·劳伦兹(Konrad Lorenz)和尼可拉斯·丁伯根(Nikolaas Tinbergen)是最著名的早期先驱,他们研究自然栖息地中的动物,因"在组织和激发个体和群体行为模式方面的发现"而共同获得1973年诺贝尔生理学或医学奖。丁伯根提到,他和另外两位诺贝尔奖获得者最初被视为"纯粹的动物观察者",但他大力提倡用

"观察和好奇"的方法来研究动物行为。多年来，这些研究和其他许多研究的结果令人惊讶，我们非常惊讶于其他动物难以置信的天赋。

与天文学一样，收集和分类在生命科学中也发挥着至关重要的作用。收集和分类可以追溯到古希腊时代：亚里士多德是"动物学之父"，提奥弗拉斯托斯是"植物学之父"。约翰·雷和弗朗西斯·维路格比是科学革命期间的两位先驱，他们在英国和欧洲大陆旅行，为卡尔·林耐的分类方案铺平了道路，该方案至今仍在使用。达尔文本人就是一位收藏家，他广博的知识显然对他提出的自然选择进化论至关重要。今天，我们知道了数百万种物种：大约30万种植物，7万种真菌，100万种昆虫，30万种其他动物，以及微观世界中更多的物种。从这些丰富的信息中，我们可以看到它们之间的关系，并组装出一棵"生命树"，这棵树在现代生物学中处于核心地位。

对化石的收集和研究可以追溯到数千年前。亚里士多德指出，岩石中的一些化石类似于海滩上看到的贝壳，这表明化石曾经是生物。英国运河工程师威廉·史密斯在19世纪初指出（基于丹麦人尼古拉斯·斯丹诺（Nicolas Steno）在17世纪末提出的地层重叠法则），不同时代的岩石包含不同组和类型的化石，这表明这些化石以规则的方式相互继承。"动物区系演替"（faunal succession）这一原则成为达尔文进化论的关键证据之一。自达尔文时代以来，化石记录已经追溯到 34 亿年前的微体化石和叠层石。在 20 世纪，使用绝对辐射测年方法来验证和细分化石的相对时代成为可能，现在化石记录包括任何保存下来的曾经有生命的生物遗骸，从骨骼、贝壳和外骨骼到有皮的木材、毛发和 DNA 片段。化石是建立达尔文进化论的关键，即使到现在，在为生命树增添重要细节方面，化石仍然发挥着重要的作用。

如今的"收集"已经变得非常庞大，人们都在谈论"大数据"。各种各样的大型同质数据库都可以用前所未有的方式进行审查。从数据中可以"挖掘"出在小样本中永远无法检测到的非常微妙或罕见的现象。这是一种新的科学研究方式，一种新的发现工具，其应用是无穷无尽的。可以使用计算机和人工智能，从浩瀚的化学宇宙中数千亿个分子的子集中寻找期望的新药分子；也可以使用计算机夜以继日地比较数十万颗恒星相同区域的数字图像，寻找单个恒星亮度罕见和轻微的变化，以指示内部物理过程、太阳系外行星或引力透镜。谷歌开发了 DNAStack 系统，帮助全球遗传学界组织和分析来自世界各地的大量 DNA 样本，以识别疾病和缺陷，为科学提供工业规模的计算能力。大型强子对撞机每秒产生 6 亿次质子碰撞，其中只有大约 100 次有意义；这需要实时过滤和拒绝超过 99.999 9% 的事件。古代的收集和分析技术现在需要借助最强大的计算机和人工智能。

第 3 章 通往知识之路

发现是新知识的丰富来源，它可能涉及探索、观察、实验，通常还有机缘巧合。伽利略用望远镜指向天空，发现了许多奇迹。夫琅禾费在太阳光谱中发现了尖锐的吸收线。麦克斯韦发现他的方程中有一个常数等于光速。勒梅特和哈勃发现了宇宙的膨胀。克里克和沃森发现了 DNA 双螺旋结构。马约尔和奎洛兹发现了第一颗太阳系外行星。

1981 年，马丁·哈维特出版了名为《揭秘宇宙》(Cosmic Discovery) 的开创性著作。在这本书中，哈维特讨论了天文学领域中多维观测参数空间的概念。参数包括入射载波的类型（光子、宇宙射线、中微子或引力波）、可检测载波的波长或能量、仪器的角度、光谱和时间分辨率、极化特性、灵敏度以及观察的时间和方向。每个参数都是这个多维空间中的一个轴。目标是在该观测参数空间中进行尽可能充分的观测，以便最大限度地增加新发现的机会（"对意外情况的有意识预期"）。哈维特认为"发现"作为一种现象，在某一参数中，"发现"与其他现象至少相差 1 000 倍。

这个概念对于开启新观察、新实验格外有用。除了可以保证结果的观测与现象（用风险管理和美国国家航空航天局的行话来说是"已知的未知"，这满足保守审查委员会的要求），任何观察、实验、新望远镜或新仪器也应该对意外的新发现开放（"未知的未知"）。这也是在大型地基望远镜执行主要任务时，小型探测器或实验"背负"在大型地基望远镜上进行的理由。背负式探测器价格低廉，但可能以全新和意外发现的形式带来巨大回报。

还有许多其他可行的"规划"发现的方法。例如，当人们使用多色成像和光谱学测量了大片天空时，可以从寻找已知开始，而不是立即寻找未知。数百万物体的数据库可以首先由计算机自动检查，识别已知的物体类别（恒星、星系等），并将其放在"已知"文件中；剩下的物体是有趣的，需要逐个检查以发现新现象。

发现是了解许多现象的唯一途径。例如，脉冲星是无法预测的。它们是极为规则的光晕，由坍缩星的快速旋转核心产生。脉冲星非常复杂，涉及太多不可能叠加的物理层。与之类似的是，复杂的生物学世界中的许多现象只能通过发现来了解。有人说，在宇宙中，"任何不被严格禁止的东西都是绝对必要的"。大自然会有某种方法来做某件事，只有探索才能找到它。

3.9 证伪与证实

科学家有时只是口头上说说逻辑规则，但无论如何，科学还是取得了进步。

证伪与证实和演绎与归纳密切相关。演绎涉及从一般规律中得出逻辑结论或推断特定实例，归纳涉及从特定实例推断一般规律。

牛顿在其《自然哲学的数学原理》一书中的"哲学中的推理规则"的第四条中陈述："在实验的哲学中，我们把一般用归纳法从现象推导的命题看作准确的或者是非常接近于真实的……直到其他现象发生使得它更准确或者出现例外之前，我们仍然要坚持这个命题。"

假设和理论可能会被与之相关的个人观察或实验所推翻，这只是演绎逻辑的问题。20世纪30年代的哲学家卡尔·波普尔（Karl Popper）坚持认为，一个理论要想被视为"科学的"就必须得到证伪。他因此而闻名，要做到这一点必须"冒风险"，做出可以被证明是错误的预测。这仍然是当今科学中的一个关键原则。

理论永远无法在原则上得到证明，无论有多少观察或实验支持它们。这就是著名的"归纳问题"。18世纪的哲学家大卫·休谟（David Hume）从归纳问题中论证出，除了我们的直接经验，不可能有任何现实理论。波普尔坚持认为，一个得到大量实验支持的理论并不比一个只有少数人支持的理论更可靠，这似乎违背了大多数人的常识。对于归纳问题，有一种更细致、更直观的方法是贝叶斯推理，以18世纪英国统计学家兼部长托马斯·贝叶斯的名字命名。使用贝叶斯定理和"先验信息"，可以估计假设正确的概率，并在更多信息可用时更新该概率（无论增加还是减少）。贝叶斯统计是现代科学中常用的统计方法。然而，科学家会同意这种观点，即从根本上讲，任何理论都不能被视为绝对可靠。

在科学的"真实"世界中，每一个假设或理论的步骤和检验方式都可能是复杂和多样的。归纳与演绎和证实与证伪并不总是遵循标准教科书格式。科学是务实的，上述原则也有例外。长期有效且得到充分支持的理论可能不会立即被单一的否定实验所否定，在一些突出的案例中，把单一的发现或发展当成"决定性的"，在归纳问题面前显然不成立，在某些情况下，假设被接受为"工作模型"，等待最终的"确认"，而最终的"确认"可能在几十年甚至几百年后才出现。真正的科学是务实的，不太拘泥于逻辑的内部原则。

如果一个理论多年来一直得到支持，包含各种各样的观察或实验事实，并且是将其与各种其他成功理论联系在一起的"网络"的一部分，那么负面的实验结果可能会导致对该理论的修改，而不是彻底拒绝。负面实验将被检查和重复，如果发现是正确的，将考虑对理论进行修改，但任何最终结论都不一定是立即生效的。虽然没有哪个理论在原则上能永远被当作完全正确的，但它可以变得非常成熟，以至于在本质上被认为是一个"事实"，例如太阳总是在明天出现。

1964年，背景辐射（Cosmic Microwave Background，CMB）几乎立即被广泛接受为大爆炸宇宙学的确凿证据（在最后一章会进行介绍），这与归纳问题相矛盾。这是一个突出的案例，其中一个发现实际上被广泛认为有效地"证明"了一个理论。人们发现它具有 16 年前预测的特性：它处于预测的温度，在天空中极其均匀。这个惊人的结果令人印象深刻，以至于它很快被接受为大爆炸理论的压倒性证据，除了少数最热情的支持者外，其他人都放弃了与之竞争的稳态模型。实际上，大爆炸模型的这种"确认"也是稳态模型的"证伪"，后者将产生许多恒星和星系辐射场的叠加，也就不可能与 CMB 的均匀性相匹配。

1922 年胰岛素和 1939 年青霉素的巨大成功也未依靠无数的支持实验。很明显，胰岛素和青霉素发挥了极大的作用，随后相关研究人员尽可能多地努力生产这些"神奇药物"，挽救了数百万人的生命。

在许多事例中，"证实"是在假设提出几十年甚至几百年后出现的，而与此同时，"假设"已经成为范式的一部分。道尔顿的原子理论是在 1808 年提出的，取得巨大成功的元素周期表是在 19 世纪 60 年代发布的，关于原子存在的假设，爱因斯坦在道尔顿提出理论近 100 年后给出了它们存在的"证明"，直到 100 多年后的现在，我们才终于"看到"单个原子，甚至观测到它们的轨道结构。达尔文的自然选择进化论自 1859 年提出以来就受到了科学家的欢迎，尽管其机制最初是未知的（有人说"没有进化，生物学就没有意义"）。但直到最近几十年，达尔文的理论才被分子遗传学充分证实。

爱因斯坦的广义相对论在提出后立即得到了支持，证据是水星近日点的已知进展以及随后不久观察到的太阳光线弯曲。但其他证据来得很慢。最令人震惊的确认是，在爱因斯坦提出广义相对论整整一百年之后，也就是2015年，研究人员从两个凝聚的大质量黑洞中检测到引力波，这正是验证爱因斯坦理论预测的错综复杂的信号。在粒子物理学中，1964年预测的希格斯玻色子是标准模型取得巨大成功的最后一个也是至关重要的基石，2012年，大型强子对撞机在其预测近50年后最终检测到了希格斯玻色子；在这期间，人们"知道"它一定存在，即使在没有检测到希格斯玻色子的情况下，标准模型也会继续取得成功。

尽管爱因斯坦的相对论带来了概念上的改变，但牛顿的理论今天仍然存在于大多数日常应用中。如今，弦理论（string theory）和多元宇宙（multiverse）的概念有大量的拥护者，尽管两者都没有任何实验或观察上的支持；两者的观点都有吸引人的特征，许多理论家几十年来一直在从事这些研究，但目前它们只是假设。

科学家只是人，他们可以对科学事件做出不同的反应。假设在某些科学领域，人们已经构建了理论和实验知识的"大厦"。现在假设在一瞬间，这个"大厦"被一个负面实验彻底摧毁。一些科学家随之被摧毁，而另一些科学家则欣喜若狂。被摧毁的惊讶于这样一个倾注数十年心血的理论和实验创造的美丽建筑崩塌了，科学显然倒退了数年；而其他人高兴的是，最终我们学到了一些新东西，而不是日复一日地把"大厦"加高。当然，科学的大厦并没有被彻底破坏，它可能需要经历几年时间的修补，但其中包含的知识永远不会丢失。

3.10 从众和范式

"从众效应"可以是好的也可以是坏的。当一项新发现、一种新仪器或有前途的新理论出现时，它会引起人们的注意，这是一件正向的事情。科学家正争先恐后地寻找新的线索或使用新仪器，理论家为可能产生的新科学撰写论文。或者说，一个有前途的新理论会催生批判性或支持性的论文，并引发可能的新实验或观察来测试该理论。事实也的确如此，在一个新的实验或观察结果，或一个具有挑衅性的新理论出现之后，出版物的数量往往会显著增加。这种快速响应是有益的，因为它使科学更能发挥它的作用，尤其是像现在这样有这么多新设施和技术的时代。然而，吸引其他领域的科学家，可能会对其他领域产生不利影响，这需要对每一个案例做出历史判断，回顾过往，这对科学的发展总体来说是积极的。在某些情况下,一股潮流可能被视为"颠覆性的",在另一些情况下则可能被视为一种飞跃。

最近出现了几个从众的例子。例如,2015年12月大型强子对撞机数据中出现的微弱信号引发了约500篇理论论文的关注热潮,但仅仅几个月后,"热潮"就消失在喧嚣中。

1987年发生了一场异常疯狂的活动,至今仍被称为物理学领域的"Woodstock"(Woodstock指1969年著名的伍德斯托克音乐节)。这是美国物理学会关于高温超导的一场彻夜马拉松会议。超导体具有巨大的潜力,因为它们可以在没有电阻的情况下导电,但它们的使用仅限于极低的温度(低至 −240℃ 左右)。20世纪80年代中期,大量关于"高温"超导体(远高于 −240℃)的论文出现,引起了人们极大的兴奋,因此物理学领域安排了一场紧急会议。物理学家在会议前就排了几个小时的长队,然后2 000人挤进会议厅,许多人在过道里,其余的人在外面的电视监视器上观看。会议最终于凌晨3点结束,但仍有许多人继续熬夜讨论。这次会议引起了媒体的轰动,世界各地的许多实验室争相进入"高温"超导体领域。

其他从众的例子包括20世纪60年代发现的第一批类星体、脉冲星和星际分子(许多天文学家争先恐后地行动,并建造了新的射电望远镜),1995年令人惊叹的哈勃深空首次揭示了遥远宇宙中的无数年轻星系(涉及数百个天文学家的对遥远星系的大规模调查现已司空见惯），20世纪90年代中期发现了第一颗太阳系外行星（数百名天文学家冲进了这一新领域，结果现在已知有3 700多颗这样的太阳系外行星）。

"范式"是科学学科的主流世界观，"范式转移"是该世界观的重大变化。科学家的世界充满了大大小小的范式。DNA结构、类星体、背景辐射、大陆漂移、最遥远的星系、太阳系外行星和宇宙膨胀加速的发现都是惊人的"范式转移"；突然间，我们了解了支撑所有生命的机制，意识到了宇宙的巨大规模，并有了其起源的直接证据，我们了解了行星表面的主要地质特征，对早期宇宙有了全新的看法，我们意识到可能存在无数其他能够承载生命的世界，我们有证据表明，质能在宇宙中占主导地位。这些都是巨大的范式转移。

几十年来，科学家在各自领域流行的范式背景下产出理论和实验。科学家持有过去科学所提供的世界观是完全自然和合理的。这点毋庸置疑。但重要的是，实验者和理论家都要不时地"跳出思维框架"，思考可能导致新科学的实验和理论。这并不总是容易的，因为负责资金审批的同行评审小组自来保守。有时，最好的建议是那些既能提供常规结果（部分是为了满足专家组的要求），又能提供完全革命性的意外收获的建议。

即使科学家进行常规实验，实验作为一种无意识的副产品，始终是对范式的测试。通常情况下，结果与范式一致，只是成为该领域既定知识体系的一部分。但当结果与范式不一致时，情况会变得有趣。如果不一致性具有边缘统计意义，则可能会被忽略为"噪声冲击"（noise bump），或者会进行重复实验——这是一个明确的判断问题。如果这项研究意义重大，而且科学家对他们的实验有信心，那么结果肯定会公布（不动摇范式的建议是完全错误的，每个科学家都希望在科学方向上引起重大变化，并声名远播）。然后，其他人会对工作的每一个细节提出问题，挖掘错误和仪器的微妙影响——"非凡的主张需要非凡的证据"。其他人将重复实验，看看是否可以复制结果；也会有大量的论文提出想法，关于如何使新结果与范式相协调。但最终，如果新结果经得起所有审查，即使范式本身不被取代，也至少要进行修改。

有时，有些科学家拒绝接受这种变化。他们被一种过时的观念拖入"圈套"，即使面对压倒性的证据，他们也拒绝放弃。一些人喜欢这样的感觉：只有他们是对的，其他人都是错的；如果他们是反叛者，其他人就是被动地接受主流观点。这种情况可能持续数十年，只有当这些科学家离世时，被替代的路线才会消亡。与此同时，绝大多数科学家继续专注于新的想法，从而推动进步，形成经过验证的知识。既往有一些关于科学家多年来被"圈套"所困的例子。

有些相关的现象涉及科学社会学。天体物理学家托马斯·戈尔德（Thomas Gold）提出了一种奇怪的现象，称为

"戈尔德效应",在这种现象中,科学思想可以通过会议、委员会和非正式讨论中的社会互动渗透,并在一个领域内被广泛接受,而不需要任何经验证据的支持。个性可以发挥作用,最具统治力或声望的个人会产生不当的影响。"俱乐部"会开始相信这个想法,这可能会对该领域的进展产生真实而扭曲的影响,包括对提案和出版物的决定。这一点在医学中尤其明显,但显然,这样的想法存在的时间是有限的;要么最终接受检验,要么其他(确认的)知识将压倒它。最终决定权总会在自然手中。

3.11 错误

如上所述,第 2 章提及的错误并不多,但这无疑是一种选择效应:科学简史中介绍的是实际取得进展的成果。在书本之外,科学研究和其他人类活动一样肯定会有错误,下面总结其中的一些错误。

到目前为止,最著名的错误是爱因斯坦口中的"我最大的错误"。1917 年,他将新的广义相对论应用于宇宙。他知道,天文学家认为宇宙是静态的,但他的方程不赞成这一点——宇宙必须膨胀或收缩。为了解决这个问题,他在方程中加入了一个常数,称为宇宙常数,这使得宇宙符合静态这一条件。[13]

年后,哈勃发现了宇宙的膨胀,爱因斯坦厌恶地抛弃了他的常数。实际上,他似乎犯了两个错误,而非一个。插入常数是一个错误,但我们现在知道,删除它也可能是一个错误,因为1998年发现的宇宙膨胀加速可能会依据宇宙常数!

另一个众所周知的错误是鲍林的DNA三螺旋结构。加州理工学院的莱纳斯·鲍林是当时最著名的生物化学家之一。那时DNA可能是主要遗传物质的想法逐渐流行起来,如果是这样,那么DNA的结构至关重要。鲍林从1951年开始思考这个问题,但直到1952年11月,他才开始认真研究。后来他在当年年底提交了关于这个主题的论文,只用了一个月的时间就得出了关于DNA结构的结论!当克里克和沃森看到鲍林的预印本时,他们立即知道这是错的,于是他们在1953年4月竞相公开了正确的双螺旋结构。鲍林的研究究竟哪里出错了?由于鲍林拍的X光照片质量很差,所以他错误估计了DNA的密度,并且忽略了关键的夏格夫法则(Chargaff rules),他的模型与DNA的酸性相矛盾。鲍林只是匆匆忙忙地发表了一篇论文,包含了几个基本错误,而且是基于糟糕的数据。对于被评为有史以来最伟大的20位科学家之一的人来说,这是一次严重的失误。然而,1954年,鲍林因"对化学键结构的研究及其在解释复杂物质结构中的应用"而获得诺贝尔化学奖。

发生在荷兰的一个小失误促成了一个非常重要的结果。

第 3 章 通往知识之路

20 世纪 40 年代初,天文学家简·奥尔特(Jan Oort)意识到这样一个事实,美国人卡尔·扬斯基(Karl Jansky)和格罗特·雷伯(Grote Reber)探测到了来自银河系平面的无线电波。他对此特别感兴趣,因为无线电波可以在星际尘埃中畅通无阻地传播,通过它可以清晰地看到整个星系。如果在射电波长上有任何可检测的谱线,它们可以通过多普勒效应揭示星系遥远部分的运动。奥尔特请学生亨德里克·范德胡斯特(Henk van de Hulst)寻找无线电波长上可能存在的谱线。范德胡斯特首先考虑了氢射电复合线,即在光学波长下观察到的已知氢线的无线电等效物。好在范德胡斯特高估了这些线将经历的"压致增宽"(pressure broadening),并得出结论,这些线无法预测。正是由于这个错误,范德胡斯特坚持并继续探索其他可能性,最终提出了中性氢原子的 21 厘米谱线,这条线强度很高,在射电天文学中发挥了巨大作用。

还有一个错误在 20 世纪 50 年代稳态宇宙学和大爆炸宇宙学之间的争论中发挥了重要作用。根据稳态模型,宇宙的任何地方本质上都是相同的,而在大爆炸模型中,过去与现在大不相同。剑桥大学的马丁·赖尔(Martin Ryle)和同事们使用新射电望远镜对射电源进行了观测,结果似乎表明,远(弱)源的数量远远大于近(强)源的数量。如果这是真的,即可作为非常强大的进化证据,足以支持大爆炸模型。这引发了激烈的讨论。但是伯纳德·米尔斯(Bernard Mills)和布鲁斯·斯里（Bruce Slee）在澳大利亚使用另一种射电望远镜进行了观察，发现实际的射电源计数要少得多。赖尔在剑桥的检测结果受到了仪器效果的严重污染（"混乱"），剑桥的天文学家们在下一代望远镜中极其小心，纠正了他们的错误（事实证明，大爆炸模型是正确的，但剑桥的天文学家们观测到的源计数不正确）。尽管有这段尴尬的插曲，马丁·赖尔仍然获得了1974年诺贝尔物理学奖。

3.12 误报

对于一个被观测到的"事件"，要想在严格的物理科学中被称为一项发现，它必须是偶然发生的事情，发生的概率不到三百五十万分之一。这被称为"五西格玛事件"（five-sigma event）。一西格玛事件有三分之一的概率是由偶然引起的，二西格玛事件有二十二分之一的概率，三西格玛事件有三百七十分之一的概率，五西格玛事件只有三百五十万分之一的概率。因此人们通常忽略一西格玛事件和二西格玛事件，三西格玛事件被视为有趣的，五西格玛事件是一种"观测"。

发现（首次观测）往往高估了信号的真实幅度，当信号与正噪声尖峰重合时，信号最容易突出。在任何实验或观察中，都可能存在细微的工具效应，这些效应可以伪装成信号，因此仔细的实验控制和校准非常重要。由于这些因素和其他原因，五西格玛标准在严谨的物理科学中得到了充分维护，这可能看起来有些严格。

最近著名的二西格玛事件发生在 2015 年 12 月，世界上最大的粒子加速器——大型强子对撞机（LHC，第 4 章中会简要介绍）的两个独立探测器中探测到了已经消失的可能信号。尽管信号的显著性水平较低，但由于 LHC 的结果非常重要，在接下来的几个月里约有 500 篇理论论文发表，猜测这可能意味着什么。但是到了 2016 年 8 月，随着数月的新数据增加，"信号"已消失在噪声水平以下。

更多的误报是天文学中搜索脉冲或暂现事件时产生的。1989 年，在超新星 1987A 的方向上观测到一个周期为 0.5 毫秒的光信号，这引发了 50 多篇关于其对中子星模型的影响的论文，但后来人们发现这来自望远镜上的自动导向器的干扰。在过去的十年中，人们发现了 50 多个持续时间仅为几毫秒的来自天空各个方向的瞬态无线电脉冲，这些脉冲被称为"快速射电暴"（Fast Radio Burst，FRB）。2010 年，澳大利亚的帕克斯射电望远镜检测到了 16 个类似的脉冲，但这些脉冲显然来自地球，它们被命名为佩利东⊖（peryton）。后来人们发现，

⊖ 传说中一种半鹿半鸟的怪兽，而它的影子却为人形。——译者注

这是附近厨房的微波炉门过早打开引起的。但 FRB 本身是一种真正的天文现象，它们似乎是星系外的，但其确切起源和物理性质目前尚不清楚。

研究背景辐射的 WMAP 航天器在 2001 年似乎表明，再电离时代——宇宙的一个主要"相变"（phase transition），比地面望远镜对类星体和星系的观察所预期的要早得多（当宇宙缩小 60% 时）。在接下来的几年里，数百篇理论论文解释了"早期再电离""扩展再电离"或"双重再电离"方面的惊人差异。事实上，它们之间的差异仅达到一西格玛，但这并没有阻止理论家的研究。随着 2005 年更多数据的出现，WMAP 估计值降低到约为预期范围，普朗克航天器的最新结果与地面望远镜的证据一致。因此，差异消失了，不同信息来源的结果趋同（但不确定性仍然存在，再电离时代的真实详细历史尚未确定）。

2015 年 9 月，在非常高的信噪比水平下，发生了一件令人惊讶的事情（第 2 章已经有所提及）：人们首次检测到了引力波。人们通常会认为，随着仪器的改进，任何首次检测结果都是边缘的，仅高于噪声水平。但在两台升级的 LIGO 干涉仪几乎同时打开后，它们都检测到了难以置信的强"啁啾"（信噪比为 24）扩展，时长超过十分之二秒，与爱因斯坦方程预测的复杂特征完全一致，这在数据中尤其明显。毫无疑问，LIGO 已经检测到两个质量分别为太阳质量的 29 倍和 36 倍的

第 3 章 通往知识之路

黑洞，它们终将以渐强的速度合并成一个黑洞。

令人惊讶的是，首次检测非常强大，但这个故事更耐人寻味。由于 LIGO 非常复杂且极其敏感（精度为质子直径的万分之一），该合作项目成立了一个专门的秘密小组，其唯一任务是产生"盲注"（blind injection）——在不告诉分析员的情况下向数据中添加虚假信号，以测试检测器和分析系统；这些是最终的"误报"。当人们在 2015 年 9 月检测到一个信号后，很快证实这不是一个误报，事实上这是一种非常真实的情况，是一个巨大的发现，一个了解宇宙的全新视角诞生了。

有史以来最著名的误报可能是"冷核聚变"。我们通常认为核聚变是一个在几千万度的高温下为恒星和氢弹提供能量的过程。但 1989 年，犹他大学著名的电化学家马丁·弗莱希曼（Martin Fleischmann）和斯坦利·庞斯（Stanley Pons）提出了一个令人震惊的说法，他们在实验室成功地将氢熔成氦，通过在钯电极表面电解重水（氘氧化物）的方法，产生热量和核反应的副产物。由于这是在室温下发生的，所以被称为"冷核聚变"。这一结果的宣布恰逢人们意识到一系列环境问题之际，包括石油危机、全球变暖和持续反核运动等，"埃克森·瓦尔迪兹"号原油泄漏事件就发生在宣布的第二天。因此，只使用海水作为燃料的无限清洁能源的构想引起了媒体狂热的追逐。

这一结果很快就遭到了一连串充满敌意的评论和报纸的抨击，整个事件变得非常不堪，最终相当令人悲伤。弗莱希曼和庞斯匆忙提交了他们的出版物和论文，以确保领先地位。很快，其他国家的许多科学家宣布，他们已经进行过尝试，但无法复制声称的结果。一些人认为弗莱希曼和庞斯可能做了积极的检测，后来发现了错误，不得不收回他们的论文。弗莱希曼和庞斯没有提供多少实验细节，后来舆论还是指向他们实际上没有检测到核反应的副产物。然而，他们拒绝承认工作中的任何错误，也从未撤回论文。随着索赔、反诉、各种解释甚至诉讼的风起云涌，新闻媒体将其报道为"聚变乱象""热闹场面"甚至"病态的科学"。冷核聚变最终成了一个被遗弃的领域，与主流科学分离，其他冷核聚变爱好者发现很难在主流期刊上发表相关研究。然而，为了探究清洁廉价的可再生能源，哪怕希望渺茫，多年来，各国在冷核聚变的研究上已经花费了数千万美元，其中一些研究甚至持续到今天。这是一个非常复杂的故事，涉及科学、科学家及其个性和互动的许多方面，有很多书都对这个故事进行了介绍。

另一种完全不同的误报可能来自理论研究，而不是实验和观察。实验主义者可能很难追求那些难以捉摸的理论。20世纪70年代至80年代，关于背景辐射中可能的结构的研究，上演了一段有趣但令人沮丧的插曲。从背景辐射的发现中可以清楚地看出，它在整个天空中的温度是非常恒定的。但人们认识到，背景辐射（温度的微小变化）中必须存在结构，即形成第一个恒星和星系所需的种子。首先，理论表明，这种结构可能处于千分之一的水平；当新的观察结果达到这个水平并且没有发现结构时，人们修正了理论并预测了万分之一的水平；当观察结果再次达到水平时，理论再次被修正，并预测了十万分之一的水平。最后，使用COBE航天器（后来是WMAP和普朗克航天器）进行的非常精确的测量确实发现了这一水平的结构。不断的修正是一种调和的过程，因为任何微小的波动都会被银河系的前景发射变化所淹没，我们永远不会知道这些变化。

3.13 分歧

地质科学长期存在的分歧之一是地球历史上的均变论（uniformitarianism）与灾变论（catastrophism）。灾变论认为，地球的主要地理特征是由短时间内发生的巨大灾难事件造成的，例如圣经中的洪水。灾变论的主要支持者是法国古生物学家乔治·居维叶，他的出发点是化石记录，而不是神学考虑。詹姆斯·赫顿和查尔斯·莱尔支持均变论的观点，他们认为地球是由地壳隆升、典型的火山和地震、侵蚀和沉积等力的长期作用形成的,这些力至今仍在继续。多年来,人们一直持有不同的观点,但目前的观点综合了两个极端情况:地球的历史是一个缓慢、渐进的过程,不时会发生自然灾难性事件。

1860 年 6 月 30 日,在达尔文的《物种起源》出版后的一年内,牛津大学博物馆发生了一场著名的辩论,被称为"大辩论"或"赫胥黎与威尔伯福斯之争"。达尔文的挚友托马斯·赫胥黎支持达尔文的观点,而牛津主教塞缪尔·威尔伯福斯(Samuel Wilberforce)则支持《圣经》中创世的观点,并谴责人类可以从类人猿进化而来的观点。双方都声称获胜,到目前为止,这件事仍待讨论,特别是对于那些有强烈宗教信仰的人来说。

另一场被称为"沙普利-柯蒂斯之争"的天文学大辩论,是关于螺旋星云的性质和宇宙大小的。问题是星云是位于银河系内相对较小的物体,还是说它们实际上是独立的星系,因此又大又远。1920 年 4 月 26 日,这场辩论在史密森自然历史博物馆举行,之后,还持续在 1921 年发表的论文中。柯蒂斯表明,仙女座星云中的新星比银河系中的新星多,支持了仙女座是一个独立的星系,有自己的新星发生率的观点。他还指出了其他星系中存在的暗线,类似于银河系中发现的尘埃云,以及在星云中发现的大多普勒频移。最后,哈勃和其他人的研究清楚地表明,我们所处的银河系是宇宙的众多星系中唯一的存在，正如第 2 章所述，这个问题已经得到了解决。

有史以来最著名的争论之一是 20 世纪 40 年代至 60 年代的大爆炸宇宙学与稳态宇宙学。宇宙是有起源的，还是永恒的？这一切都始于 1929 年哈勃发现宇宙正在膨胀。观测到的星系红移 – 距离关系（哈勃定律）表明，宇宙在过去更小，而一路回推意味着宇宙的开始。基于爱因斯坦的广义相对论，已经有了描述整个变化的理论模型，特别是天主教牧师乔治·勒梅特的理论模型，他将宇宙的第一时刻称为原初原子（primeval atom）。但大多数天文学家仍然认为宇宙没有起源，部分原因是哈勃早期的距离标尺对于宇宙年龄的推测是错误的，远低于众所周知的地球年龄。

20 世纪 40 年代末，当乔治·伽莫夫、拉尔夫·阿尔菲和罗伯特·赫尔曼正在研究宇宙早期较小、炽热和稠密阶段的可能影响时，这个问题才真正开始成为热点，弗雷德·霍伊尔、赫尔曼·邦迪（Hermann Bondi）和托马斯·戈尔德提出了稳态模型作为替代方案。在这个模型中，宇宙是永恒的，一直在膨胀，但看起来总是大同小异，因为在彼此分离的星系之间会不断产生新的物质。有人可能会说，在星系之间的空间中创造这种新物质，实际上并不比最初整个宇宙的创造更加显著（霍伊尔在接受英国广播公司采访时曾将其戏称为"大爆炸"）。

这两种模型之间有什么区别？阿尔菲、贝特和伽莫夫计算出，原始元素（氢、氘、锂和铍）可能在宇宙形成的初期就产生了，阿尔菲和赫尔曼意识到，我们如今仍然可以观察到"大爆炸"的暗淡余辉，因为天空中浸满了已冷却的辐射物质。

关于这两种模型的观测证据开始积累。恒星和星云中氢的充裕程度与大爆炸模型的预测值很匹配。随着观测的改进，宇宙的预估年龄越来越大（与哈勃最初的估计相差了 10 倍），因此与地球年龄的差异消失了。射电天文学的新领域是发现一些距离遥远的星系（就像很久以前一样），这些星系与附近的星系看起来非常不同，这意味着星系（和宇宙）可能随着时间而变化。一项调查发现，暗（远）射电源比亮（近）射电源多得多，这再次表明宇宙已经进化；这个结果引起了轩然大波，但它是错误的。1962 年，人们发现了第一个"类星体"（准恒星物体）：一个高红移（意味着距离非常远）的强射电发射物体，与附近的恒星一样明亮。这也引发了一场风暴式的讨论，这么遥远的物体怎么会这么明亮？一些天文学家认为类星体红移可能与距离无关。在这场混乱中，一次令人震惊的观测几乎立即平息了对大爆炸模型的争论：彭齐亚斯和威尔逊在 1964 年偶然发现了背景辐射。

3.14 科学发现中的机缘巧合

多年来，机缘巧合（机会、好运或巧遇）无疑在科学中起到了一定的作用，有几本书讨论了这一主题[一]，因为机缘巧合既重要又有趣。但是，偶然发现某些东西是一回事，而认识到其重要性则是另一回事。正如路易斯·巴斯德（Louis Pasteur）曾说过的一句名言："机遇偏爱有准备的人"。

一种新现象被看到但又忽视的情况并不少见。温斯顿·丘吉尔曾调侃道："人们偶尔会被真相绊倒，但大多数人都会爬起来，然后匆匆离去，好像什么也没发生过一样。"要把这样一次羁绊变成一次发现，还需要一些特别的东西：愿意考虑意想不到的事、开放的心态、好奇、直觉、洞察力、跟进的决心，以及有足够的创造力来想象它可能意味着什么和如何着手。科学上的许多重要发现都源于机缘巧合。

机缘巧合在医学等领域尤为重要，因为生命系统通常非常复杂，无法通过简单的实验进行预测或研究。生命系统的行为必须被发现，所以经常会涉及偶然性。

天花疫苗的"发现"就是一个典型的例子。几千年来，天花一直是一种可怕的祸害，在历史的进程中，天花夺去了5

[一] 例如：Serendipitous Discoveries in Radio Astronomy (Kellermann and Sheets, 1983)；Accidental Discoveries in Science (Roberts, 1989), Happy Accidents (Meyers, 2011)；Accidental Medical Discoveries (Winters, 2016)。

亿多人的生命。天花是一种在空气中传播病毒的高传染性致命疾病。但是多年来，人们认识到，这种疾病的幸存者对再次感染产生了抵抗力。中国人和阿拉伯人最早利用这一线索向未患病人群提供免疫接种，他们将健康人暴露在从受害者的痂或水疱中获取的小样本中，这些小样本通常是轻微、暂时的疾病形式，人们接种这种疫苗以防止以后的任何严重暴露。但是如果剂量过大，则始终存在天花全面暴发或疾病转移的重大危险。到了18世纪末，人们意识到挤奶女工通常对天花有免疫力；她们完全暴露于牛痘的环境中，这是一种温和得多的疾病，正是这种暴露的环境使得他们对天花产生了抵抗力。1796年，英国医生爱德华·詹纳（Edward Jenner）用一名挤奶女工手上牛痘水泡的脓为一名8岁的男孩接种疫苗，确实证明了这个男孩对天花有了免疫力。他的深入研究是一项重大突破，在欧洲广为人知，这为研制新型有效的天花疫苗奠定了基础。就连拿破仑也让他所有的法国军队接种了疫苗，并称赞詹纳是"人类最伟大的恩人之一"。詹纳被誉为"免疫学之父"。2002年，英国广播公司将他评为英国有史以来最伟大的100人之一。1979年，世界卫生组织宣布天花已经被根除，这要归功于全球公共卫生的巨大努力，而这种有效的疫苗是其中的重要组成部分。

麻醉学的存在也要归功于机缘巧合。麻醉可以追溯到很久以前，涉及各种药剂，例如美索不达米亚平原的罂粟和

第3章 通往知识之路

印加文明古柯叶中的可卡因,麻醉剂一词应当是源于希腊语 anaisthetos(无感觉)。但是麻醉学的现代发展始于一系列偶然发现。1799 年,汉弗莱·戴维对一氧化二氮(他称之为"笑气")的醉人特性进行了一系列实验,并因此而闻名,他将自己和朋友当作实验的小白鼠。吸入笑气在当时很快成为一种时尚,在私人聚会和旅行中出现。但戴维也看到了谨慎的一面,并在 1800 年写了一本关于这一主题的经典著作。在书中,他意识到一氧化二氮似乎能够缓解疼痛,他做出了很有先见之明的评论,"它可以在外科手术中使用,并具有非常大的优势"。

几十年过去了,直到 19 世纪 40 年代,一些美国牙医和外科医生开始使用一氧化二氮和乙醚进行无痛手术。到那时,人们也知道一氧化二氮和乙醚具有类似的兴奋作用,消息迅速传开。19 世纪 30 年代,人们发现的另一种令人迷醉的气体是三氯甲烷,也被称为氯仿。与一氧化二氮和乙醚相比,三氯甲烷有些优点。1847 年,斯科特·詹姆斯·辛普森(Scot James Simpson)提倡将三氯甲烷用于分娩。1853 年,它被用于维多利亚女王分娩利奥波德王子之时,这是一次著名的应用。1866 年,辛普森因其开创性的工作而被封为爵士。氯仿在克里米亚战争和美国内战中成为首选麻醉剂(此前在战场手术中,例如截肢手术,都没有任何缓解疼痛的药物)。从这些早期的"淳朴"发展中,麻醉学的运用领域转向了其他更复杂的药物，但若论它们到底如何生效，这仍然有点神秘。

青霉素也是偶然发现的。1928年9月，伦敦圣玛丽医院细菌学教授亚历山大·弗莱明（Alexander Fleming）度假归来，在他的一个培养皿中发现了一些不寻常的东西，其中包含金黄色葡萄球菌落。有一个地方长着一些霉菌，周围是一个没有菌落的区域，就像霉菌分泌了杀死细菌的东西。他发现这种"霉菌分泌物"可以杀死多种有害细菌，因此偶然发现了青霉素。事实证明，很难从"霉菌分泌物"中分离出纯青霉素，霍华德·弗洛里（Howard Florey）、恩斯特·钱恩（Ernst Chain）和他们在牛津的同事最终实现了青霉素的提纯。1945年，弗莱明、弗洛里和钱恩因这种救命药共同获得诺贝尔生理学或医学奖。

类似的故事也发生在保罗·埃尔利希（Paul Ehrlich）身上，他是一位德国医生和科学家，在19世纪末从事医学各个领域的工作。他的贡献之一是开发了染色技术来识别引起疾病的微生物。尤其值得称道的是在给结核杆菌染色时的尝试，他试了几个月各种各样的染料，都没有用。一天晚上，他把沾满染色液的制剂放在家中实验室的一个没有点燃的炉子上晾了一夜。第二天早上回来时，他惊讶地看到炉子里有一团火，家里的管家点燃了炉火，但没有注意到制剂。通过显微镜检查载玻片时，他发现由于意外加热，结核杆菌明显凸出，易于识别。他（和管家？）无意中开发了一种重要的染色技术，至今仍在使用。

1820年，汉斯·克里斯蒂安·奥斯特在一次演讲时偶然注意到，当打开和关闭电池的电流时，罗盘指针会发生偏移。这一微小但惊人的偶然发现打开了整个电学和电动力学领域的大门。

X射线的发现震惊了全世界。1895年，威廉·伦琴（Wilhelm Röntgen）是维尔茨堡大学（Würzburg University）的物理学教授。他正在研究从真空管发射的阴极射线的行为，为了阻挡管内的光线，他用黑色硬纸板完全盖住了真空管。在他的实验室里还有一个涂有氰亚铂酸钡的纸屏，当被阴极射线照射时这个纸屏会发光；那个塑料纸与他目前的实验无关。当他在黑暗的房间里进行实验时，他惊讶地看到了这个发光的屏幕，尽管它偏离了阴极射线。他研究了这种特殊的现象，称之为X射线。一张关于他妻子的手部照片立即出名，可以从中看见手部的所有内部骨骼和所戴的戒指。人们很快意识到X射线是一种高能形式的电磁学。

新泽西贝尔实验室发生的两件非常相似的偶然事件促成了20世纪两项最重要的天文发现。20世纪30年代初，卡尔·央斯基（Karl Jansky）建造了一种无线电天线，用于检测可能干扰跨大西洋无线电语音传输的任何无线电噪声。他检测到天空中持续不断的无线电噪声，其强度每天都在上升和下降，最终他确定了这种噪声来自银河系。他发现了来自银河系的射电发射,并由此开创了射电天文学的新领域。如前所述,30年后,阿诺·彭齐亚斯和罗伯特·威尔逊使用了一种为卫星通信而建造的灵敏天线(频率比央斯基的效率高得多),这一次是为了精确测量来自无线电波源和天空背景的发射。他们还发现了持续的无线电噪声,而且这些噪声均匀分布在天空中,这是大爆炸遗留下来的辐射。

1967年,乔瑟琳·贝尔还是剑桥大学的一名研究生,她使用新建造的大型无线电阵列,根据行星际闪烁现象(类似于恒星闪烁)来发现类星体。行星际闪烁的使用要求望远镜能够检测到快速变化的信号,最快可达0.1秒。在观察过程中,她注意到其中一张图表记录上有她称为"有点脏"的东西。它似乎不同于闪烁或人为干扰,并且看起来在天空特定区域的不同路径上重复出现。她向导师安东尼·休伊什(Antony Hewish)汇报了这一点,休伊什同意应进行后续的观测。当休伊什来到天文台亲自观测时,贝尔已经更快一步地记录下了这种"有点脏"的东西,很明显这是由间隔非常规则的脉冲引起的。他们能够确认这些脉冲的来源随着天空在头顶移动,这是一个地外脉动源。他们脑子里立刻冒出了一个想法:这可能来源于地外文明的信号或信标。他们称之为LGM-1(Little Green Men,小绿巨人),他们甚至在考虑该将这种现象告诉谁——首相似乎是显而易见的选择。但几周后,由于缺乏精确间隔的脉冲中(行星)轨道运动的任何证据,他们似乎排除了地外文明的可能性。随着对天空的进一步观察，贝尔又发现了三个这样的来源。后来贝尔和休伊什发现了脉冲星，一经宣布，就很快被确定为快速旋转的中子星，这是一个惊人的发现。休伊什因在射电天体物理学方面的开创性工作与马丁·赖尔共同获得了1974年的诺贝尔物理学奖，网站里对休伊什的简介是"在发现脉冲星方面的决定性作用"。乔瑟琳·贝尔因没有获得诺贝尔奖引起了很大争议。

1979年，丹尼斯·沃尔什（Dennis Walsh）、鲍勃·卡斯韦尔（Bob Carswell）和雷·韦曼（Ray Weymann）三位天文学家在亚利桑那州使用一台大型望远镜，根据射电源目录搜索准恒星天体（类星体）。他们在放射源位置附近寻找类似蓝点（星形）的天体。在一个案例中，他们用射电源识别出这样一个蓝色天体（可以说是一个类星体），他们注意到附近有另一个蓝色恒星天体，距离第一个天体只有6弧。其中一位天文学家认为，这是另一个类星体，碰巧非常靠近第一颗类星体视线，而非一颗蓝色恒星而已。当光谱学揭示这个天体确实是一个类星体时，之前的猜测得到了证实；但经过仔细观察发现，这两个类星体的光谱是相同的。事实上，它们是同一类星体的两张图像，由于"引力透镜效应"（爱因斯坦广义相对论预测的一种现象）而被观测了两次。这一著名而重要的发现是利用引力透镜研究宇宙中大规模质量分布的开端。由于第二张图像不是"另一个"类星体，而是同一个类星体被看到两次（这是一个更重要的发现），该猜测的"证实"又被收了回去。

3.15 万物的本质

上述复杂性说明了科学是如何真正"发生"的。个性、社交互动、策略、技术的发展、机缘巧合、分歧和错误都有可能。观察和实验结果以及相互关联的假设和理论构成了一个复杂的多维网络，改变其中一个都可能会影响其他假设和理论。当然，上面给出的许多例子都是罕见的，很多生活中的科学都离标准教科书中的科学方法不远。但是，显而易见的是，在一个简单的算法或模型中包含所有这些变化是不可能的。科学是一种人类活动，因此它具有无穷的趣味性和多样性。

许多复杂性蕴含在由实验或观察建立的"事实"中，以及在提出新的假设和理论时。所有人都同意科学过程的这一阶段可能非常混乱（因此非常有趣）。但是，假设和理论的检验并不总是像标准教科书模型所建议的那样简单；在某些情况下，即刻出现的观察或实验结果具有压倒性优势的话，便会被视为确凿的证据，而在其他情况下，假设可能会持续数十年甚至数百年，然后才有令人信服的证据可用。

第 3 章 通往知识之路

在整个科学史上,这样的时刻(可以称为尤里卡时刻或顿悟时刻)经常发生,好似灵光乍现。木星的卫星和金星相位的发现立即使伽利略相信了以太阳为中心的宇宙观的正确性。哈雷发现了一些恒星相对于其他恒星的位置变化,这表明它们并非固定在天球上。麦克斯韦发现电磁波以光速传播,这清楚地表明光是一种电磁现象。元素周期表的"发现"使化学更加清晰。太阳和其他天体光谱线的发现突然表明,它们和我们是由相同的物质组成的。H-R 图揭示了恒星的演化。速度与距离关系的"发现"使勒梅特和哈勃确信宇宙正在膨胀。DNA 结构的发现意味着它的功能也被揭晓,这是生物学家的顿悟时刻。哈勃深空突然惊人地首次揭示了早期宇宙。而暗能量的发现促成了平面宇宙,这是宇宙学家的顿悟时刻。人们可以试着把每一个现象都压缩到一个简单的假设检验模型中,但这并不总是科学"发生"的方式。有时一个突然的意识,一个直接的暗示,会使整个场景变得清晰起来。在这样的事件出现的同时,许多其他部分的景象也正在演变。

科学活动极其复杂多样。它包括收集和分类,测量和确定数字,例如阿伏加德罗常数、哈勃常数、光速和基本粒子的质量;它包括化石的识别及其对地质时间尺度的影响,神经元惊人结构的观察和解释,普朗克启发的量子概念,以及地球和人类基因组的地图;它还包括对细胞分裂过程中染色体运动的描述,夏格夫法则中的 DNA 碱基规则,以及伽利略的小球沿斜面滚动的简单实验。没有简单的算法来编码所有这些变化,这就是历史的意义。

尽管存在如此丰富和复杂的内容,科学研究的基本原则仍然适用。观察和实验导致假设和预测,而这些反过来又必须通过其他观察和实验进行测试。理论必须经得起反复实验,实验和观察结果必须可以被其他人重复得出。理论和实验或观察结果必须经过严格测试,失败的理论和实验结果必须被修改或淘汰。科学知识最终必须以接触真实世界为基础。能够起作用的才是最重要的。

第 4 章

今日科学

4

CHAPTER
第 4 章

4.1 指数级增长

历史上的科学家有 90% 仍然健在。据估计，18 世纪中期有几百名科学家。如果科学家数量的增长速度与总人口相同，那么如今的科学家数量将是几千人。相反，根据联合国教科文组织的数据，当今世界大约有 800 万名研究人员。在过去的几百年里，科学家数量的增长是总人口增长的数千倍。自 18 世纪中期以来，科学家数量的增长率约为每年 4%，相当于每过 18 年左右的时间便会翻倍，远高于这一时期总人口每年约 0.8% 的增长率。毫无疑问，科学家的数量在过去几百年中急剧增加（见图 4-1）。

科学家的数量只是监测科学发展的一种方式。科学家的有效成果出现在出版物中，也体现在期刊数量和发表的科学论文数量方面。20 世纪 60 年代早期，德里克·德·索拉·普赖斯（Derek de Solla Price）

第 4 章 今日科学

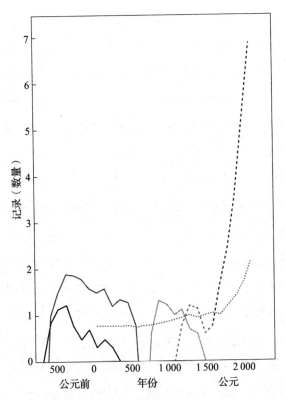

图 4-1 希腊自然哲学家（黑色实线）、其他希腊哲学家（深灰色实线）、伊斯兰科学家（浅灰色实线）、中世纪科学家（灰色虚线）和现代科学家（黑色虚线）的数量随时间变化而增长的速度。为了进行比较，世界人口（按照 5 000 万分之一的比例缩小）显示为灰色虚线。请注意，纵坐标按照 1 000 万分之一的比例缩小。希腊自然哲学家的数据来自文献（Bertman，2010），其他希腊哲学家的数据来自互联网，伊斯兰科学家的数据来自文献（Al-Khalili，2012），中世纪科学家的数据来自文献（Freely，2012）和文献（Grant，1996），现代科学家的数据来自本节

开创了这类调查。最初,他统计了科学期刊的数量,发现它们的年增长率约为 5.6%,每 13 年翻一倍。然后,他统计在各个领域发表的论文摘要的数量,发现总体增长率为每年 4.7%,每 15 年的时间翻一倍。他反思了这种快速增长何时可能达到饱和并趋于平稳,并表示这种平稳可能已经开始出现。现在,50 多年后,我们可以肯定地说,普赖斯衡量的增长率没有减弱或下降,它一直持续到现在。

一些国家和国际组织现在定期关注科学的发展。最近的一篇论文⊖研究了从 1907 年到 2007 年间几个科学学科的增长率,发现总体而言,尽管各个领域之间存在显著差异,目前的增长率仍为每年 4.7% 左右。可以理解的是,新兴学科的增长率往往很高,而更成熟的学科的增长率往往较低。一些发展中国家在科学领域的参与越来越多,这也产生了部分影响。总的来说,现在每年发表的参考论文远远超过 150 万篇。

除了期刊和论文的数量外,出版物的引用数量也可用于确定增长率。最近一项涵盖 1650 年至 2012 年期间的研究⊖估计,从 16 世纪中期到 17 世纪中期,出版物的引用数量年增长率不到 1%,然后到两次世界大战之间,这种年增长率约

⊖ The Rate of Growth in Scientific publication and the Decline in Coverage Provided by Science Citation Index (Larsen and von Ins, 2010).

⊜ Growth Rates of Modern Science: A Bibliometric Analysis Based on the Number of Publications and Cited references (Bornmann and Mutz, 2014).

2%～3%，然后到 2012 年，年增长率为 8%～9%。在这种情况下，全球科学产出在不到 10 年的时间里翻了一番！

这些估计由于各种因素的影响而变得更加复杂，因为很旧的论文不太可能被引用，有的论文可能被计算多次，以及如今的一些科学家就同一结果发表了不止一篇论文，但指向的结果至少与其他研究一致，那就是当今科学正呈指数级增长。很显然，在世界上每个人都成为科学家之前，增长曲线最终一定会趋于平缓，但目前还看不到终点。由于全世界 800 万名科学家只占总人口的 0.1%，因此科学的发展还有更大的增长空间。

在许多为前沿科学研究提供动力的技术中，可以看到更惊人的指数增长。1965 年，英特尔的联合创始人戈登·摩尔（Gordon Moore）写了一篇论文，他在文中指出，集成电路中的晶体管数量每两年翻一番，他预测这一趋势将在接下来的十年继续下去。这被称为"摩尔定律"。事实上，摩尔定律一直持续到现在。如今，晶体管的数量已经达到了 1965 年的 1 亿倍，这就解释了为什么现代计算机功能如此强大，却又如此小巧。然而，由于晶体管接近单个原子的大小，将越来越多的晶体管封装到集成电路中的能力将很快开始饱和。但话说回来，如果摩尔定律被视为衡量计算机能力的一个指标，由于更好的设计和更有效的算法，它可能还会持续一段时间。紧接着是一种全新的量子计算技术的前景，它有望在应用中提供更强大的能力。

半个多世纪以来,粒子加速器中的束流能量每两年增加一倍。斯坦利·利文斯顿(Stanley Livingston)是20世纪30年代早期回旋加速器的共同发明者,他在1962年注意到了这一引人注目的趋势,此后这种趋势被称为"利文斯顿曲线"(Livingston curve)。自1960年以来,射电望远镜的灵敏度有所提高,大约每3.5年增加一倍。光学望远镜的灵敏度也大大提高,因为它们的尺寸增大,并且在20世纪70年代末应用了非常强大的数字探测器,与底片1%的分辨率相比,它们几乎提供了100%的分辨率。人类基因组测序的成本已经从10年前的1 000万美元下降到今天的1 000美元左右。我们可用的总信息存储容量(主要以数字形式)以ZB为单位,每两年翻一番。

因此,科学家的数量一直在快速增长,他们的工具效率也在快速增长,这些工具推动了比以往任何时候都多得多的科学研究项目。

100多年前,我们还不知道量子力学、宇宙和生命的遗传基础,这些变化凸显了科学视野的戏剧性演变。

4.2 好奇心驱动型研究与目标导向型研究

好奇心驱动听起来有些无足轻重,目标导向听起来很严肃。但实际上，正是好奇心驱动型研究（也称为纯研究、基础研究或"蓝天研究"）为我们提供了最多最基本的科学知识。因为好奇心会探索整个自然世界，而目标导向型研究侧重于特定的技术问题。好奇心驱动型研究产生了牛顿定律、电磁学、爱因斯坦的相对论、量子力学以及关于进化和生命基础的知识，它们是现代世界的基础支撑，如第 2 章所总结的那样。相反，目标导向型研究是衍生的、聚焦的，遵循预定的研究路径；它运用从理论科学中获得的基础知识创造技术奇迹，例如电话、广播、电视、互联网、智能手机、飞机、核能和太空旅行。

因此，我们可以理解的是，短期目标导向型研究主要由寻求财务回报的大公司进行，而长期好奇心驱动型研究则留给政府资助，通常在高校进行。尽管最终支撑现代世界的是理论科学，但由于好奇心驱动型研究无法保证获得经济回报，因此这类研究始终需要努力获得足够的支持。

毫无疑问，电的发现是好奇心驱动型研究中最突出的例子，它是引领世界变化的技术。在 19 世纪早期，迈克尔·法拉第因其电磁学实验而闻名遐迩。回溯过去，任何人都可以质疑他的研究价值，我们现在听起来好笑，但他们确实质疑了。当被问及电的用途时，法拉第打趣道："婴儿又有什么用呢？"当时任首相问同样的问题时，法拉第回答说："先生，为什么要问这样的问题？你可能很快就能对它征税！"

法拉第的工作对世界的进步产生了巨大影响,改变了我们的生活方式。电的出现改变了城市的发展。电动洗衣机、烘干机有助于解放劳动者的双手。电力在家庭、工厂和工业中无处不在,电给了我们广播、电视和互联网。如果法拉第能够为电力申请专利,他会变得非常富有。像法拉第这样的科学家故事一再上演,他们在没有任何经济利益的情况下对社会进行了变革。

令人惊讶的是,Wi-Fi 的发展起源于好奇心驱动下,对宇宙中爆炸黑洞的搜索。1974 年,史蒂芬·霍金证明了在早期宇宙中形成的原生黑洞可能在现在的宇宙中在我们周围爆炸,而马丁·里斯则表明,这些爆炸最好在无线电波长下检测到。澳大利亚射电天文学家约翰·奥沙利文和当时在荷兰工作的两名同事决定进行一次搜索。他们面临的一个问题是,这些极短的爆发频率会被星际介质模糊掉。奥沙利文设计了一个系统来处理这个问题,并在多个方向和许多最有希望的目标上进行观察,但是没有发现爆炸黑洞;1978 年,《自然》杂志正式发表了一篇论文,文中并没有给出结果,天文学家转向了其他项目。

奥沙利文仍然对他所研究的技术问题非常感兴趣。几年后,当他回到澳大利亚时,他想知道是否可以用类似的方法来解决无线计算机网络中的多径传播问题(在一个典型的办公空间里会有很多障碍物,比如电缆、机柜、墙壁和家具,它们会以与星际介质几乎相同的方式延迟和模糊无线电信号）。奥沙利文研发了一种计算机芯片，可以快速执行傅里叶变换来清除信号，这是 Wi-Fi 革命的开始。他所在的组织（澳大利亚联邦科学与工业研究组织，CSIRO）为奥沙利文的发明申请了专利，这对他们来说非常有利。这也是一场世界性的重大革命，现在世界上有数十亿个 Wi-Fi 设备。从黑洞爆炸到 Wi-Fi，这是一个关于理论科学对社会做出重大贡献的非凡故事。

激光是理论科学孕育整个工业的另一个典型例子。1916年，阿尔伯特·爱因斯坦预测，适当波长的电磁辐射可以"刺激"受激原子或分子，使其降到较低的能态，并发射更多相同波长的辐射。这个过程被称为"受激发射"（stimulated emission）。如果涉及多个相同类型的原子或分子，并且存在能态的"粒子数反转"，则级联发射可能会导致原始信号的放大。1947年，威利斯·兰姆（Willis Lamb）和罗伯特·卢瑟福（Robert Retherford）在哥伦比亚大学使用氢分子实现了受激发射。同样在哥伦比亚大学工作的查尔斯·汤斯（Charles Townes）认为，如果他在共振腔中使用尺寸合适的受激分子群，可以产生更强的增幅，从而产生反馈回路。1954年，汤斯和同事成功地利用氨分子构建了第一个"微波激射器"（通过受激辐射进行微波放大）。巨大的放大能量集中在一条非常尖锐的谱线上。1958年，汤斯和阿瑟·肖洛（Arthur Schawlow）提出了一种光学和红外波长系统，这是一种发光微波激射器，很快被命名为"激光"。汤斯因在微波激射器和激光方面的工作而获得1964年诺贝尔物理学奖。如今，激光无处不在，但作为一名科学家，汤斯又进入了新的领域，最终成了伯克利的一名教授，并在天文学的几个前沿领域做出了开拓性的工作。

另一项纯粹出于好奇而诞生的革命性技术是CRISPR基因组编辑，它可以准确、快速、轻松地插入、删除或编辑任何基因组中的特定基因或基因序列。这是里程碑式的一步，使人类能够改写生命密码，让我们有可能控制自己的基因命运；包括但不限于治疗基因疾病与改良作物的这类应用，不会有很多争议。美国科学促进会将其列为2015年的年度突破。

这一切都始于细菌如何抵御病毒感染这一基本问题。研究发现，该机制涉及名为"CRISPR"（成簇规律间隔短回文重复）的细菌DNA区域。人们发现夹在这些重复序列之间的DNA区域（"CRISPR相关基因"或简称"Cas基因"）与已知细菌病毒的DNA完全匹配，并且相关的CRISPR RNA分子精确地指导Cas蛋白质识别、切割和破坏病毒DNA。这大致解决了细菌适应性免疫如何工作的根本问题，但也提出了一个具有挑战性的问题，即是否可以制造出这样一个系统，使其可以瞄准并切割任何匹配的DNA序列（不仅仅是病毒DNA）。有鉴于此，研究人员对现在已知的系统进行了修改、简化和严格试验。这一做法最终成功了！一种新的极其强大的技术产生了,可用于精确修改任何 DNA 序列,这是一次革命性的发展。这项研究的主要科学家是加州大学伯克利分校的珍妮弗·道德纳(Jennifer Doudna)及其团队。但是,这一过程中的许多关键步骤是由在世界各地不同实验室工作的其他几位科学家完成的,这是国际科学合作最好的案例[一]。

长期以来,人们一直想知道壁虎如何能如此轻松地爬上垂直和悬垂的表面。它们牢牢地攀住,然后又释放,所行之处不留痕迹。亚里士多德本人记录了对这一现象的观察。事实证明,这是基于一个了不起的系统。壁虎的脚趾垫上有数百万根微小、干燥、黏附的毛,称为刚毛,可以与粗糙和光滑的表面紧密接触;它们暂时在分子水平上与表面结合。此外,它们的脚趾垫上连接着坚硬的肌腱,在施加力的方向上提供高弹性刚度。这就形成了一种强大的黏合剂,可以很容易地去除,不会留下任何残留物。壁虎脚的秘密引起了研究人员的好奇,也成了他们研究的一个目标,现在这种机制已经被纳米技术复制并应用于工业规模的黏合剂和携带设备,例如医用绷带可以在没有疼痛或损伤的情况下移除,以及黏附和携带大型玻璃板的设备。这项新技术被评为 2012 年五大科学突破之一。

事情的走向有时候会适得其反。有时候,目标导向型研

[一] A Crack in Creation: Gene Editing and the Unthinkable Power to Control Evolution (Doudna and Sternberg, 2017).

究无意中产生了对理论科学非常重要的知识。前面提到的两个著名例子来自贝尔实验室：1933年银河系射电发射的发现标志着射电天文学的开始，以及1964年最重要的背景辐射的发现。下面介绍更多这样的例子。当然，目标导向型研究的许多领域都与纯研究重叠，在研究实际问题的过程中，工程师和科学家都为世界增加了科学知识。例如，量子计算的技术挑战处于量子物理的前沿，为解决这类问题，计算机科学家正在扩充世界上关于量子系统行为的知识。

即使在一个领域项目中，也有可能做到两全其美。设定一个广泛的目标后，单个科学家或科学家团队可以在总体目标的背景下，按照自己的路线和可能遇到的任何意外发现，自由地进行好奇心驱动型研究。你永远不知道下一个重大发现将来自哪里，机缘巧合可以来自理论科学也可以是应用科学。组织不同专业领域的科学家在同一研究所工作，可以增加有利的"交叉授粉"的可能性。涉及理论科学、应用科学和技术研究的"生态系统"对所有人都极为有益。显然，世界上有许多不同的科学组织方式。

总体而言，理论科学积累的科学知识通过应用科学为技术提供了养分。美国前总统罗纳德·里根曾说过，虽然基础研究并非始于特定的实际目标，但它是"政府所做的最实际的事情之一"。支撑我们理解世界的基本原理来自好奇心驱动型研究。

4.3 大科学与小科学

科学的规模有大有小。大科学和小科学之间存在着一种合理的紧张关系。用于科学的有限资金可以支持大量小型项目和个人，这些项目和个人可以提供创造性和机缘巧合，从而实现概念性突破，但在一些主要领域取得进展需要越来越多的昂贵设施和国际合作。我们拥有的最大和最昂贵的科学设施被用于研究自然界中最大和最小的领域：宇宙和基本粒子。

为了研究宇宙，我们希望将望远镜置于地球大气层之上，因为地球大气层会使来自太空的大部分电磁辐射扭曲并进行吸收。事实上，我们只能通过两个窗口看到大气层：光学窗口和射电窗口。为了观察其余的光谱——红外线、紫外线、X射线和伽马射线波段，我们必须使用卫星和航天器。这在20世纪60年代初实现了，从那时起，我们造出了许多这样的工具来冲向天空。我们派出太空船去探索太阳系中的所有行星，以及一些小行星和彗星。这些星际飞行任务的成本通常在3亿至30亿美元之间。我们用主要的卫星和航天器在所有可能的波段研究宇宙，多年来，人类总共发射了大约80台不同尺寸的太空望远镜，主要的空间天文台的成本通常为10亿～20亿美元，服务于全球用户群体。最著名的是1990年发射的哈勃太空望远镜（HST），在光学和近红外波段工作，其累计成本约为 100 亿美元,包括建造成本和 20 年内的运营费用。下一个重大项目是詹姆斯·韦布太空望远镜(JWST),由美国航空航天局牵头,耗资 88 亿美元,于 2021 年发射;它将专注于红外波段,用于探测宇宙中的第一批恒星和星系。

从地面上,我们可以通过射电和光波观察宇宙,并建造更大的望远镜。目前最先进的光学/近红外望远镜包括位于智利的欧洲南方天文台的甚大望远镜(VLT)、位于夏威夷毛纳凯亚的两座凯克望远镜,以及分别位于毛纳凯亚和智利的两座双子望远镜。这些望远镜直径为 8～10 米,可以与非常大的仪器配套使用,通常的资金成本在 3 亿至 6 亿美元之间。借助干涉测量和激光导星,这些大型望远镜现在可以在天文学的几个领域与哈勃太空望远镜相媲美。下一代望远镜将是欧洲南方天文台的直径 39 米的超大望远镜(ELT),以及美国主导的 30 米望远镜(TMT)和 25 米大麦哲伦望远镜(GMT)。ELT 是世界上最大的光学/红外望远镜,耗资 12 亿美元,预计每年的运营成本约为 5 500 万美元。在射电波长方面,最大的望远镜是美国新墨西哥州的甚大阵(Very Large Array, VLA),其主要工作波长为厘米,以及阿塔卡马大毫米/亚毫米波阵列(Atacama Large Millimetre/submillimetre Array, ALMA),由欧洲、美国和日本牵头,涉及 20 个国家的合作,资金成本为 15 亿美元。计划中的下一个主要射电望远镜是平方千米阵(Square Kilometre Array, SKA),它将在波长为厘米和米的范围内工作，耗资约 10 亿～ 20 亿美元，其两个组成部分将位于澳大利亚和南非。

切伦科夫望远镜阵列（CTA）与其他望远镜都不相同。它将间接探测撞击地球的最高能量电磁辐射：能量高达 10^{14} 电子伏特的伽马射线。高能伽马射线引发大气粒子级联（"簇射"），进而产生可以在紫外线和光学波长下检测到的"切伦科夫光"。通过使用巨大的望远镜阵列，可以确定入射初级伽马射线的方向和能量。这为宇宙打开了一扇全新的窗口，涉及的主题非常广泛，包括黑洞附近的极端环境和其他奇异现象、宇宙射线的起源和基础物理学的前沿，例如寻找暗物质，以及其他完全出乎意料的发现。CTA 由智利的 99 台望远镜（由欧洲南方天文台所有）和西班牙拉帕尔马的 19 台望远镜组成。这是一项由 32 个国家、200 多个研究所的 1 300 多名科学家和工程师参与的国际合作，预计成本为 4.8 亿美元，"第一束光"已于 2019 投入使用。

上面介绍的望远镜都是必须在高空或大气层以上地区使用的，还有另一种望远镜必须在尽可能低的位置使用（地下、冰下或水下），并且是向下看而非向上看，它们就是中微子望远镜。中微子几乎可以畅通无阻地穿过整个地球，因此很难检测到；它们的特征很容易被进入大气层的宇宙射线淹没，因此最好尽可能深入地观察来自地球远侧的中微子。位于南极的巨型冰立方中微子天文台是一个 1 立方千米的探测器网格，嵌入地表以下1.5～2.5千米的冰中。该项目于2010年竣工，耗资2.8亿美元。当位于南极洲的冰立方中微子天文台观测北半球时，另一个中微子天文台（KM3NeT，占据地中海5～6立方千米）正在对南半球进行观测。这是一个国际中微子天文台，两个望远镜将覆盖对整个天空的观测。

正如第2章所述，引力波望远镜最近在天空中开辟了另一扇新的窗口。激光干涉引力波天文台（LIGO）由位于美国的两个面对面大型干涉仪组成，是美国国家科学基金会资助的最大项目，累计成本超过10亿美元。全世界1 000多名科学家（最初的观测论文有1 500多名合著者）参与其中。处女座天文台是一个类似的引力波天文台，位于意大利，它涉及19个实验室和数百名科学家。美国国家航空航天局和欧洲太空总署（ESA）一直在考虑在太空中使用名为LISA的干涉仪。

天文学在众多领域取得了进步，其中许多领域涉及的设施比上述领域小得多。一些老旧的、功能成熟的天文台仍然使用直径1～5米甚至更小的望远镜，它们经常参与新的创新型小项目，如果它们配备了先进的技术则尤其适用。配备最先进仪器的中等尺寸望远镜用于测量大片天空。广角小型望远镜可以为主要的地面天文台精确定位与奇异事件（如引力波合并）相关的光猝发的位置。用于特定项目的中等尺寸光学和射电望远镜常常位于最适合其用途的位置，例如阿塔卡马大毫米/亚毫米波阵列望远镜所在的阿塔卡马高原和南极。气球实验是常用的方法,因为气球可以到达高海拔位置并在那里停留数周,成本适中。

有时重要的发现是用非常小的设备,甚至是肉眼完成的。1987年2月23日晚,加拿大天文学家伊安·谢尔顿(Ian Shelton)在智利拉斯坎帕纳斯天文台用望远镜观察大麦哲伦云(附近的一个星系,简称LMC),他惊讶地看到一颗意外明亮的恒星叠加在LMC的图像上。他走到外面,亲眼看到了这颗恒星。大约在同一时间,拉斯坎帕纳斯天文台的另一位天文学家和新西兰的一位业余天文学家也看到了它。消息很快传开,LMC中有一颗超新星。它是380多年来距离最近的超新星,亮度足以进行详细研究。在数小时内,南半球最强大的望远镜就对这个物体进行了观测,它提供了关于超新星的丰富信息,包括首次从超新星中检测到中微子。

1995年,米歇尔·马约尔(Michel Mayor)和迪迪埃·奎洛斯(Didier Queloz)在法国的上普罗旺斯天文台使用一台直径为1.9米的小型望远镜发现了第一颗围绕正常恒星运行的太阳系外行星。他们使用了一种新的方法,探测到了由轨道行星的引力拖拽引起的恒星自身的往复运动,这是20世纪最重要的天文发现之一。从那时起,人们陆续发现了3 700多颗太阳系外行星。一个更小的设施发现了第一个太阳系外行星在其母星前经过的情况。1999年,大卫·夏邦诺(David

Charbonneau）及其同事在科罗拉多州博尔德的停车场用一个10厘米的望远镜进行了这一观察。

如今，许多业余天文学家通过在自家后院使用小型望远镜观察凌星现象来参与太阳系外行星的观测工作。业余爱好者也发现了许多超新星。澳大利亚的罗伯特·埃文斯（Robert Evans）牧师是多年来最高产的人，他利用对1 500个星系形态的惊人记忆来捕捉变化，他每小时能够观察50～100个星系。由于互联网和现代数字技术，"平民科学家"在天文学领域中发挥着越来越大的作用，例如，在一个名为"天文学回放"（Astronomy Rewind）的项目中，"平民科学家"能够检查巨大的数据库和图像，寻找其他被忽视的现象，并帮助现代研究人员从100年前的论文和图像中获取数据。小科学也可以带来大回报！

基础物理学的前沿领域是高能物理，这需要非常大的粒子加速器。其中最大的大型强子对撞机，来自欧洲核研究组织——欧洲核子研究中心，中心有2 300名工作人员。它只能用最高级形容词来描述："有史以来建造的最大、最复杂的实验设施，以及世界上最大的单机"。它在日内瓦附近的法国与瑞士边界下方一条总长27公里的隧道内将粒子加速到极高的能量。这个项目由100多个国家的1万多名科学家和工程师通力合作，涉及数百所大学和实验室。它每秒可以产生6亿次质子碰撞，巨大的数据洪流通过全球大型强子对撞机计算网格（世界上最大的分布式计算网格）分布到35个国家的170个计算中心。虽然大型强子对撞机碰撞可以产生最高的人为温度（超过1万亿摄氏度），但其电磁铁比外层空间还要冷。2012年，该项目实现了第一个主要目标，检测到了希格斯玻色子，随着其能量的进一步增加，人们对标准模型之外的新物理的探索正在进行。大型强子对撞机的成本约为50亿美元，运营预算约为每年10亿美元。它将在未来几年提供顶级的科学研究。它的长期后继者可能是大型强子对撞机的更高版本，或者是线性正负电子对撞机。

当然，在基础物理层面，世界上还有其他支撑着重要研究项目的设施。美国最著名的布鲁克海文国家实验室位于纽约长岛，约有3 000名员工，年预算超过7亿美元；斯坦福大学附近的SLAC国家加速器实验室有1 700名员工，年预算约3.5亿美元；芝加哥附近的费米国家加速器实验室（Fermilab）拥有1 800名工作人员，年预算约3.5亿美元。这些地方都有各种加速器和实验。

大学和研究所的基础物理研究通常分为实验物理和理论物理。许多实验学家都参与了大型强子对撞机团队或上述中等水平实验室的工作。各种各样的研究有序开展，例如暗物质搜索、基本参数的精确测量、标准模型的精确测试、中微子振荡、反物质去向、核子衰变和其他罕见过程、β衰变的精确测量、电子电荷分布中的微小各向异性搜索、电子–正电子湮灭的研究、寻找中微子区的 C 宇称破坏、研究介子的罕见衰变，以及寻找新的物理现象。事实上，强子对撞机到目前为止还没有发现新的粒子或其他意想不到的结果（除了希格斯玻色子之外），这为实验室的实验提供了新的动力。超越标准模型的"新物理学"重大突破或许将来自一个小型实验室，而不是大型强子对撞机。

在生命科学领域，迄今为止最大的项目是人类基因组计划（HGP）。该项目是为了确定人类 DNA 中所有碱基对的序列，并从物理层面和功能层面绘制基因组中的所有基因。项目始于 1990 年，完成于 2003 年，耗资 30 亿美元；基因测序是在 6 个国家的 20 个研究所进行的。HGP 的完成是一项巨大的成就。

这只是理解细胞生物学的一步（但也是一大步），细胞生物学本身是极其复杂的。基因组的表达受到"表观遗传"因素的强力调控，最终目标是了解整个"表观基因型"，从基因组到表型的所有分子和相互作用。

各种新的研究正在进行或计划中。表观基因组学路线图项目（Roadmap Epigenomics Project）由美国国立卫生研究院发起，耗资 2 亿美元，于 2008 年启动，旨在研究不依赖于基因序列的基因活动和表达的调控（表观基因组学是指整个基因组的表观遗传变化）。2010 年，国际人类表观基因组联盟（IHEC）正式成立，目标是到 2020 年为国际科学界提供

第 4 章 今日科学

1 000 个参考表观基因组。中国和英国合作的 EpiTwin 项目是人类遗传学的另一个大型项目，该项目将研究表观遗传因素导致的同卵双胞胎之间的差异。蛋白质图谱一经发表将发挥巨大的价值，它将表明不同蛋白质在人体各类型的组织中起什么作用。2013 年启动了一项名为 ENCODE（DNA 元素百科全书）的大型国际项目，旨在识别人类基因组中的每一个基本元素。2016 年启动的人类细胞图谱计划（Human Cell Atlas project）有一个雄心勃勃的目标，即创建所有人类细胞及其属性和相互作用的参考目录。同样在 2013 年，美国启动了耗资 1 亿美元的脑计划（BRAIN Initiative，通过推进创新神经技术进行大脑研究），目的是提供对大脑功能的动态理解。这些大型项目都将增加我们对遗传和生物系统的知识，支持各种各样的个体研究。

与此同时，在规模较小的科学领域，大量的单一实验室项目在生物学的许多前沿领域取得了进展，从细菌到研究人类的复杂性。有人说创造性科学是"自下而上"而不是"自上而下"的。小科学领域的大量独立项目使创造力、偶然性和概念突破成为可能，从而带来重大进步；这些领域的许多诺贝尔奖获得者都在小型实验室工作。今天有多少小型项目将彻底改变我们对生物学和人类自身的理解？如上所述，CRISPR 的发展完美地展示了世界上有多少小型独立实验室并行工作并且相互交流，从而产生革命性的科学和技术。正如上一节所提到的,一个具有广泛目标的大型研究所,若包括由较小群体和个人组成的"生态系统",有时可以将大科学和小科学的优势结合起来。

本章简要介绍的设施和实验未涵盖理论研究。理论研究无论在对实验和观察进行解释和理解,还是在做出预测方面都非常重要。它们是"小"科学,但只是因为除一支笔、大脑和(有时)一台电脑外它们再无其他需求。它们是科学的基本组成部分。每一个重要事实的背后都有一个重要的理论。

4.4 对科学的支持

目前,全球每年的研发经费为 1.5 万亿美元。这相当于 87 万亿美元的全球国内生产总值(GDP)的 1.7%。这些数据来自联合国教科文组织发布的《科学报告:迈向 2030 年》[⊖]。

各国用于研发的 GDP 比例差异很大。在发达国家,这一比例通常在 1.5%～3% 之间。2013 年,英国为 1.6%,法国为 2.2%,美国为 2.8%,德国为 2.9%,经济合作与发展组织为 2.4%。在一些国家,这一比例明显较高:日本为 3.5%,

---

⊖ 报告完成于 2015 年,报告中的数据截至 2013 年。——编辑注

韩国为 4.2%。然而对于那些不发达的国家，这一比例平均为 0.2%。

　　为什么研发经费只有几个百分点？为什么不是 5% 或 10% 呢？每一美元中只有几美分用于研发，而我们在娱乐上的花费是研发的两倍。可以说，世界上大多数发达国家似乎接受只占其 GDP 2%～3% 的研发预算。然而，所有人都认同，研发推动经济繁荣。

　　研发活动是如何获得资金并使用的？在英国、法国、美国和德国，约 30% 的研发由政府资助（日本和韩国约 20%），其余 70% 为商业企业（日本和韩国约为 80%）资助。在美国，基础研究的大部分资金来自政府，大部分基础研究由高校完成。

　　这当然没那么简单。在美国，半个多世纪以来，国家科学基金会一直在参照同行审查的结果为基础研究提供资金，包括美国国家航空航天局、美国国立卫生研究院、能源部、布鲁克海文国家实验室、费米加速器实验室、SLAC 加速器实验室、国家射电天文观测站在内的许多其他机构为研究提供设施和支持。在欧洲，欧洲研究理事会为在欧盟范围内进行的科学和技术研究提供资金，各个国家都有独立的资助机构和组织。此外，还有一些政府间组织在各个领域提供设施和支持研究，例如欧洲核子研究中心、欧洲太空总署、欧洲南方天文台和欧洲分子生物学实验室。多年来，一些国家建立了非政府研究机构，例如美国的卡内基科学研究所、德国的马克斯·普朗克研究所、印度的塔塔基础研究所和加拿大的普里美特理论物理研究所。因此，世界各地有许多科学研究的途径。

1945年，时任美国科学研究与发展办公室主任的范内瓦·布什（Vannevar Bush）向美国总统提交了一份名为《科学，无尽的前沿》的著名报告，他在报告中表示，基础研究是"技术进步的领跑者"。他写道："新的产品和新的工艺流程并不是一出现就完全成熟的。它们建立在新的原理和新的观念基础之上，而这些新原理和新观念又是从科学最纯粹领域的研究工作中发展而来的。"范内瓦·布什在国家科学基金会的建立方面很有影响力。

理论科学和应用科学之间的平衡很重要。基础研究的回报可能是巨大的，但支持好奇心驱动型研究需要一些勇气，这看起来可能很无聊，不像应用科学可以带来可靠回报。因此，在预算紧张的今天，一些发达国家有一种趋势，即以牺牲理论科学为代价，将其资源转向目标导向型研究。他们发现，他们希望追求的是技术和创新带来的快速回报，而不是理论研究的长期利益。

假设一种极端情况，某发达国家完全停止进行理论研究，只依靠其他国家的理论研究，因为这些研究是公开发表并向全世界开放的。世界科学知识不断增长，选择退出理论研究的国家只是利用这些知识来支持其技术。可它失去的不仅仅是本国的理论研究,还有它在基础研究方面的全部能力,因为技术基础会被摧毁,科学家带着好奇心、想象力、创造力和与世界科学界的联系离开了。

几十年前,一位著名的印度射电天文学家被问及,在印度经济如此困难的情况下,为什么印度仍然应该支持这样一项显然无关紧要的科学研究。他回答说,印度不能永远购买进口机械,必须发展自己的技术,这需要一个全面的科学基础,包括高水平的理论科学活动和卓越的科学教育。印度现在是许多重要理论研究领域的主要参与者。

4.5 国际合作

如今,大型国际合作在科学领域已经越来越普遍。其中一个原因是,上述大型实验或观测设施非常昂贵。由于它们处于科学前沿,因此需求量很大,但大型实验或观测设施在任何时候都只能支持有限数量的用户。显而易见的解决方案是让科学家形成大型合作,并作为一个团队申请使用时间。此外,通常是来自不同国家的许多机构参与的大型合作,为这些大型设施生产昂贵而复杂的探测器和仪器,这些合作的回报是在设施首次可用时获得较长的使用时间段。除了获得第一手的科学知识，这些国际合作还进行了设施及其探测器和仪器的测试和校准，当轮到普通科学界用户使用该设施时，这是一项重要的服务。

大型国际合作还有另外几个原因。首先，他们想做的科学往往很复杂，涉及不同的专业领域，各个领域专家通力合作可以完成的工作远远超过那些独立工作的科学家。其次，通常情况下，科学目标需要大量样本和数据简化，这意味着要许多人在一起工作。现代科学中出现大规模合作还有一个主要原因是，计算机和互联网革命使合作成为可能。

其他一些原因则不那么显著。比如欧盟鼓励并促进全欧洲的大型合作，在欧盟的努力下，不同的国家更加紧密地联系在一起。比如各国政府通常认为国际合作很有吸引力，这种合作不仅可以提高效率，而且能享有盛誉，在对人类十分重要的领域做出的成果是超越国界的。比如不同国家之间可以进行交易，可以针对不同的设施进行贸易。如果一个国家并不是建造该设施的联盟成员，该国的独立科学家仍然可以使用该设施，作为包括成员国科学家在内的全球大型合作的一分子。

对他国科学家和国际合作持高度开放态度的国家对科学的影响最大。事实上，这种开放性与科学影响的关系比一个国家在研发上的支出更为密切，具有国际流动性的科学家被引用率明显高于没有国际流动性的科学家。如今，国际项目和合作占全球科研支出的 20% 以上，在一些国家高达 50%。在美国，超过 60% 的博士后来自海外，超过三分之一的诺贝尔奖得主也来自海外。欧洲国家在开放性和科学影响力方面排名很高，欧盟已经建立了欧洲研究区，以进一步提高其开放性和科学影响力。作为一个联盟，欧盟现在表现强劲。不重视科学流动和国际合作的国家将面临风险。

科学合作甚至可以在敌对国家之间架起一座桥梁。第 2 章提到的一个早期例子是 1761 年和 1769 年的两次金星凌日探险，当时英国和法国政府允许其竞争对手的国民安全通行，因为他们"肩负着全人类的使命"。最近的一个例子发生在 1969 年冷战最严重的时候。在当时甚长基线干涉测量（VLBI）还处于起步阶段，它使用不同大陆上的无线电天线作为一个"望远镜"，以提供极其清晰的图像。美国和苏联的科学家决定合作，美国国家射电天文台的肯·凯勒曼（Ken Kellermann）与苏联同行一起在克里米亚半岛的射电天文台与美国的射电天文台进行观测。他从美国带来的原子钟出现了问题，不得不飞到圣彼得堡与瑞典的其他天文台同步。他突然想到，对于参与这场研究的苏联人来说，这就像一个不会说英语的俄罗斯人坐在从芝加哥到达拉斯的美国航班上一样，旁边的座位上有一个"原子"物件。甚至最近，约旦建造了一个名为 SESAME 的国际同步加速器光源，此次合作包括以色列、伊朗和巴勒斯坦官方。

4.6 科学无处不在

科学融入了我们的现代生活，以致我们通常意识不到它，或只是认为它是理所当然的。当我们打开灯、穿上衣服、调节空调、做饭、使用冰箱、吃药、核对时间、开车上班、喝咖啡、看电子邮件、参加会议、拍照、给朋友打电话、复印文件、买一些食品杂货、看电视、听音乐、使用洗碗机、做眼科手术或核磁共振扫描、使用抗生素时，我们使用的科学知识都是由过去几百年来纯粹出于好奇的敬业科学家所积累的。

到目前为止，对现代世界最有利的科学贡献是电力，没有它，现代生活方式就会崩溃。电力以这样或那样的方式为现代技术提供了能量。发电机产生了电，然而，发电机本身是科学家迈克尔·法拉第在"把玩"电和磁的特性时创造的，纯粹出于好奇。电动机与发电机正好相反：电动机用电产生机械运动。电机无处不在，驱动着大型机器、工厂里的机器人、电动汽车、各种泵、厨房电器、洗衣机和烘干机、电钻、吸尘器、影碟机和电脑硬盘，所有这些都源于法拉第和他的好奇心。

在当今电力匮乏的社会中，通过电力向一切事物提供动力是一个重大问题。除了阳光直射之外，我们的祖先只有简单的取暖设施。在早期文明中，人们依靠驯养的牛和马来完成繁重的劳动，用水和风来驱动简单的机器以碾磨粮食和抽水，并用风帆将它们带到遥远的地方并开展贸易。蒸汽动力的出现可以追溯到古希腊人，但只有到了17世纪和18世纪，经过托马斯·纽科门（Thomas Newcomen）和詹姆斯·瓦特（James Watt）的创新才产生了燃煤蒸汽机，为工业革命提供动力，并开辟了巨大的新可能性。

19世纪末，电力成为通用的能源，突然之间，电力几乎可以分配到任何地方。电力"网"遍布很多国家和大陆。发电机可以将水力发电厂中的水流和燃煤发电厂中的蒸汽压力产生的机械运动转换为电力，然后电力可以远距离传输到工厂和城市。20世纪50年代，采用核裂变技术的核电站被纳入电网。

如今，人们主要担心化石燃料发电厂对气候的影响，以及核电站潜在的放射性污染和"熔化"危险，人们正在大力寻求更清洁的解决方案。巨型风力涡轮机使用发电机将流动空气的能量直接转化为电能。巨大的太阳能电池板阵列利用爱因斯坦的光电效应将太阳辐射能直接转换为电能，电池能够提供24小时的电力。1800年，亚历山德罗·伏特发明电池后，电池成为整个19世纪和20世纪许多科学和技术发展的主力军。目前，人们正在大力开发未来的电池，使其不仅可以用于太阳能电池阵列，还有大量其他应用，例如电动汽车。

未来的一大方向是可持续的核聚变，这是为太阳提供动力的过程。它本质上是安全和清洁的,其燃料氢同位素氘和氚几乎可以从海水中无限量获取。另一项正在研究的创新是一种"人造树叶",将太阳能、水和二氧化碳转化为富含能量的液体燃料,这一过程的效率可达到自然光合作用的十倍。

当然,电气照明在我们的家庭、街道和建筑物中无处不在。最常见的形式是白炽灯(大家熟悉的灯泡)、荧光灯(如霓虹灯)和现代 LED 灯(发光二极管)。一些岩石的奇怪荧光现象早已为人所知,到 18 世纪中期,人们已经在部分真空的含汞玻璃容器中观察到辐射辉光,并通过静电供电。1802 年,汉弗莱·戴维通过将电流穿过薄铂条制造了第一盏白炽灯,1806 年,他利用两根木炭棒之间的电弧制造了一盏更亮的灯。1856 年,德国玻璃工人海因里希·盖斯勒(Heinrich Geissler)制造了一种真空玻璃管,每一端都装有金属电极,这种玻璃管会发光,最终促成了商用荧光灯的发展。到了 19 世纪 70 年代末,一些研究人员独立发明了白炽灯泡,随后进行商业化,最著名的是英国的约瑟夫·斯旺(Joseph Swan)和美国的托马斯·爱迪生(Thomas Edison)。在此过程中,他们必须克服各种技术障碍。在钨丝和灯泡中加入惰性气体可以延长灯泡的寿命,但仅有这些是远远不够的:大部分能量以热的形式辐射出去,用于提供可见光的能量不到 5%。

LED 解决了这个问题,它的消耗只相当于白炽灯泡所需能量的 10%,并且使用寿命更长。它是一种半导体器件,在被电场激活时发出光，这一过程称为电致发光。LED 研究在 20 世纪 50 年代首次兴起。早期的 LED 是红外线发光，但在 1962 年的一篇开创性论文中，通用电气研究实验室的尼克·何伦亚克（Nick Holonyak）和 S. 贝瓦夸（S.Bevacqua）宣布发明了第一个可见光（红色）LED。何伦亚克预测 LED 最终将取代白炽灯泡，他说对了。20 世纪 90 年代，蓝色 LED 最终被开发出来，与早期的红色和绿色 LED 组合，最终可以产生白光；赤崎勇（Isamu Akasaki）、天野浩（Hiroshi Amano）和中村修二（Shuji Nakamura）因这一革命性的发展共同获得 2014 年诺贝尔物理学奖。LED 的光输出呈指数级增长（类似于摩尔定律），现在它们在商业上是可行的。我们正处于另一场重大的技术革命之中，商业领域、公共领域和私人使用的大规模 LED 照明装置现在很常见，LED 灯市场预计将快速增长，从 2014 年的 20 亿美元增长到 2023 年的 250 亿美元，复合增长率为每年 25%。

微波炉在适当的频率范围内产生电磁波来加热食物。1864 年发表的麦克斯韦电磁理论预测了大范围频率的电磁辐射，1886 年海因里希·赫兹（Heinrich Hertz）通过发现无线电波证明了这一预测。1945 年，美国工程师珀西·斯宾塞（Percy Spencer）意外发现了强射电（微波）束的加热效应，同年生产了第一台微波炉。频率范围合适的微波（在传统无线电和红外频率之间）与水分子等相互作用，使其旋转并与其他分子反应,产生热量。

我们日常使用的冰箱和空调通过使气体转变为液体并在无休止的循环中再次转变为气体来制冷。三位法国科学家在建立相关知识方面发挥了关键作用。其中一位是17世纪的法国科学家布莱士·帕斯卡(Blaise Pascal),他证明了水压随深度增加而增加,施加在不可压缩流体(如水)上的任何外部压力都会通过流体均匀传递(流体静力学的定律,称为帕斯卡定律)。同样是在17世纪,纪尧姆·阿蒙东(Guillaume Amontons)发现,对一定的气体在一定的体积内,它的压力与温度成正比。19世纪初,"热力学之父"萨迪·卡诺(Sadi Carnot)研究了最有效的热力学循环,并给出了著名的热力学第二定律的第一个公式。其含义之一是热量总是从较热的物体流向较冷的物体,温度收敛到"热力学平衡"。这些看起来很深奥的知识,却是现代世界许多实际应用的基础。

在冰箱中,电力驱动压缩机,压缩机增加气态制冷剂的压力(和温度),迫使其进入冰箱后部的冷凝器盘管。由于这些盘管完全暴露在厨房较冷的空气中,盘管中的过热气体在高压下冷凝为液态。然后,饱和液体通过膨胀装置,流入蒸发器盘管(位于冰箱内),在其中可以膨胀,从而降低压力和温度。它变成了一种冷液体,当它蒸发成气相时,会从冰箱内吸收热量。由此产生的饱和蒸气流回压缩机,循环从那里再次开始。最终结果是热量从冰箱强制转移到外面的厨房,使冰箱内部变冷，冷冻机更冷。除压缩机（和制冷剂）外，没有其他移动部件。冰箱的这种机制非常精巧。

激光是有史以来最伟大的技术创新之一，起源于爱因斯坦1916年对原子受激发射的预测。如上所述，激光由查尔斯·汤斯及其同事在20世纪50年代实现。如今，激光有许多应用：条形码扫描仪、光纤电缆、激光手术、光盘驱动器、CD播放器、激光打印机、距离和速度测量、焊接等。激光的应用在现代世界无处不在。

互联网和通信革命极大地改变了我们的世界。早期的先驱是20世纪50年代的局域网，通过一台计算机连接不同的用户。美国计算机科学家约瑟夫·利克莱德（Joseph Licklider）在1960年提出了一种全球网络，并领导了美国国防部的一个研究小组。1969年，随着互联网的诞生，加州大学洛杉矶分校和斯坦福大学之间建立了第一条互联网纽带。在这之后，更多的节点快速连接，互联网也在生长。另一个重大发展是1989年由蒂姆·伯纳斯－李（Tim Berners-Lee）在欧洲核子研究中心发明了万维网（WWW）。万维网的出现使得文件和其他资源可以通过网络浏览器相互链接和访问，是在互联网上进行交互的主要工具。事实上，这些发展与电子和电信革命同时发生并非巧合，那时总体发展就是惊人的。互联网可能是过去半个世纪最重要的技术发展，据估计，未来几年内将有200亿台设备连接到互联网。

电视屏幕是从 1900 年左右用于基础物理研究的阴极射线管演变而来的。使用电视时，电子束从真空管中的阴极发射，照亮屏幕另一端的磷材料。光束由磁场引导，在屏幕上快速扫描以生成图像。现代电视屏幕完全不同。它们很薄，屏幕较平，耗能更少。最常见的屏幕是 LCD、等离子和 LED。LCD 代表液晶显示器。液晶具有显著的光学特性：电场可以利用其极化特性使液晶像素根据指令在透明或不透明之间切换。其作为光学显示器的发展潜力显而易见。等离子屏使用含带电离子气体（称为等离子体）的等离子管，LED 屏使用发光二极管。如今电视屏幕的商业市场由 LCD 和 LED 技术主导。

计算设备可以追溯到古代，而现代的计算机则处于先进科学的前沿。最早的数学辅助工具是简单的计数装置。算盘于公元前 3000 年首次出现在美索不达米亚平原，可用于简单的算术任务。在随后的数千年中，人们开发了各种用于特定目的的计算辅助工具、设备和用具（其中最著名的是古希腊人制造的安迪基西拉机器），而在 1833 年，"计算机之父"查尔斯·巴贝奇（Charles Babbage）迈出了通向现代计算机的一大步。继他早期在机械计算机方面的工作之后，他提出了一个更为普遍的概念，即穿孔卡将通过分支和环路向包含逻辑单元、内存和控制的机器提供输入，输出形式为打印机、绘图仪或穿孔卡。这个概念等同于真正的通用计算机，但他的想法比计算机出现的时代早了一个世纪。

1936年，阿兰·图灵（Alan Turing）的出现使计算机的发展迈出了重大一步，他提出了一种"通用计算机器"，可以通过执行指令计算任何东西，还可以编程，这是现代计算机使用的基本原理。当时，随着旧的机械模拟机在20世纪30年代和40年代被电子数字计算机所取代，一种根本性的转变正在发生，这种转变将电子技术的高速优势与数字（开/关或二进制）信号的准确性和可靠性相结合。20世纪50年代，电子真空管（阀门）被更小、更高效、更可靠和寿命更长的晶体管所取代。1958年，随着"集成电路"的引入，人们迈出了一大步，电子电路的所有组件都完全集成在半导体材料的"芯片"上。杰克·基尔比（Jack Kilby）因为这一重大发展获得2000年诺贝尔物理学奖，这一重大发展直接促成了过去半个世纪的电子和计算机革命。

如今，芯片组件非常之小，以至于接近原子级（在纸上点个圆点那么大的区域就能容纳百万个芯片组件），如果计算能力继续呈指数级增长，就需要新技术，包括新的芯片设计、硅的替代品、改进的计算机架构、更有效的算法和编程、新型晶体管、量子隧道的使用、光学技术，甚至生物大脑的仿真。在制造越来越好的计算机的过程中，涌现出越来越多的创新和创造力。

量子计算是未来的一大发展方向。在1981年的一次演讲中, 理查德·费曼在思考如何用计算机模拟自然界(包括量子物理)的巨大复杂性, 他提出也许一台功能强大的"量子计算机"可以完成这项工作。这样的计算机可行吗？这个想法酝酿了几十年, 并在最近几年开始流行。经典计算机中的基本信息单元是"位", 无论其物理实现如何, 位只有两种可能的状态, 1和0("开"和"关"), 它的量子等价物是量子位。与经典计算机相比, 量子计算机有两个潜在的巨大优势, 量子力学两个最奇异和最深奥的特征是叠加态和纠缠态。在叠加态, 量子位可以同时存在于状态1和0的不确定混合中。在纠缠态, 不同粒子的量子态彼此相对固定, 它们"纠缠在一起", 因此发生在一个粒子上的事件会立即影响另一个粒子, 无论它们相距多远。近期, 整个原子云成功地纠缠在一起。纠缠是量子计算机的一个必要组成部分, 它释放出叠加状态的力量, 允许大量的多状态并行作用。一台300量子位的机器将代表2^{300}个不同的1和0串(相当于可见宇宙中原子的数量), 由于量子位是纠缠的, 所有这些数量都可以同时操作。

人们正在探索各种可能性来发挥量子位的作用, 包括电子/原子核/原子或分子的自旋、不同的光模式、被捕获离子的内部状态、被称为任意子的准粒子以及小型超导电路和电流的状态。量子位极其脆弱, 需要隔离(在某些情况下需要低温)以使量子退相干(quantum decoherence)最小化。但是,量子计算虽仍处于初级阶段，也已经取得了许多进展，最近的进展很快。一些小型实验量子计算机已经制造完成，维持量子叠加状态的记录从2012年的2秒上升到2015年的6小时，科研人员最近宣布了一种72量子位处理器。那么量子计算机预计会有哪些应用呢？量子计算机在许多通用计算功能方面不会取代经典计算机，但它们将在某些领域表现出色。解码加密信息、搜索大型数据库和模拟复杂系统（生物分子、新药和材料以及量子多体问题）是量子计算机的首要任务，还有许多其他任务正在探索中。

  量子计算机的发展与更广泛地使用量子技术的发展是并行的，并且存在着强大的联系和协同作用。量子纠缠现在用于量子隐形传态，并在通信中有应用。人们使用卫星测试了安全量子通信，目前正在各国多个城市之间建立量子通信网络。最终可能会有一个全球量子互联网，使用量子路由器和大规模量子云计算机实现量子增强的安全性。许多基于量子力学的新技术正在列入计划，例如密码学、人工智能、毫米精度GPS、光学VLBI、纳米技术设计、超精密原子钟、虚拟技术、精密传感器、自动车辆和物联网。

  想象一下人们第一次听到世界上最棒的音乐。对大多数人来说，这一惊人的变化是由1887年爱米尔·贝利纳（Emile Berliner）推出的留声机带来的。电力的出现使这一切成为可能。人们探索了各种记录和回放技术，最终唱片记录成为标准。人们使用唱针在唱片表面制作凹槽，当唱针检测到凹槽中的不规则情况时，可以播放录制的声音，将其放大并通过扬声器播放。留声机在接下来的半个世纪里得到改良，模拟黑胶唱片广受欢迎，至今仍受到发烧友和收藏家的喜爱。20世纪60年代，磁带录音机开始流行，有段时间有三种相互竞争的类型，最终，质量较低但更方便的卡式录音带在消费市场上胜出。20世纪80年代，唱片和磁带在很大程度上被数字光盘（CD）所取代，后者在音乐市场上统治了20年。光盘由一束激光蚀刻进行记录，并由另一束激光读取进行播放。后来一项里程碑式的进步是全固态数字设备的发展。由于没有移动部件，与光盘播放器相比，它们功率更小、更轻、更便携、更坚固。苹果iPod在21世纪初成为标志性的产品，现在的智能手机除了手机功能外，还可以播放大量的音乐。由于电信通信革命的推动，另一项重大创新是互联网上的音乐流，几乎世界上所有的音乐都能广泛传播。

灵巧的话机起源于19世纪末。有几个人以各种形式发明了它，但亚历山大·格雷厄姆·贝尔（Alexander Graham Bell）是公认的第一个实用电话的发明者，他在1876年成为第一个申请专利的人。在早期的电话中，声音发出的声波引起振膜振动，改变了两个金属板之间碳粒的压缩。因此，通过调制碳粒的电流，调制后的信号可以通过导线传输。在接收端，调制的电信号改变了电磁铁的强度，电磁铁反过来振动振膜，产生声波。这些年来，电话的基本原理没有太大变化，但技术不会停留于此。现代手机系统使用无线电信号传输数字信息。手机中的小传声器可将呼叫者的声音转换成数字信息流，该信息流通过无线电信号传输到接收者的手机。我们可以在无线电通信范围内的任何地方使用手机，除了打电话，现代智能手机中有数千种潜在的"应用"。

  在过去的几十年里，我们的付款方式发生了超乎想象的变化。贸易起源于一万多年前的易货，即以物易物的形式。最终，人们发明出标准和货币来充当一般等价物，促进了贸易的发展，第一枚硬币出现在公元前 7 世纪。此后很长一段时间里，情况没有发生多大变化。纸币是 1 000 年前由中国人引入的，银行和存款的概念出现在 500 年前。但即使在 50 年前，对大多数人来说，金融仍然意味着存款、银行账户、现金和支票。然后，信用卡作为一种基于签名和手动处理的低技术支付方式逐渐被引入，这一过程在 20 世纪 70 年代终于实现了计算机化。从那时起，重大的技术变革出现了。20 世纪 70 年代，信用卡中引入了从计算机数据存储技术发展而来的磁条。20 世纪 80 年代至 90 年代，信用卡中添加了电子集成电路芯片，增加了安全全息图，进一步威慑造假者。在过去的 20 年里，信用卡中引入了使用无线感应技术的非接触式系统，这种系统不需要卡和读卡器之间的物理接触，就可以实现高达一定金额的即时"点击"支付。这些技术和其他技术正在减少人们对现金的需求。

人们在过去仅仅一年内拍摄的照片数量就达到了几万亿张,远远超过了从前整个摄影史上拍摄的所有照片之和。摄像机发展的历程是漫长的。针孔相机(防光盒子的一端有一个小孔,另一端可以产生颠倒的影像)早在2 000多年前就为古时候的中国人和希腊人所知。到了17世纪,针孔已经被镜头取代,相机被用作绘画辅助工具。1614年,安杰洛·萨拉(Angelo Sala)发现粉末状硝酸银被太阳晒黑。19世纪初,托马斯·威基伍德(Thomas Wedgewood)、汉弗莱·戴维和尼塞福尔·尼埃普斯(Nicéphore Niépce)都曾成功地使用硝酸银拍摄过粗糙、不稳定的灰暗图像。尼埃普斯后来在白蜡板上敷上一层薄沥青,其暴露在阳光下会变硬;他拍摄的照片是现存最古老的照片。在尼埃普斯不幸去世后,他的合作伙伴路易·达盖尔(Louis Daguerre)继续使用银基工艺,并于1839年向法国科学院和世界宣布了第一项实用的摄影工艺。更多发展迅速跟进,其中最重要的是1884年美国人乔治·伊士曼(George Eastman)的摄影胶片,1901年伊士曼公司的柯达布朗尼相机将摄影技术推向了大众市场。

一个世纪后,一种引人注目的"颠覆性技术"彻底改变了摄影行业。人们可以使用电子阵列代替胶片来检测光。电荷耦合器件(CCD)是过去半个世纪中电子革命创造的众多奇迹之一,1969年由贝尔实验室的威拉德·博伊尔(Willard

第 4 章 今日科学

Boyle）和乔治·史密斯（George Smith）发明。将图像投影到一组非常敏感的电容器上，这个图像会为每个元素提供与其接收到的光相对应的电荷。控制电路将电荷从一个电容器转移到另一个电容器，并最终转移到电荷放大器和数字化仪。通过这种方式，图像被捕获并"读出"为数字形式，然后可以存储在内存芯片或计算机中。与摄影胶片相比，这种数字探测器产生的图像具有巨大的优势。它们更为敏感，可以即时查看（与摄像胶片需要数小时、数天或数周的时间相比），不需要任何消耗，并且可以轻松地在几秒钟内进行操作和复制，并发送到世界各地。回顾过去，数字技术的突飞猛进迅速使胶片黯然失色。最具讽刺意味的是，虽然柯达公司在 1975 年发明了数字摄影，并在 1995 年推出了第一款商用数码相机，但其坚持将胶片作为核心业务，然后于 2012 年破产。事实上，数字摄影在十年内几乎完全取代了胶片，这可能是历史上最快的"技术颠覆"。

尽管有时我们会不以为意，但现代汽车的发展的确是一个工程奇迹，它涉及多种技术，核心是内燃机。很难想象，现代汽车平稳无声的运动实际上是在几个气缸中每分钟发生数千次爆炸的结果，这些气缸用能量驱动车轮的旋转。与推进机制一样重要的是刹车的能力，这也需要很大的力，它是由液压制动系统提供的，基于帕斯卡定律和动能转化为热量的规律。自从卡尔·本茨（Karl Benz）于 1885 年开发出第一辆汽车,汽车的发展已经走过了漫长的过程。现代汽车是使用计算机辅助设计系统设计出来的,甚至在制造原型之前,就可以在复杂的计算机模拟中进行动态测试,装配线也高度自动化。如今,典型的汽车通过几十台"计算机"(中央处理器)控制多项功能,而且这个数字还会上升。事实上,汽车在技术成熟度上已开始向喷气式飞机靠拢,这或许不算奇闻,因为汽车在比飞机更拥挤、更复杂的环境中运行。在即将到来的自动驾驶汽车时代,对汽车的要求将变得更高。

当你去某个地方旅行时,可以在车上或手机上实时关注自己的位置,这是由美国国防部于1995年完成的全球定位系统(GPS)实现的。全球定位系统已经免费提供给世界各地的个人和商业用户,其他国家和地区如今也制造了自己的系统。GPS系统在任何时候都至少需要24颗卫星运行,这基于对时间的精确了解和卫星的准确定位。卫星携带非常稳定的原子钟,不管是在卫星之间,还是与地面时钟之间,都保持同步。它们连续地将其当前时间和位置传输到地面上的任何接收器,接收器必须至少看到四颗卫星,才能计算其位置(精确到几米)。很显然,许多领域的科学知识共同促成了这一点,包括原子钟的物理性质、对无线电波的理解以及将卫星送入轨道的技术。最深奥的物理学涉及爱因斯坦的狭义相对论和广义相对论:狭义理论预测卫星钟将因其速度而比地面时钟慢,而广义理论预测卫星钟将比地面时钟快,因为它们在地球上的高度使其经历的引力场较小。两种影响都必须进行计算，否则 GPS 的定位将以每天约 10 公里的速度累积误差。因此，虽然爱因斯坦的理论通常看起来与日常生活相去甚远，但如果没有这些理论，GPS 系统将毫无用处。

时间的概念最开始基于天体的运动，后来是基于钟摆的摆动，如今它基于保存在世界各地国家实验室的 400 个原子钟。这些时钟使用 GPS 和其他卫星通信网络不断相互比较，"时间"是所有这些时钟的加权平均值。原子钟基于的是原子改变能级时发出的精确频率，其中所涉及的原子物理学是由科学家尼尔斯·玻尔、阿尔伯特·爱因斯坦等人在一百年前提出的。国际时钟网络的同步精度为每天十亿分之一秒。现在正在开发更精确的时钟，在宇宙的整个生命周期（138 亿年）中不会增加或减少一秒。

飞机是如何飞行的？两个关键要求是速度和机翼的形状。速度由使用牛顿第三定律的喷气发动机提供。发动机中的燃料产生热气体，从发动机后部排出，这种热气体反应会推动飞机向前飞行。飞机机翼的形状使其具有升力。顶部是弯曲的，而底部是平滑的，这迫使通过顶部的空气比底部流速更快。科学家丹尼尔·伯努利（Daniel Bernoulli）于 1738 年首次发表了伯努利原理，上方移动速度较快的空气的压强低于下方移动速度较慢的空气，从而产生向上的力。

机翼的"迎角"可以提供更大的升力，当飞行员拉起飞机机头时,迎角会增加,从而使机翼下侧更大面积地接触气流。利用这一原理,飞机甚至可以上下颠倒。直升机依靠旋转的桨叶升力,叶片的角度可由驾驶员根据需要进行控制。直升机是已知最早的"飞行机器"。早在公元前400年,中国的孩子们已经在玩由竹片组成的飞行玩具,他们把竹片安在一根棍子上,双手搓动让棍子旋转起来,从而产生升力。在15世纪,莱昂纳多·达·芬奇设计了飞行机器,他考虑了垂直和水平飞行,并意识到仅靠人力并不足以维持水平飞行。尽管几个世纪以来人们进行了很多尝试,但直到内燃机发明成功后,在1903年,奥维尔·莱特(Orville Wright)和威尔伯·莱特(Wilbur Wright)才成功将持续载人的比空气重的飞行器用于水平飞行,路易·布雷盖(Louis Breguet)和雅克·布雷盖(Jacques Breguet)于1907年实现了垂直飞行。当然,从那时起,飞行器发展迅速。

相较于许多移动的物体,例如轮船、汽车、飞机、卫星和航天器等,陀螺仪这种装置是一个相对无名的英雄。我们熟悉的陀螺是一种儿童玩具,它起源于世界各地的早期文化。旋转中的陀螺由于惯性而继续旋转,牛顿第一运动定律的解释是,除非施加外力,否则物体的运动将一直持续。1852年,莱昂·傅科(Léon Foucault)使用陀螺仪(以及他著名的钟摆)来演示地球绕其轴线旋转。典型的精密陀螺仪是快速旋转的轮子,安装在两个或三个万向架上。无论外部框架的运动如何，轮都保持其方向，因此传感器可以检测任何加速度。近几十年来，陀螺仪越来越小型化。微机电系统（MEMS）是嵌入电子芯片中的微米级机械设备，它们使用振动元件而非旋转的轮子来检测加速度和方向，就像一些昆虫（例如苍蝇）一样，这种被称为振动陀螺仪。因此，陀螺仪技术已经从旋转轮发展到框架轮再到微电子。如今，陀螺仪有着大量的应用，包括保持船舶、飞机和航天器的稳定和导航，用于导弹中的制导系统，用于平衡车，开凿地下隧道，用于汽车安全气囊的激活以及维持摄像机和个人智能手机中的图像稳定。

粒子加速器最初是几十年前为研究粒子物理而开发的，但现在也有各种其他用途。目前，全世界有 30 000 多台加速器在运行。回旋加速器用于生产医用放射性同位素。同步加速器可以产生极强的电磁辐射束（EMR），可用于多种用途：生物学（分子结构）、医学研究（微生物学、癌症放射治疗）、化学（成分分析）、环境科学（毒理学、清洁技术）、农业（植物基因组学、土壤研究）、矿产勘探（岩芯样品分析、矿石研究）、材料（纳米结构材料、聚合物、电子和磁性材料）、工程（结构缺陷成像、工业过程成像）、取证（极小样品的识别）和文化遗产研究（古生物、考古学和艺术史的无损分析技术）。较高级的电磁辐射源是新建的 3.4 千米长的欧洲 X 射线自由电子激光（XFEL），其产生的 X 射线脉冲比传统同步加速器所能达到的亮度高出十亿倍。超快的时间分辨率使得在原子水平上跟踪高速生物成为可能。

我们现在常用的一些紧固件和黏合剂是从对大自然的观察中获得灵感的。1941年，一位瑞士工程师在树林里遛狗时，被黏附在衣服上的一种草籽所启发，制造了维克罗尼龙搭扣（Velcro）。他想到了在一块织物上固定许多尼龙小钩子来复刻这种机制，这些钩子可以轻易钩住另一块织物，然后可以轻松地拉开。1955年，他申请了维克罗尼龙搭扣的专利。如今，维克罗尼龙搭扣被广泛应用。我们之前介绍过，壁虎在光滑垂直表面行走的惊人能力吸引了许多人的注意，当人们了解这种机制后，很快将其复制并用于医用绷带和设备中，用于黏附和携带大块玻璃，释放后无任何残留物。但有一种物质即使是壁虎也无法黏附——特氟龙（Teflon），这是1938年杜邦公司的一位科学家在寻找无毒制冷剂时意外发现的。它是已知最滑的物质之一，能排斥其他物质，包括壁虎的脚。它最著名的用途是不粘锅材料，但也用于许多其他方面。另一个极端是，已知最黏稠的物质之一（氰基丙烯酸酯）于1942年首次被古德里奇公司的科学家意外发现，当时为了战争，他们正在尝试努力弄清楚塑胶枪的瞄准点。伊士曼柯达公司的研究人员在1951年重新发现了这种"超级胶"，这种"超级胶"迅速成名并被广泛使用。

最近，另一种形式的胶水受到了大自然的启发：蛞蝓黏液具有显著的特性，对医用黏合剂非常有利。某些蛞蝓会分

第 4 章 今日科学

泌一种黏性物质来抵御捕食者。一个国际科学家团队研究了这种黏液的特性。它是一种被称为水凝胶的基质,是一种主要由水组成的淀粉链网。静电相互作用、共价键和相互渗透是其具有强大的黏附性能的原因。因为它有弹性,所以可以在保持抓地力的同时随身体组织移动,用于外科手术时留下的疤痕比常规手术更少。它甚至可以黏附在潮湿的表面,在出血的情况下也有效。它可以注射,附着在跳动的心脏上,它会牢固地黏附在皮肤、动脉和内脏器官上,最终可能会在伤口修复中取代缝线。微小的蛞蝓对医学贡献重大。

当然,科学在当今的医学领域发挥着巨大的作用。但医学的科学化起步较晚,直到 19 世纪初,古希腊精神仍很大程度上是西方医学思想的一部分,而放血的悠久传统直到 19 世纪中期才消失。当时,公共卫生运动以其有组织和常识的方式开始对公共健康和寿命产生显著的积极影响。但是直到 19 世纪末,细致的科学研究才发现了几种疾病的病因。被忽视了近两个世纪的显微镜最终揭示了导致炭疽、霍乱和结核病等疾病的细菌。路易斯·巴斯德和罗伯特·科赫(Robert Koch)是这一领域的先驱,他们开创了"细菌学的黄金时代"。19 世纪 80 年代,巴斯德成功地生产了抗炭疽和狂犬病的疫苗,白喉抗毒素紧随其后。医学前沿已经转向实验室。

在科学医学领域,两个杰出的成功案例是胰岛素和青霉素的发现。发现胰岛素的道路非常漫长。糖尿病作为一种疾病已经存在了千年（今天仍然有 4 亿多病例，糖尿病是西方国家第七大死亡原因），但直到 19 世纪 60 年代到 20 世纪 20 年代的几十年里，糖尿病的病因才逐渐被发现。1869 年，人们通过显微镜对胰腺进行研究，进而发现了不寻常的物质团块，后来被称为胰岛。1889 年，人们发现切除狗的胰腺会导致其患糖尿病，很快就有人提出，胰岛可能在消化中起调节作用。1901 年，人们清楚地认识到糖尿病是由胰岛的破坏引起的，在接下来的 20 年里，人们一直试图分离出胰岛分泌的各种物质。1921 年，多伦多大学的弗雷德里克·班廷（Frederick Banting）想到了一种在胰岛被胰腺酶破坏之前从胰岛中获得纯提取物的方法，他和同事成功地提取了活性激素胰岛素（insulin，取自拉丁文单词 insula，意思是"岛"）。胰岛素的首次使用是在 1922 年，一名已奄奄一息的 14 岁男孩在注射胰岛素后迅速康复。同样引人注目的是，数名糖尿病昏迷患者经胰岛素和葡萄糖给药后苏醒。这些都是了不起的成就，拯救和改善了数百万人的生活。

青霉素被称为"有史以来最伟大的特效药""神奇药物"和"过去一千年最重要的发现"。它的发现引发了医学革命。苏格兰人亚历山大·弗莱明在 1928 年偶然发现了青霉素，这一点在前一章中已经提到。弗莱明做了充足的准备，并且制定了严格的规则来进行调查和跟进。但由于弗莱明的沟通能力很差，他的重大发现几乎没有引起人们的注意，直到 1939

第4章 今日科学

年，由澳大利亚人霍华德·弗洛里领导的牛津团队将青霉素进行提纯，并证明它可以治愈感染的小鼠和一些人类患者。在此之后，为了战争所需，青霉素得到了大量生产，尤其是在美国，到战争结束当年，每年可生产超过6 000亿单位的青霉素。青霉素在数天内治愈了感染、坏疽和肺炎，并挽救了数十万受伤士兵的生命。但这只是科学故事的开始。青霉素在第二次世界大战后被广泛使用，也有了快速发展，有人预测医学将在一代人的时间内彻底战胜人类所有的微观敌人。但微生物进化并对青霉素产生耐药性的能力令人非常惊讶。为了应对新的细菌菌株，科学家不得不生产新型青霉素。1945年，人们利用X射线晶体学确定了青霉素的化学结构，从而使设计新型青霉素成为可能。这些措施取得了成功，但最终人们清楚地认识到，致命的微生物永远无法彻底根除，它们的威胁只能被缓解。无论如何，青霉素都是一种非常成功的药物，据估计，它在20世纪挽救了数千万甚至数亿人的生命，并且仍在拯救更多的人。

如今，各种复杂的医疗成像设备被广泛使用。就像19世纪传统显微镜可以看到细菌一样，电子显微镜可以看到病毒，它们的放大倍数高达1 000万倍，是传统显微镜的5 000倍。其工作原理是用电子束照射目标，并以多种方式检测透射和散射辐射。继1895年威廉·伦琴发现X射线之后，X射线成像技术在过去一个世纪的大部分时间里都在使用。X射线束可以穿过人体，但致密材料（如骨骼）比其他组织吸收X射线的能力更强，因此它们在被放置于身体另一侧的数字探测器获得的图像上清晰可见。计算机断层成像（CT或CAT）扫描仪使用旋转框架，其中一侧包含X射线源，另一侧包含探测器。框架围绕患者旋转，因此可以通过计算机建立横截面图像，然后将不同角度的图像结合起来，生成3D图像。

正电子发射断层成像（PET）采用正电子发射示踪剂并将其引入体内，它发射能量非常高的光子（伽马射线），这些光子可以被检测到并再次制作成3D图像。磁共振成像（MRI）是基于某些原子核在外部磁场存在下对无线电波的吸收或发射，它是一种用途广泛的成像技术，没有X射线的危害（现在的危害是最小的）。超声是一种非常不同的成像技术，快速交变的电荷通过压电效应（发现于19世纪）在陶瓷元件中产生振荡，而压电效应又会产生高频声波（对我们来说因频率过高而听不见）。这些波的脉冲束瞄准目标，其反射回波是可检测的并且能够实时显示在二维画面中。这些都是令人印象深刻的复杂技术，它们的出现表明现代医学大量使用了先进的科学知识。

声音曾完全让早期科学家感到困惑。他们怎么能"听到"某人嘴唇的明显活动，或者一个罐子在地板上摔碎的声音？这些事件与他们听到的声音之间似乎没有明显的因果关系。声音的研究历史相当模糊，亚里士多德是有记载的最早提出

第 4 章 今日科学

声音以波传播的人之一，莱昂纳多·达·芬奇有时也被认为具有同样的见解。毕达哥拉斯发现，音高与拨动的弦的长度有关。伽利略更直接地发现，音高取决于波的频率。1640年，马林·梅森（Marin Mersenne）测量出声速。几年后，奥托·冯·格里克（Otto von Guericke）和罗伯特·波义耳证明了空气是声波传播的媒介：将响铃放入不含空气的真空罐中，会使其静音。因此，声波是在空气中传播的密度波。在过去的两个世纪里，人们用各种非常灵巧的方式让复制、操控和传输声音成为可能。

现代助听器是应用当前技术的有趣例子。标准的微型电池助听器包含一个微型传声器，用于检测声音并将其转换为电流，放大器和扬声器则通过一个小管子将放大的声音直接播放到内耳。在数字助听器中，放大器芯片将来自传声器的信号进行数字化，然后进行处理（就像计算机一样）以适应环境和用户的特定需求，从而发出更清晰的声音。降噪耳机是一种稍有不同的"助听器"，供任何听力正常的人使用。降噪耳机极大地减少了不必要的环境噪声（例如飞机中或吹风机附近的噪声），同时播放高质量的音乐。降噪耳机的原理很简单：通过传声器测量环境噪声，并生成恰好相反的波形，以实时提供近乎完美的消音；同时，用户可以根据需要享受无污染的音乐或无声环境。

人工耳蜗是一种非常不同且更加复杂的听觉设备，为深度失聪或严重听力障碍的人提供听觉。它绕过耳朵受损部位，直接刺激听觉神经。人工耳蜗由安装在耳后的外部装置和手术放置在皮肤下的植入物两部分组成。在外部装置中，来自传声器的信号传输至电子声音处理器，修改后的信号传输至发射器。在植入物中，这些信号由接收器通过电磁感应接收，接收器将其转换为电脉冲发送到电极阵列，电极阵列反过来刺激听觉神经并向大脑发送信号。目前，全世界已经植入了数十万个此类设备，成功率很高，尤其是对于幼儿失聪患者。美国国立卫生研究院认为人工耳蜗植入术是"过去30年中最具突破性的生物医学成就之一"。

心脏是生命的核心，在过去的半个世纪里，对于数百万人来说，他们的心脏也受到了科技产品——人工心脏起搏器的调节。当心脏的自然搏动或导电系统出现问题时，心脏起搏器可用于保持适当的心率。这个故事可以追溯到1889年的英国，当时约翰·麦克威廉（John Macwilliam）发现给病人施加电脉冲可以恢复正常的心律。1926年，澳大利亚悉尼的马克·利德维尔（Mark Lidwill）和埃德加·布斯（Edgar Booth）制造出了一种装置，用将一根针插入心脏的方式，抢救了一名死产婴儿。但当时公众对这种"干涉天性"的想法表示担忧。尽管如此，第二次世界大战后，心脏起搏器的发展仍在继续。加拿大电气工程师约翰·霍普（John Hopps）在1950年制造了第一个外部（经皮）起搏器，随后进行了一系

第 4 章 今日科学

列创新。1958 年，鲁内·埃姆奎斯特（Rune Elmqvist）和奥克·森宁（Ake Senning）在瑞典首次为一位心脏病患者植入了人工起搏器，该装置最初几次都失败了，但该接受者接下来在 86 年的生命里共被植入 26 个不同的起搏器，他比发明者和外科医生活得都长。如今最先进的起搏器是药片大小的无线起搏器，可以通过腿部导管直接插入心脏。

如今，孕育新生命方面也受到了科技的影响。当今，有 500 多万人是通过体外受精（IVF）"创造出来"的，在实验室中，卵子与精子结合，然后转移到母亲的子宫中。很快，可能会有十分之一的英国婴儿通过试管婴儿的方式出生。值得注意的是，数百万的人会把他们的存在归功于科学技术。第一位试管婴儿出生于 1978 年，英国生理学家罗伯特·爱德华兹（Robert Edwards）爵士因此获得 2010 年诺贝尔生理学或医学奖。另一个极端则是 1960 年推出的避孕药，它们在预防排卵方面非常有效，能够以可逆的形式抑制女性的生育能力。目前，全世界有一亿多名妇女使用过避孕药。

再生干细胞越来越多地被用于治疗或减少各种医学问题和疾病。最近，相关研究人员宣布了两项突破性研究。其中一项研究似乎可以成为多发性硬化症（MS）的"游戏规则改变者"。在多发性硬化症中，免疫系统攻击人的大脑和脊髓的神经。在该项研究中，有一组复发缓解型多发性硬化症患者，采用化疗消除有缺陷的免疫细胞，然后用患者血液和骨髓中的干细胞替代。经过3年的治疗，94%的患者可以病愈，而标准治疗对照组成功率为40%。患者将这种治疗方法称为改变生活的"奇迹疗法"：在他们需要轮椅或无法阅读之后，还可以再次过上正常的生活。另一个突破是关于视力方面的。白内障会导致失明，世界上最常见的白内障手术是用透明的塑料镜片代替患者浑浊的晶状体。这项新技术需要去除混浊的晶状体，但留下晶状体囊，这是一种使晶状体具有所需形状的薄膜，然后将附近的再生干细胞插入膜中，就会神奇地生长成一个新的、功能完整的、"活的"透明晶状体。该技术已成功用于两岁以下患有先天性白内障的婴儿，并有可能用于数百万患有白内障的老年人，使用他们自己的细胞恢复视力。

DNA现在也延展出许多使用方式。1953年实现DNA结构测定，20世纪60年代初实现遗传密码破译，2003年完成整个人类基因组测序，这些基本科学突破为DNA开辟了广泛的应用领域。其中之一是DNA测序（或"指纹识别"）。99.9%的人类DNA在每个人身上都是相同的，但也有一小部分不同，可以通过检查这些DNA来区分不同个体，在某些情况下可以识别罪犯或凶手。DNA测序还可以识别基因异常，并可以提供有关家庭成员和系谱的信息，包括祖先生活过的主要地理位置。

基因操作现在变得非常普遍，最早的应用之一是1982年

第4章 今日科学

在转基因（GM）作物中。其目标是在植物中引入一种植物原本不具备的理想的新特性，例如抗虫性和抗病性，以及减少作物腐败。操作方法包括"基因枪"和微量注射，将外源DNA（具有理想特性）注入植物细胞中，从而整合到植物自身的DNA中。最近还出现了一种更精确的DNA编辑技术——CRISPR。转基因这个概念已经被农民广泛接受，现在世界上超过10%的耕地种植了转基因作物；在美国，超过90%的棉花、玉米和大豆种植面积含有转基因品种。转基因技术大大降低了农药的使用量，提高了产量。科学家一致认为，转基因作物与传统食品相比不会对健康造成更大的风险，但普通公众中仍有许多人持怀疑态度，这种争议仍在继续。

基因治疗是一种通过修改基因组、替换或破坏缺陷基因，从源头解决遗传问题的方法。1972年，西奥多·弗里德曼（T. Friedmann）和理查德·罗布林（R. Roblin）发表了论文《人类遗传病的基因治疗？》（Gene Therapy for Human Genetic Disease?），但他们同时呼吁从事此类工作时要谨慎。20世纪80年代，人们开始了关于基因治疗的首次尝试，早期的失败削弱了研究的热情。然而，最近基因治疗领域取得了一些显著的成就，未来的希望也越来越大。2017年，美国食品和药物管理局（FDA）批准了两种癌症的基因治疗。在这两种情况下，患者自身的免疫细胞在基因层面被重新编写，以采用靶向治疗来杀死癌细胞。同年，FDA还批准了第一种针对遗传性失明的基因治疗，这种疾病是由单一缺陷基因引起的，治疗方法是使基因改造过的无害病毒携带健康基因，并将其送入视网膜。在英国，另一种基因工程病毒似乎很有希望治愈 A 型血友病（在严重出血时无法凝血）。最近，科学家使用CRISPR 直接编辑了人类胚胎的基因组，以删除和替换导致常见致命心脏病的单个突变基因片段。实验中的胚胎不能被移植，这项研究离临床应用还有很长的路要走，但它最终会为根除这一疾病和许多其他遗传疾病打开大门吗？这一切都只是开始，去除有害病毒的基因编辑的猪将来可能会为人体器官提供移植源，降低生育能力的基因可能会被植入害虫中。这种可能性似乎无穷无尽，但意外后果的潜在风险也会层出不穷，因此科学家必须谨慎行事。

两大基本类别的细胞之间有一个重要区别：体细胞是身体和组织的分化细胞，生殖细胞是参与生殖的细胞。体细胞基因治疗（SCGT）只影响个体，但生殖细胞基因治疗（GGT）是可遗传的，且遗传给所有后代。人们强烈反对 GGT，在许多国家都禁止 GGT。除了明显的医学危险外，人们对 GGT还有强烈的伦理担忧，因为这将增加（至少在原则上）具有某些"首选"特征的"定制婴儿"的可能性，这是一种令人厌恶的新形式的优生学。

材料科学现在是一个新兴领域，是化学、物理和冶金领域的交叉。它涵盖了陶瓷、聚合物、金属合金和半导体材料，是许多行业的基础。石墨烯就是一个典型例子。2004年，安德烈·海姆（Andre Geim）和康斯坦丁·诺沃肖洛夫（Konstantin Novoselov）生产了单原子厚的碳板。他们的论文两次被《自然》杂志拒绝（因为不可能），最终发表在《科学》杂志上。他们因这一重大进展获得了2010年诺贝尔物理学奖。石墨烯是迄今为止已知的第一种二维材料，也是迄今为止测试过的最轻、最薄和最坚固的材料（强度是钢的200倍）。它能导热和导电（远优于铜），近乎透明，有大量潜在的应用，包括灵活的半透明手机和轻型飞机。纳米技术比"传统"材料科学更深入，涉及在原子或分子尺度上对物质的操纵，已经产生了数千种应用（包括"壁虎胶带"）。

提到20世纪60年代"阿波罗号"载人登月任务，我们往往会想到复杂的轨道动力学（基于牛顿定律）、复杂的计算机（基于量子力学）和火箭推进系统（基于牛顿第三定律）。同样重要但相对来说不引人注目的则是用于制造大型推进剂贮箱的材料科学。登月飞船的舱体必须坚固又非常轻（因此很薄），也就是说不可能用前几十年的技术制造。阿波罗计划涉及大量科学技术的进步。

气象学是大气科学之一，为我们提供天气预报。在过去几十年里，只有当人们充分理解大气物理学并在其中使用大型计算机模拟时，天气预报才有了重大改进。模型的输入由陆地上的气象站和海上气象浮标、发射到对流层和平流层的无线电探空仪以及气象卫星提供，计算机模型每 10～20 分钟更新一次。现在进行天气预报仍然需要人工监测建模并解释结果，但在未来可能不再需要人类输入。

上面的例子只是一些简单的介绍。我们生活的各个方面，包括我们的家里、办公室、工厂、道路、桥梁、汽车、卡车、火车和飞机都包含无数其他科学应用。我们在自然世界中搜寻相关科学的内容及其工作原理，通过独创性、创造力和勤奋，将这些知识用于各种各样的应用，为自己谋福利。我们的科学知识和由此产生的技术继续以指数级速度增长。我们已经能够控制和适应周围世界的方方面面，从而大大改善生活质量。

值得注意的是，使我们生活的世界变得如此"现代化"的大多数技术发展都发生在 19 世纪末，与数千年的历史记录和数百万年的人类进化相比，这才不到两个生命周期。

事实上，如果要找出人类历史上最戏剧性的一百年，那可能是 1870 年至 1970 年。在这 100 年里，我们看到了电子的发现（所有电子学的基础）、爱因斯坦相对论的提出、宇宙及其膨胀现象的发现，量子物理学的发展，DNA 和遗传密码的发掘（所有生命的基础），人们发明了"无马马车"（汽车）、电话、收音机、飞机（从不能飞到能飞的突破）、电动洗衣机（解放劳动者的双手）、录音机（从未听过交响乐的人现在只要一按开关就能听到交响乐）、电影、电视、原子弹和原子能、计算机、喷气式飞机，所有这些都以壮观的1969年登陆月球而达到高潮，这是一项巨大的成就（尽管人们当时经历了两次世界大战和大萧条）。自1970年以来，除了互联网和通信的飞速发展，科学技术的发展并不那么明显和引人注目，但到目前为止，科学技术肯定在以更微妙的方式以惊人的速度发展着。

最后再提一下科学和技术。两者都是宏大的主题，但回顾科学似乎比回顾技术容易得多，因为现实只有一个，即从科学中可以开发出大量不同的技术。

4.7 科学与社会

上面的例子说明了我们日常生活中的无数事情多多少少都涉及科学。科学改变了我们的生活，并深深植根于现代文明之中。我们很难预计科学为社会增加的经济价值，但科学带来的价值显然是巨大的。科学就是知识，知识就是力量。除了有巨大效用外，科学还是一种伟大的人类智慧的胜利，可能是人类社会最伟大的成就。

科学原理本身已经成为一种通用货币。我们几乎都认同，某种东西在被接受之前必须经过测试。"循证知识"是金标准。即使电视广告也宣称他们的产品"已被科学证明"，"科学"一词显然意味着最终的认可标志,科学家是世界上最受尊重的职业之一。

大多数人都会惊讶地发现,好奇心驱动型研究迄今为止做出了最深刻、最广泛和最重要的贡献,比如说牛顿的物理定律、法拉第和麦克斯韦关于电磁学的工作、达尔文的进化论、爱因斯坦的相对论、支撑所有化学和电子学的量子力学、克里克和沃森发现的 DNA 结构(生命的基础),都是出于纯粹的好奇心。好奇心驱动型研究使现代世界成为可能,但即使在今天,为"轻率的"好奇心驱动型研究筹得资金也比为"严肃的"目标导向型研究更难。

多年来,人们对科学的态度各不相同。虽然今天没有人怀疑科学的力量,但人们已经且仍然对一些科学创造感到担忧。人们关注科学活动,并在看到潜在问题时发表意见,这是一件非常积极的事情。除了用于军事目的的科学研究外,科学研究会受到公众的审查,科学家自己也会在适当的时候公开批评其他人。如果有人认为一个或多个科学家正在朝着可能产生负面后果的方向前进,其他人会对此警惕。这种开放性是科学的优势之一。

公众对科学的兴趣非常重要。科学世界对青少年特别有吸引力,可以激发他们的兴趣和想象力。孩子们对天文学领域的行星、地理学领域的火山和生物学领域的昆虫感到兴奋,这可能会引导他们从事科学事业。成年人也会兴奋地发现新的科学技术发展。科学给了我们关于这个世界的宝贵知识，并且提高了我们的生活水平，人们对这一事实非常认同，因此他们愿意通过公共资金为科学事业买单。由于计算机、智能手机和各种传感器的广泛使用，"公众科学"正在兴起。稍微举几个例子，"公众科学"的早期形式是自愿将家用电脑上多余的处理能力连接起来，让专业人士更高效地进行计算或搜寻外星信号。但现在公众科学家更积极地参与科学的各个领域，比如检查图像和庞大的数据库，寻找异常现象，寻找天体事件，在线帮助折叠模型蛋白质和DNA，监测偏远地区的大气条件、空气质量、土壤条件或水温，进行野生动物调查，并记录动物的歌声、交流和行为。这是一种双赢的合作，使大众能够享受科学和贡献感，并扩大了科学家的工作范围。

在很大程度上，科学的进步并没有引起太多的涟漪。自科学革命开始以来，哪些重大事件引起了公众的关注？伽利略的小书《星际信使》当然可以算作其中之一，这本书包含了他的天文发现，迅速闻名整个欧洲。改变了世界的牛顿原理是另一个引发公众关注的科学发现。达尔文的《物种起源》这一部杰作非常引人注目，而且几乎立即被广泛接受。爱因斯坦的狭义相对论被视为科学上的一场革命，对太阳光弯曲的检测是一个壮观的事件，这是根据相对论预测出来的。当然还有原子弹，它在世界舞台上爆炸了。1953年DNA结构的测定引起了公众极大的兴奋。无论发生在何时，人工生命的创造都将是不朽的。地外生命的发现,比如最接近确认的火星上的微生物,将永远改变我们对自己在宇宙中位置的看法。

尽管如此,科学还涉及传播问题。我们生活的现代科技世界令许多人望而却步。尽管电力、计算机和飞机等奇迹无不彰显着科学的力量,真实性毋庸置疑,但在我们的日常生活和世界观中仍然存在着很多困惑。水中的氟化物真的安全吗?孩子应该接种疫苗吗?人类真的是类人猿的后代吗?我们对世界有着常识性的看法,而科学往往似乎违反直觉。那么,我们如何在生活中做出决定?我们试图保持理性,但很难压制自然信仰和社会信仰。人们更愿意依赖朋友和家人的意见,而不是专家、抽象的统计数据和冰冷的科技术语,这种倾向是可以理解的。我们想要绝对的确定性,我们在不安中接受科学知识总是暂时的。科学家也必须解决这些问题。他们必须将结果正式提交给同行审查,然后才能发布。通过这一过程,他们清楚地意识到这些高标准是为了确保大量科学知识的严肃性,这是人类所能做的最好的事情。科学既提供了最可靠的有用知识,也提供了一种基于证据做出决策的科学方法。众多科学家付出大量努力向公众解释科学的奇迹和力量,但仍任重而道远。

科学发展仍然伴随着很多质疑。地平说协会(Flat Earth Society)仍然存在。长期以来,一直有人声称"阿波罗号"

第 4 章 今日科学

登月是伪造的。半个世纪前被广泛接受的水的氟化仍然在一些组织中引发愤怒的示威活动。一些群体的反疫苗运动严重破坏了社会大众的免疫努力。尽管转基因技术并不比传统育种更危险,但人们对转基因作物的反对仍在继续。当然,还有一些人从内心深处反对人为气候变化正在发生的观点。怀疑者乐于与专家唱反调,阴谋论层出不穷,永不消亡。更险恶的是,怀疑论有时是由既得利益集团推动的,例如气候变化下的化石燃料行业,他们所要做的就是播下怀疑的种子。多年前,经过编辑和审阅的书籍、科学期刊和百科全书是获取科学知识的最高质量渠道。但在当今的世界里,假新闻、假科学和事实自由的"泡沫"令人眼花缭乱。互联网为科学怀疑者提供了比以往任何时候都更加容易的渠道,他们可以生活在自己的泡沫中,与世界各地志同道合的怀疑者一起放大自己的信息。这些都是我们的社会面临的新问题。

面对这些问题,科学只能做它一直在做的事情,也就是提供关于我们生活的自然和物质世界的最佳循证知识。重要的是要保持高专业标准,使科学知识体系始终是一个可靠、中立和公正的资源,每个人都可以平等地获取。

科学家的贡献得到了认可,每年都会为他们在科学领域的突破性发现和发展而颁发各种久负盛名的奖项。诺贝尔奖是迄今为止最著名的奖项,它赋予获奖者崇高的地位。1895年,瑞典人阿尔弗雷德·诺贝尔(Alfred Nobel)发明了硝化甘油炸药,并以此发家致富。他将94%的资产用于设立三个诺贝尔科学奖(物理学、化学、生理学或医学奖)和另外两个诺贝尔奖(文学奖与和平奖)。目前,诺贝尔基金会的总资产约为5.2亿美元,2017年每个奖项的奖金(通常分给两个或三个获奖者)为110万美元。每年,瑞典皇家科学院在考虑了全球数千名科学家的提名后,评选"为人类服务"的三项科学奖,并在斯德哥尔摩举行盛大的颁奖典礼,奖项由瑞典国王颁发。

虽然诺贝尔奖在表彰和促进科学方面大有裨益,但也存在争议。自第一届诺贝尔奖颁发以来的116年中,女性仅分别占物理、化学和医学获奖者的2%、3%和6%。还没有黑人获得过诺贝尔科学奖项。诺贝尔奖通常考虑科学家整个职业生涯以及获奖的发现。自1974年以来,诺贝尔一直没有追授过过世的人。从发现到获奖之间往往有很长的时间差(甚至长达几十年),而现在的获奖时间更是晚得多。由于一个奖项的获奖人不超过三位,在涉及数百或数千人的大型现代合作中,这对其他科学家似乎有点不公平。即使在最近(2010~2017年),仍然有超过三分之二的诺贝尔科学奖授予出生在欧洲(39%)和美国(30%)的个人。一些奖项备受争议。还有一种诺贝尔奖歪曲了科学的观点:它们忽略了许多其他前沿科学。

如今,其他一些领域也颁发了类似奖金丰厚的奖项。

1980年，瑞典实业家霍尔格·克拉福德（Holger Crafoord）及其妻子为诺贝尔奖未涵盖的学科设立了克拉福德奖（Crafoord Prize）。该奖项的金额为75万美元，每年轮流颁发给天文学和数学、地球科学和生物科学领域的科学家。与诺贝尔奖一样，瑞典皇家科学院选择获奖者，奖项由瑞典国王颁发（颁奖仪式的关注度低些）。最近还出现了其他一些大型奖项。2012年，尤里·米尔纳（Yuri Milner）和其他企业家推出了生命科学、基础物理和数学的奖项——突破奖（Breakthrough Prize），奖金高达300万美元，这是世界上奖金最丰厚的学术奖项。房地产开发商尹衍梁（Samuel Yin）设立的唐奖（Tang Prize）被视为亚洲的诺贝尔奖。对于这些奖项的动机、涉及的巨额奖金以及它们可能在纯粹的科学中造成的扭曲，一直存在一些争议。

* * *

科学和技术极大地改变了我们的生活和工作方式。工业革命把大量的人从农村带到城镇的工厂。那时人们对工业革命将在社会上造成的混乱感到非常愤怒，但这个世界已经适应了这些变化。1700年，只有19%的英国人居住在城镇；如今，90%的英国人居住在城镇。1800年，只有5%的美国人居住在城镇；如今，82%的美国人居住在城镇。1850年，67%的美国人居住在乡下的农场；如今，只有2%的美国人居住在农场。1960年，24%的美国工人从事制造业；如今，只有8%的美国工人从事制造业。造成这种现象的原因首先是大批人从务农变为去工厂工作，然后机器人抢走了工厂里的工作。最近，计算机也夺走了办公室的工作。然而，这个世界仍然适应了这些变化。这些变化有时被称为"颠覆性技术"。最近的一个极端案例是摄影：在短短的十年里，摄像机几乎完全从胶片变成了数字化，而柯达也破产了——在其巅峰时期有超过10万名员工。

反对机器剥夺工人工作岗位的历史可以追溯到数百年前。16世纪80年代，英国的制袜商协会反对引进织袜机，因为这将使他们的技能变得无处可用。在18世纪末和19世纪初，"卢德运动"（Luddite movement）强烈反对使用自动化纺织设备并毁坏机器，结果是政府规定可用死刑惩治破坏机器的工人。20世纪30年代，著名经济学家约翰·梅纳德·凯恩斯（John Maynard Keynes）预测，每周工作15小时将成为后代的常态。多年来，随着一波又一波新技术的引入，最终的结果是人们生活水平的提高、工资与生产力的同步增长、工人适应新职业以及较低或中等的失业率。

这种情况会永远持续下去吗？还是有一天会出现"一个没有工作的世界"？最近一些国家的民粹主义运动改变了国家政治，其中一个原因是无情的技术变革（与全球化一起）令人感到不安，人们产生了"被落下"的感觉。为了应对这一切，有关"全民基本收入"（Universal Basic Income，UBI）的讨论日渐增多，这笔收入由国家发放给所有公民，从而供养长期失业者。这个想法已经存在很长时间了，但最近获得了更多的关注，几个国家正在试行这种方案。为了引入UBI，瑞士实际上在 2016 年 6 月举行了一次全民公投，但被 77% 的选民拒绝。当时瑞士的失业率只有 5.1%，目前欧盟为 7.3%，美国为 3.8%，高度自动化的日本只有 2.5%，因此 UBI 的想法似乎为时过早，至少在作者所在的国家范围内，还没有迹象表明这个没有工作的新世界会到来。

这次会不同吗？我们是否处于一个转折点？机器人和"人工智能"很快就能做几乎所有的事情吗？近年来，科学与技术以空前的指数级增长，造就了功能强大的机器人和计算机，现在它们能够接管许多先前认为只有人类才能做的工作。最近一些非常复杂的研究表明，在发达国家，多达一半的工作可能在未来 10～20 年内被自动化取代。某项研究估计，到 2030 年，自动化可能影响全球多达 8 亿个工作岗位。这些工作大多是重复性和常规性的，包括运输和物流、办公室和行政支持、销售和服务以及生产中的劳动力。电话销售员、税务员、律师助理、快餐厨师、银行出纳员、数据录入员、档案管理员、信贷员、劳工和许多其他职业的人都处于高风险之中，从事这些工作的人往往受教育程度较低，工资较低。自动化风险最低的职业是那些需要显著认知、创新和社交技能的职业,这些与高等教育和高薪相关。医务人员、教师、律师、工程师、科学家、建筑师、人力资源和高级管理人员都属于这一类。

虽然自动化可以取代劳动力,但它也可以补充劳动力,产生全新的行业,从而提高生产力和促进就业。像以前一样,被解雇的劳动者应该有希望并且有能力做出转变,在这些新行业或其他行业中找到替代工作。形势在变化,劳动者必须适应。劳动者一生只有一份工作和一个雇主的时代正在迅速消失,未来的职业可能涉及一系列不同的工作。最大的危险是(到未来的某个时候)许多失业的劳动者可能无法再找到他们可以做但计算机和机器人不能做的工作,因为技术正在向食物链的上游移动,这些人将长期失业。这能永远避免吗?如果不能避免,政府最终将不得不减少每周工作时间,或引入UBI之类的形式。有人建议,可以通过"机器人税"支付UBI,将财富从机器人所有者重新分配给长期失业者。但失业是一个社会问题,而不仅仅是一个金融问题。未来的世界会是什么样子?我们只能祈祷社会适应科学和技术的不断演变,就像我们过去对未来的祈祷一样。

教育是保持领先的途径,在工作离岸外包的全球化市场中,这意味着世界各国之间的竞争。经济合作与发展组织(OECD)在其名为国际学生评估项目(PISA)的三年一次的调查中跟踪了世界72个国家和地区的教育系统的相对质量。2015年，来自72个国家的50多万名15岁的学生，代表2 800多万同龄人参加了两个小时的测试，在科学、数学、阅读、协作解决问题和金融素养方面接受了评估。科学领域排名前十的国家或地区依次为新加坡、日本、爱沙尼亚、中国台北、芬兰、中国澳门、加拿大、越南、中国香港和中国的"B-S-J-G"[一]。英国、德国和荷兰并列第15位，美国在第25位。在阅读领域，新加坡再次排名第一，其次是加拿大和中国香港。数学排名前三的是新加坡、中国香港和中国澳门。

科学教育不仅对崭露头角的科学家至关重要，它还是我们的遗产和文化的重要组成部分，公民、领导人和决策者必须充分了解科学的广泛概念及其在支撑现代技术和社会方面的作用，科学是知识经济的核心。但科学教育不仅仅是学习"事实"。科学教育是一种认知方式，它教会我们一种强大的思维方式：做出假设和实验，收集数据和证据，并使用逻辑推理来获得理解和知识。它教会我们如何在各个领域解决问题，分析和讨论对所有人来说都很重要的事情。科学应该成为每个人教育的一部分。

传统的科学教学方法也有其不足之处。这些教学方法关注的是基本事实、规律和理论，而不是更广泛的科学概念和科学"真理"的动态与演变性质，它们强调记忆而不是思考。

[一] B-S-J-G代表中国的北京市、上海市、江苏省、广东省。

这种教育方式可能很无聊。检测科学词汇或事实比检测科学理解更容易，这一点通过使用多项选择题来获得"正确"答案得到了强调，但这种方式淡化了科学教育。旧有的制度会奖励那些可能继续在更高水平上学习科学的人，而不是鼓励每个学生都从事科学，这导致世界各地的许多学生对科学和科学事业的兴趣下降。学校里的科学课程被视为抽象且无关紧要的，很少有人鼓励提出想法和自由讨论。科学课程也被视为一大难题（尤其是与数学结合时），为什么在有互动性更强、更有趣、困难更少的学科时还要学习科学？大家对科学家的刻板印象始终是：穿着白大褂的老人在实验室闷热黑暗的角落里拿着试管工作。公众和家长对科学漠不关心。

近年来，一些研究报告讨论了这种情况，以及可能的补救措施，其中包括美国国家科学院国家研究委员会发布的《将科学带到学校》（2007年）、联合国教科文组织发布的《当前基础科学教育面临的挑战》（2009年）以及经合组织发布的《2015年国际学生评估结果聚焦》等报告。下面简要总结了一些要点。

所有这些研究报告都强调，我们需要一种更具活力的科学教学方法。学生应该积极参与，而不仅仅是被动参与。旧方法侧重于传递信息，而现代方法包括讨论和理解概念。如今，我们可以在互联网上搜索信息，但我们需要知道如何使用它们。学生应该知道科学是如何真正完成的，知道那些包含直觉、创造力、发现和机缘巧合的非凡故事。当学生参加实验时，他们可以看到科学发生在眼前，他们可以感受到兴奋，甚至是激情。在批判性地讨论和解释结果时，他们就像科学家一样工作，这给了他们动力和自信。他们通过团队合作，产生决策和理性结论；他们正在掌握多种技能，可以应用于成年生活的许多领域。

教师是关键角色。他们的教学、领导和激励方式与学生的表现密切相关。芬兰模式是人们最喜欢的教育成功案例。在芬兰，教师是最有声望的职业。在芬兰有八所教师培训学校，只有十分之一的申请者能被录取，而且几乎所有培训过的申请者都会一直从事教师职业，直到退休。与类似教育程度的人相比，芬兰教师的工资较高。结果表明：芬兰在PISA科学分数中排名世界第五。在PISA的全部三个类别中都排名第一的新加坡，会通过最高级别的教育决策机构轮换优秀教师。继续教育很重要。教师得到了他们应得的尊重，这会进一步激励他们的教育工作。

除了教授科学的基本概念外，科学教育还发展了认知、评估和沟通技能，因此对于从事其他职业的学生来说，科学教育与从事科学职业的学生一样重要。在中国，从幼儿园开始，科学就是基础教育的核心学科。

现在比以往任何时候都更有可能获得外界对科学教育的支持。很多地方都有科学俱乐部和协会、科学博物馆、专业科学家参访、科学竞赛和科学博览会。但最大的发展来自互联网，互联网上有大量免费提供的材料，包括世界上最好的专家进行的实验和演讲，世界各地科学博物馆的网站，各个学校和科学协会的全球合作，以及全球科学竞赛。教师、研究人员和课程开发人员之间可以进行合作。这是一个全新的科学教育世界。

在这个拥有超过 80 亿人口的世界上，并不是每个人都有机会从事科学事业，甚至与科学接触甚少。无数人在科学上的潜力不断丧失，如果有机会的话，他们可能会在科学领域表现出色，这对全世界来说都是很大的损失。即使在当今社会，大多数科学活动都是由发达社会进行的，而且大多数科学家都是男性。

从第 2 章中可以清楚地看出，过去的许多科学家确实出身卑微，但他们大多是生活在西方世界的年轻人。世界其他地区现在正在奋力追赶，但仍然障碍重重。

在第三世界中，这种障碍是巨大的：贫穷、偏见、文化、语言、落后的教育以及几乎无法触及的机会。在这些国家的许多小村庄里，家庭和村庄生活是一切，外部世界相对而言是未知的。人们的受教育程度有限，期望值低，以家庭的直接需求为先。哪怕只是离开村子去当地城镇接受高等教育，也会被看作一次石破天惊的经历。各国政府和援助组织正在努力改善这种局势，但进展缓慢。

第 4 章 今日科学

在大多数国家都至少有几所大学，政府通过补贴和贷款努力使高等教育尽可能普及。但在许多国家，从事科学事业的机会很少，商业和银行业在财务方面的前景更美好，这吸引着许多人朝着此类方向发展。因此，许多想要坚持科学的人不得不做出艰难的选择，他们背井离乡，前往国外接受高等教育，开启新的职业生涯。

几十年来，印度有许多大学和顶级研究机构。但印度是个人口超级大国，有13亿人口，许多人仍生活在小村庄，前述的障碍在印度也存在。印度有一千多种语言和方言，其中22种是比较"官方"的；印地语是其中使用人数最多的语言，超过40%的印度人说印地语；印度是世界上第二大英语国家，拥有约1.25亿英语使用者，这是一个巨大的优势。然而，印度社会仍然存在基于种姓制度的严重歧视，尽管这是违反宪法的，为此，印度政府已经提供相关配额和其他决定性行动来支持较低的种姓。一直以来，人们普遍认为，许多卓越科学中心的存在最终会"渗透"到大众；但人们也已经意识到，更积极的"自下而上"方法才更能在最贫困的村庄找到才华横溢的年轻人。

即使在发达国家，许多来自贫困家庭的儿童也面临着很多问题：教育缺乏、家庭功能失调、被邻居和天资较高的同龄人阻碍以及上大学的资金不足等。其中一些问题经常与种族有关。科学课程可能在最昂贵的课程之列。美国顶尖大学每年的学费为 6 万美元。有各种各样的经济援助来源,例如父母支持、奖学金、助学金,学生也会做兼职,但这通常会影响学生在大学的成绩。在教育的金字塔——研究生课程领域有一些缓解措施,学生通常可以通过助学金和助教职位来支付学费。

世界人口的一半是女性,这个数量有 40 亿之多,但是多年来,女性在科学领域的代表性严重不足。在许多贫穷国家和发展中国家,女孩和妇女在教育和职业方面都受到很大的限制。在许多"先进社会"中,一些政府直到 20 世纪下半叶才允许已婚妇女工作(只有战争期间例外),甚至单身女性也基本上被排除在主要职业之外。截至 2016 年 11 月,在总共 911 位诺贝尔奖获奖者中,只有 49 个奖项授予了女性。

在过去几十年里,这种情况发生了巨大的变化。现在,发达国家超过一半的科学和技术专业学生是女性,2011 年,在美国物理、数学、化学和生物科学领域的博士中,女性分别占 20%、30%、40% 和 50%。现在,女性在学士和硕士学位毕业生中占据半壁江山。女性在欧洲核子研究中心(CERN)和欧洲南方天文台(ESO)等主要科学组织以及 IBM 和惠普等主要技术公司担任高级职位。当然,一些国家的最高领导人也曾为女性,包括阿根廷、澳大利亚、巴西、加拿大、智利、克罗地亚、芬兰、德国、冰岛、印度、印度尼西亚、爱尔兰、利比里亚、立陶宛、尼泊尔、新西兰、尼加拉瓜、巴基斯坦、菲律宾、韩国、斯里兰卡、瑞士和英国。因此，性别的玻璃天花板已经开始破碎，但仍然任重道远，尤其是在发展中国家。

4.8 科学的利与弊

科学家出于纯粹的好奇在世界上遍寻大自然的秘密，他们可能会在不经意间使一些潜在的危险发生。这有时是不可预见的，例如，当我们能够探究原子核内部和活细胞的细胞核内部时，就会发生这种情况。

当我们到达原子核内部时，我们发现可以从中提取能量。20世纪20年代，研究原子核的科学家纯粹出于好奇和极大的兴奋，人们并不担心这项研究会产生什么结果。在20世纪30年代，一些科学家开始意识到可以从原子核中提取能量，但最初，即使是爱因斯坦也怀疑这能否成为现实。核链式反应的概念最早由匈牙利人利奥·西拉德（Leo Szilard）于1933年提出。1938年，德国化学家奥托·哈恩（Otto Hahn）和弗里茨·斯特拉斯曼（Fritz Strassmann）发现了核裂变；莉泽·迈特纳（Lise Meitner）和奥托·弗里施（Otto Frisch）很快从理论层面对核裂变进行了阐释。恩利克·费米（Enrico Fermi）及其同事于1939年在美国完成了第一次核试验，西拉德和沃

科学的崛起

尔特·津恩（Walter Zinn）证明了链式反应是可信的。由于该领域的大多数科学家都曾在德国生活和工作，人们担心纳粹可能会根据这些进展研制出"原子弹"。西拉德起草了一封给罗斯福总统的信，警告他这种可能性，并建议美国应该启动自己的核计划；1939年8月，爱因斯坦被说服签署了这封信，为这项提议增添了很高的威望。曼哈顿计划由此诞生。

德国从未研制过这样的炸弹，曼哈顿项目却成功了。1945年7月，第一颗原子弹在新墨西哥州爆炸，随后的第二个月，在没有特别警告的情况下，美国在日本广岛和长崎投下了两颗原子弹，结束了第二次世界大战。

关于曼哈顿计划和相关科学家的观点，已经有很多书介绍过了。这项工作看起来前景很美好，但当可怕的破坏消息传来时，许多科学家开始内省，他们深感不安和内疚。1945年10月，原子弹之父罗伯特·奥本海默（J. Robert Oppenheimer）拜访了杜鲁门总统，说服他支持对核武器的国际控制。但是其他一些科学家仍继续研发更强大的氢弹⊖。

⊖ 原子弹基于铀或钚原子核的分裂，氢弹基于氢原子核的聚变以释放能量。随着物理学家对基础物理学的探索越来越深入，他们会发现更多释放大量能量的亚原子过程吗？经过近70年的进一步研究，答案是肯定的。2017年末，马雷克·卡尔林（Marek Karliner）和乔纳森·罗斯纳（Jonathan Rosner）发现，夸克（质子和中子的组成部分）也可以融合并释放出与氢聚变类似的能量，而在另一种情况下，这种能量是氢聚变的十倍。目前，夸克的寿命很短，无法实际应用。

第 4 章 今日科学

20世纪50年代，随着"禁止核弹"运动的展开，社会对核弹的担忧达到了顶峰。然而，即使在冷战结束几十年后的今天，我们仍然生活在世界核武库的阴影中，一个小小的失误就可能迅速导致核爆炸。

原子弹使每个人都意识到了科学的力量，但也让大家产生了深切的担忧，人们不仅关注原子弹，还关注科学的未来可能带来什么。每个人都应该停止从事科学吗？但如果科学不在一个地方继续发展，它无疑会在其他地方继续发展。越来越多的国家开发了原子弹，这不断提醒我们注意问题的严重性。

当我们进入活细胞的细胞核时，我们发现了生命的基础DNA。虽然这对科学来说是一个激动人心的基础发现，但它也为许多潜在的操作和应用开辟了道路。因此，遗传学是近年来引起人们关注的另一个科学领域，尽管公众的态度因具体应用和技术而异。基因测定收获了积极的回应，而克隆则收到了消极的回应（到目前为止，我们已经克隆了23种哺乳动物，包括人类的近亲黑猩猩）。如果将这种技术用在维持自然秩序上，人们的态度往往是积极的；而如果用在改变自然秩序上，人们的态度就往往是消极的了。基因研究的发展是渐进的，没有突然的冲击造成舆论危机。基因科学的有益应用正在增长，并预示着未来几十年医学的一场革命。

但是，某些发展仍然存在着重大争议，尤其是改变生物体 DNA 的基因工程。对植物和动物的选择性育种（进行了数千年）确实会导致基因组的改变，这算是一种基因工程，而它从未引起争议。但最近的一些创新引起了轰动。如上所述，转基因作物现在得到了广泛的应用，并具有一些优势。许多农民认为它们是有益的，科学家也认为它们不会对健康构成威胁，但许多普通公众仍持怀疑态度。前文提到的基因治疗涉及直接干预人类基因组，鉴于基因组和包含基因组的细胞的巨大复杂性，许多科学家和公众担心可能出现意外后果。还有人担心，基因治疗可能不仅用于治疗疾病，还用于改变或增强各种人类特征，例如外貌、体质、智力或性格。世界上的一些主要组织的主要科学家呼吁暂停可遗传的人类基因组变化，许多国家已明确禁止任何此类基因治疗。要改变这些观点可能需要很长时间，但同时，有些国家仍在进行这种研究。

关于基因治疗的争议非常广泛：宗教人士指责基因方面的研究者在"生命专利"问题上"扮演上帝"，在转基因作物的具体案例中，人们对监管过程、产品标签进行批评，对基因流动和其他生物体污染表示担忧，关注着一般的环境和健康问题。人们对干预事物的自然状态和破坏自然界的微妙平衡普遍存在着潜在的担忧。

十多年来，关于多能性胚胎干细胞的使用一直存在争议。这种干细胞是未分化的细胞，可以成为任何类型的细胞，并且可以多次繁殖。与以前使用的"成体"干细胞相比,它们有许多优点,但获得它们会导致胚胎的破坏。这引发了一场关于道德的抗议风暴。为了治愈许多患者而破坏胚胎是正当的吗?生命从什么时候开始?一些国家已经禁止使用胚胎干细胞,而其他国家仍存在争议。最近的发现可能会消除人们对胚胎干细胞的需求,而这项新的研究甚至有望开辟一种全新的可能性:至少在某些细胞中存在逆转衰老的可能。

人工生命是另一个极具争议的领域。人们在这一方向上已经采取了各种方式,生产出具有人工 DNA 的自我复制生物体,甚至是具有 6 种碱基而不是通常的 4 种碱基的全新遗传密码。诚然,这类研究令人兴奋,也许有一天会证明地球上的生命是如何由非生物分子形成的;但这也令人担忧,如果能创造出真正的人工生命,肯定会引起巨大的震动,因为这将产生严重且深远的影响。当然,这让人想起玛丽·雪莱(Mary Shelley)在 1818 年写的《弗兰肯斯坦》这部恐怖科幻小说,书中的弗兰肯斯坦是一位科学家,他创造了一种怪诞但拥有智慧的生物。

随着世界各地越来越多的实验室能够进行相对复杂的工作,以及人们可以使用 CRISPR 等更强大的工具,无意或有意制造致命病毒和大流行的可能性正在逼近。现在,业余爱好者可以使用与主流研究机构相同的许多技术来"DIY 生物学"。这是一个"车库生物学"的时代。恶果已经产生了吗?

人们已经做出努力来规范这一活动,但到目前为止,这些努力相对无效,自称为"生物黑客"的那些人觉得公开和透明比监管更好。

生物和化学武器对人类构成持续威胁。生物武器以细菌、病毒、真菌和毒素等致病剂为基础,它们的使用可以追溯到几个世纪以前。例如,在战斗中,感染瘟疫的尸体被扔到城墙上,或者给土著居民分发天花肆虐的毯子。1972年的《禁止生物武器公约》规定187个签署国不得发展、生产和储存生物和有毒武器,但仍有人对此表示担忧。虽然天花已经在世界范围内根除(1980年天花被根除,这是公共卫生的一次巨大胜利),但经批准的样本保存在两个实验室中,一个在美国,一个在俄罗斯,病毒总是有可能落入坏人手中。由于目前全球范围内几乎所有人都没有对天花的免疫力,少量释放一些细喷雾(例如在大型机场)就可能将该疾病迅速传播到全球。还有许多其他潜在的(可能是合成的)生物武器,由于有关其制造的信息在互联网上广泛可用,流氓国家或恐怖组织获取这些信息后将带来持续的危险。

化学武器不同于生物武器,使用有毒化学品可能造成伤害或死亡。例如芥子气、磷化氢气和各种神经毒剂,有些是几十年前试图开发杀虫剂的研究人员意外发现的。尽管联合国发起的《禁止化学武器公约》由187个国家签署,世界93%以上的化学武器储备已经销毁,但人们仍然担心一些国

第4章 今日科学

家还留有库存,以预防侵略者。有人认为,大规模的生物战或化学战不太可能发生,因为它可能会产生严重的不良后果,甚至导致全球大流行;然而,我们似乎永远不可能完全摆脱生物和化学武器的潜在威胁。

人们不会认为达尔文的自然选择进化论是危险的科学发展之一。然而,这种理论启发了达尔文的表弟弗朗西斯·高尔顿(Francis Galton)爵士在1883年提出了优生学的想法,以改善人口(尽管达尔文本人强烈反对这一想法)。人类可取的品质(假定是遗传的)应该受到鼓励,而不可取的品质应该受到劝阻。这一想法得到了广泛的关注,并在20世纪初在许多国家如火如荼地展开,仅在美国就有6万人接受了绝育手术。纳粹德国希望建立一个"纯粹的"雅利安种族,将优生学推向了众所周知的极端,表明了事情会变得多么糟糕。优生学在第二次世界大战后遭到辱骂并崩溃。好在现代基因分析揭示了过去社会之间发生的复杂互动,打破了古老的种族陈规定型观念。

现代信息技术的力量导致隐私有被暴露的风险。世界上巨大的计算机和数据库包含所有人的信息。银行拥有我们的储蓄账户、投资、信用卡号和金融交易的电子记录,保险公司知道我们的病史、房屋和汽车的详细信息。人们主动发布在脸书页面上的一切都将永远保留下来,这里有大量关于我们生活、朋友、活动、政治观点、担忧和愿望的详情。网络浏览留下了电子痕迹,网上购物提供了个人喜好等信息。智能手机总是知道我们在哪里,大量的安全摄像头可以使用人脸识别技术跟踪我们,医生和医院越来越多地分享我们的医疗细节。政府正在收集安全信息,包括指纹和照片,以及社会保障号码、护照号码和我们通过机场时的旅行轨迹。

我们逐渐默许了这些事情的发生,因为我们知道这些事情对我们有益,但它们也带来了新的危险。信息可能落入坏人手中,数亿人的数据可能会突然从一家大银行被盗,"身份盗窃"可能给受害者带来重大问题。一些政府机构正悄悄地、尽可能多地收集公民信息,这让人隐约想起乔治·奥威尔(George Orwell)在《一九八四》一书中描述的"老大哥"。关注这一点似乎有些牵强,但在过去,政府记录曾被用于邪恶目的,例如严密组织的荷兰市政记录,使纳粹很容易找到犹太人。在现代世界,隐私权的丧失是前所未有的。我们能忍受这一切吗?

人工智能是否对我们构成威胁?人工智能有"流氓化"和制造人类末日的危险吗?我们现在还是不能理解一些人工智能机器所做的决定吗?近年来,由于受到数十年前科幻小说的影响,以及目前尖端自学习人工智能系统和机器人技术快速增长的现状和潜力,人们对这种可能性的联想不断翻涌。当然,正如上一节所讨论的,人工智能是导致自动化取代人工工作的一个主要影响因素,也是导致上述隐私损失的一个主要影响因素。但是人工智能机器人距离科幻小说中描述的有意识和有感知的生物还很遥远（有些人会认为，即使在遥远的未来，这样的发展也是完全不可能的），因此这种担忧似乎是没有根据的。此外，人工智能毕竟只是人类的创造物（即使它们能够自我学习），人类可以始终掌控着它的"中止"按钮。尽管如此，建立一个监管环境来监控当前的发展仍是明智的，因为目前的发展每年涉及数十亿美元，而且要确保人工智能总是做我们希望它做的事情，而不是超出我们希望的范围。到目前为止，人工智能仍然是我们的朋友和仆人，它们出现在我们使用的电脑和智能手机中，在搜索引擎中，在人脸和语音识别中，很快就会出现在自动驾驶汽车和医疗诊断中。

据说，计算机与人的结合远比单独使用计算机或人类独自工作强大，在国际象棋这样的游戏中，计算机以难以置信的速度竞相完成所有可能的移动，而人类则增加了直觉和判断。人工智能与神经科学的结合已经开始显示出结果。通过一个脑机接口，一台计算机与嵌入大脑的芯片进行通信，一个身体残疾的人可以移动计算机光标，控制电动轮椅，并仅通过纯粹的"思维"来活动机械臂。研究人员已经可以区分简单的"想法"，比如使用功能性磁共振成像来区分网球和床。总有一天，计算机可以更普遍地"读取"人类的心理过程并服从大脑的指示，从而改变重度残疾者的生活，改善其他人的生活。在这一新领域，公共和私人投资正大规模增加。但人们对此也表示出严重的担忧。这一切会在多大程度上侵犯私人生活，并改变人类对机器的认知概念？我们如何划定界限？现在有人呼吁对这类研究进行监管，但在很多国家，有相当多的研究人员正在以各种方式推动这类研究，因此这可能不容易控制。

当然，在某一个领域，人工智能和机器人将不会是中性的。"杀手机器人"可能会在战争方面带来第三次革命；自主武器系统可以使武装冲突的规模比以往任何时候都大，时间尺度比人类想象的要快。它们可能会被恐怖分子和某些国家利用。自主武器系统目前正处于发展的尖端，有十多个国家正在开发它们。相关的硬件和软件都呈指数增长，这种"双指数"可能会迅速推动此类发展。2015 年，一千多名科学家和技术专家写信联名警告这种危险。2017 年，116 家机器人和人工智能公司的创始人向联合国发出一封公开信，敦促禁止发展类似化学武器的自主武器。

纳米技术是科学技术中一个令人振奋的新领域。它是指在以前未探索的参数空间领域中，在 1 到 100 纳米（nm）的尺度上对物质进行研究和操纵。理查德·费曼在 1959 年做了一次题为"于微纳处天地宽"（There's Plenty of Room at the Bottom）的演讲。1 纳米的下限由原子大小决定，上限接近细胞生命形式的大小和微米技术的规模。100 纳米以下的量子效应变得显著，出现了许多特殊的物理性质，因此纳米尺度涵盖了一个有趣的范围（在这个范围内，经典热力学与量子力学之间的确切边界存在争议，经典热力学与量子力学在现在的"量子热力学"中对抗）。纳米技术的应用非常广泛，从有各种应用的无源纳米材料到使用原子控制的功能性分子机器工程，并受到自然界中无数例子的启发。

20 世纪 80 年代的两项发展进一步促进了纳米技术的出现：一个是发明能够成像和操纵材料中单个原子的扫描隧道显微镜；另一个是发现所谓的"巴克球"（Bucky ball），这是一种由 60 个碳原子组成的自然存在的分子，排列在一个空心球体中，展示了可能出现的奇异现象。这两项发展的开拓者都获得了诺贝尔奖。在接下来的几十年里，各种各样的纳米技术产品开始出现，如今已达数千种。它们最初仅限于被动应用，例如化妆品、防晒霜、表面涂层、壁虎胶带、食品包装、服装、燃料和网球拍与飞机机翼中的纳米纤维，但很快可能包括各种传感器、储能、医疗、纳米电子学和其他方面。

费曼在 1959 年的演讲中讨论了纳米机器（"纳米机器人"）的可能性，但几十年来一直都是猜测（包括 20 世纪 80 年代科幻小说中的"灰潮"（grey goo）概念，即微小的自我复制机器人在所经之处吞噬一切的场面）。但是现在纳米机器人已经成为现实。2016 年诺贝尔化学奖授予"分子机器的设计和合成"这一成就。分子"纳米车"被中国科学院选为 2011

年全球十大科学发现之一。2017年，曼彻斯特大学制造了一种分子机器人，可以对其进行编程以构建不同的分子，它有一个可以操纵单个分子的臂。东京大学的一个团队最近制造了一种六速"分子变速箱"。未来几年，纳米技术将惠及所有人。

纳米技术的潜在好处是巨大的，但人们十分担心纳米材料的大规模工业化使用可能对健康和环境产生的影响。纳米颗粒是一种小到可以通过皮肤吸收的污染物，但如今它们已经被广泛使用。纳米纤维，例如石棉，如果吸入过量，可能会导致肺部疾病。与所有新技术一样，人们对纳米技术产品的长期影响几乎一无所知。有些人呼吁加强监管，但仍对该承担的责任感到困惑；与此同时，有人提议推迟批准、改进标签和增加安全信息。

技术的每一次进步都会带来风险。

4.9　全球影响

几百万年前，我们的祖先对环境的影响并不比其他任何物种大，他们与自然和谐相处。随着时间的推移，早期的工具使人类能够逐渐沿着食物链向上爬行，捕食较小的猎物，同时被较大的动物捕食。但第一个巨大的改变是几十万年前的生火能力。突然间，任何人都可以烧毁整个森林，烹饪可食用的植物和动物，并将景观改变为人类喜欢的草原。这是人类改变地球面貌的开始。

在祖先远离黑猩猩并形成物种以来，在 700 万年里，有 20 多个人属物种，智人只是其中之一。现在只剩下我们了，其他物种怎么了？智人进化出了优越的认知能力和语言，这是在大型社会群体中进行灵活合作的基本素质，虽然这其中确实发生了一些杂交（我们的 DNA 中有部分来自尼安德特人和丹尼索瓦人），但很可能是我们在资源方面超越了他们，或者通过暴力和种族灭绝将他们消灭。不管是什么原因，他们在我们的祖先出现后不久就灭绝了：约 5 万年前的丹尼索瓦人、约 3 万年前的尼安德特人和约 1.2 万年前的佛罗里斯人。最终，只有智人幸存了下来。

我们淘汰的不仅仅是近亲。我们在食物链上崛起，成为非洲和亚洲地区令人畏惧的动物，其他动物学会了避开我们。但当我们迁移到世界其他地方时，情况就完全不同了。在别处，大型本土动物对人类这种新来者没有天生的恐惧，因此很容易在相对较短的时间内被消灭。大约 5 万～6 万年前，人类首次入侵澳大利亚，结果那里几乎所有大型动物物种都很快灭绝，许多较小的物种也灭绝了。当人类到达其他地方时，也发生了类似的事情。北美和南美的大多数猛犸象和其他大型动物在 10 000 年前消失了，那是在人类穿过白令海峡、越过阿拉斯加冰川并在美洲散居不久之后。1 500年前,当第一批人类到达马达加斯加时,那里的大型动物迅速消失;大约800年前毛利人到达新西兰时,同样的事情也发生了。一波又一波的物种灭绝席卷了太平洋岛屿。只有少数偏远岛屿逃脱了这种命运,包括厄瓜多尔海岸外著名的加拉帕戈斯群岛。所以,很明显,人类引起的大灭绝要追溯到数千年甚至数万年前。人类成了地球上最致命的物种——"全球超级捕食者"。

一万年前在世界各地独立发生的农业革命引起了特殊而重大的变化。我们开始种植几种植物作为食物。这对植物有好处,但我们放弃了自由放养的狩猎-采集生活方式,用一生的艰苦劳动在小块土地上俯身照料植物,饮食受到很大限制。这对个人来说是一种损失,但对人类来说却是一种收获,因为人类的数量可能会增加,从而出现了村庄、城镇和文明。我们如今的大部分饮食仍然来自数千年前培育的植物——小麦、大米、玉米、小米、大麦和土豆。我们的祖先烧毁了森林和灌木丛,为农业开垦土地,这些受到特别优待的植物得以繁衍,而其他植物则被视为"杂草"。我们的祖先还驯养和饲养了许多动物,包括绵羊、山羊、牛、驴、马、骆驼、猪、鸡、狗和猫。它们被广泛用于食品、衣物、农场劳动、运输等领域,以及作为宠物被饲养。我们和选择的这些动植物,成了迄今为止地球上最强大、最具优势的物种。

第 4 章 今日科学

但这只是开始。我们当今面临的严重环境问题都源于几个基本因素:"发达国家"的人口过剩、高速发展和过度消费。一万年前,当人们开展农业时,只有几百万人口,罗马时代的人口为 2 亿,1800 年的人口为 10 亿,1950 年的人口为 25 亿,如今的人口已超过 80 亿。从罗马时代到 19 世纪,相应的人口年增长率约为 0.09%,从 1800 年到 1950 年为 0.6%,从 1950 年到现在为 1.7%。在过去的几百年里,人口的快速指数增长率与工业和技术的快速发展相吻合,两者的结合对环境产生了重大影响。

现在,供我们使用的食物生产覆盖地球 38% 的土地面积。其中三分之二用于牧场,驯养动物数量达数百亿,超过人类数量,远远超过任何野生动物。随着工业时代的到来,仅在过去几个世纪里,人类对地球和环境的影响就更大了。早期的工厂开始向大气中排放有毒化学物质,人们在整个地区修建铁路和公路,城市迅速发展,人们砍伐森林,修筑堤坝。我们已经建立了一个大规模能源消耗社会,以化石燃料和工厂、照明、供暖和空调用电为基础;我们建造了庞大城市,充斥着摩天大楼,制造了数十亿辆旅行用汽车和飞机,以及运输用巨型船只。还有很多类似的情况。

全球能源消耗在 1800 年至 1950 年间增长了五倍,仅在过去 65 年内又增长了五倍,指数增长率分别为每年 1.1% 和 2.5%。2016 年,基础能源消耗包括 34% 的原油、29% 的煤炭、25%的天然气、7%的传统生物燃料和6%的核能、水电、太阳能、风能和其他可再生能源。"石油峰值"一词是指石油产量的最高点，在此之后将下降。20世纪70年代初人们预测，到2020年会达到石油峰值，但新储量的不断发现和水力压裂技术的出现改变了这一等式。原则上，煤炭储量可以再维持几个世纪，但能源消耗持续攀升。

这一切的影响都是可怕的。我们不仅威胁到其他物种的生存，也威胁到自身生存。环境影响（I）的经典方程是 $I=P\times A\times T$，其中 P 是人口，A 是人均影响，T 是资源消耗和污染技术。人类究竟做了什么？

首先，人类被视为"第六次"大灭绝或全新世灭绝事件（Holocene extinction）的主要原因，估计造成的灭绝率高达正常灭绝率的数百倍甚至数千倍。之前的五次大灭绝发生在44 300万、36 000万、25 000万、20 000万和6 500万年前，每一次都有60%～95%的物种灭绝。其中两次可能是由气候变化引起的，两次是由超级火山引起的；导致恐龙灭绝的那一次，原因是一次大型小行星撞击。全新世（Holocene）是当前的地质时代，大约开始于11 700年前，恰好涵盖了从农业和最早文明的出现到现在的人类历史。据估计，在过去50年里，一半的野生动物已经灭绝；到21世纪末，剩下的一半物种也可能灭绝。

2017年，来自184个国家的15 364名科学家共同签署了一份题为《全世界科学家警告人类：第二次告知》（World Scientists' Warning to Humanity: A Second Notice）[一]的文件，该文件指出，"我们引发了一场大规模灭绝事件，这是大约5.4亿年来的第六大灭绝，在这场事件中，许多现有的生命形式可能会在本世纪末灭绝，或者至少濒临灭绝。"他们指出，"1970年至2012年间，脊椎动物的数量减少了58%，淡水、海洋和陆地种群分别减少了81%、36%和35%。"

该文件是1992年由1 700多名科学家签署的第一次告知的后续文件，参与者包括当时大多数诺贝尔奖获得者。1992年文件的起草者警告道，"如果要避免巨大的人类苦难，就需要我们对地球和地球上生命的管理做出重大改变，人类正在与自然世界发生冲突，我们正将地球生态系统推到其支持生命网的能力之外。"他们对一系列广泛的问题表示关切：臭氧消耗、淡水供应、海洋生物枯竭、海洋死亡区、森林砍伐、生物多样性破坏、气候变化和人口持续增长。2017年文件的起草者注意到，过去的25年中我们取得了一些进展：消耗臭氧层的物质急剧减少，人类生育率适度下降，森林砍伐率略有下降，以及可再生能源增长。但仍有许多工作要做。

生物多样性持续受到多种因素的影响，包括雨林和珊瑚礁退化、栖息地破坏、过度狩猎、过度捕捞、海洋酸化、污

[一] 文献（Ripple et al., 2017）。

染、外来物种入侵、传染性病害、传粉昆虫减少和气候变化。人类将入侵动植物物种引入已建立的生态系统,对大片地区的原生动植物群产生了巨大影响。各国的道路和基础设施网络对自然栖息地和物种生存产生了重大影响,空气、水和土壤的退化和污染是主要因素。农药对生物体的影响远超预期,它们可能导致广泛的土地和水污染,许多对生态系统的破坏可能会产生微妙而深远的影响。

地球上一些丰富的环境已经严重退化。为了给牲畜提供土地,数百万英亩的雨林遭到破坏;日益增长的肉类需求一直是森林砍伐和栖息地破坏的主要驱动力。砍伐森林不仅消除了重要的碳汇,还将直接影响全球气候。珊瑚礁在海洋中的作用相当于热带雨林中的树木,许多生命生活在其中。但由于海洋变暖、酸化、过度捕捞、珊瑚开采、污染和其他因素,全球的珊瑚都在死亡。世界上10%的珊瑚礁已经死亡,还有60%以上处于危险之中。多年来,由于杀虫剂、化肥、采矿以及各种化学和其他工业污染物——清洁剂、气溶胶、铅等许多污染物,世界上的大部分地区都在退化。据估计,世界上40%的农业用地已严重退化。不可降解塑料是现代社会最臭名昭著的废物。有人提出,在几十年内,海洋中的塑料可能比鱼类还多。未来几年,淡水供应将成为许多国家的一个重大问题。

最重要的是气候变化,因为它几乎影响到世界上的一切事物。自工业革命开始以来，由于化石燃料的燃烧，大气中的二氧化碳含量增加了约 40%，其中大部分增加发生在 1970 年及以后。二氧化碳是一种"温室气体"。与传统温室一样，来自太阳的能量以可见光的形式到达地球表面，然后以红外波长的热辐射的形式从表面重新辐射出去；其中一些热辐射被大气中的温室气体吸收和捕获，导致全球变暖和气候变化。从 1880 年到 2012 年，全球平均气温上升了 0.85 ℃。

联合国政府间气候变化专门委员会（IPCC）代表了 2 000 多名科学家的观点，在其 2014 年的报告中得出结论："人类对气候系统的影响是明显的""最近人为排放的温室气体是历史上最高的""气候系统的变暖是明确的"。

人口和经济增长是二氧化碳排放增加的主要原因。世界人口继续增长，人均消费也在增长。未来的发展方向是什么？联合国给出了三个人口预测，分别假设高、中、低生育率；按这些前提预测 2100 年的人口将分别为 165 亿、112 亿和 73 亿。从当前人口简单推断，未来几十年人口必然会不断增加（人口惯性）。但是，地球究竟能支持多少人口（以其承载能力）？相关推测的估值差异很大，因为它们取决于许多未知因素，特别是目前发展中国家（人口增长最快的国家）未来的人均消费量。联合国在 2012 年总结了 65 个不同的估值，发现最常见的估值为 80 亿。很明显，人口增长将是任何关于未来发展的讨论中的一个关键因素。

从 1972 年到 2010 年，化石燃料的燃烧和工业生产产生了约 78% 的总温室气体排放。主要化石燃料是石油、煤炭和天然气。世界上大部分石油用于运输，其中道路运输是气候变化的最大原因，也对空气质量产生负面影响，造成雾霾和酸雨。铁路运输的污染程度较低。航空运输产生的微粒和气体会导致气候变化，乘飞机出行人次快速增长是一个主要问题，一些人呼吁对航空出行征收特别税。航运的温室气体排放和石油污染都会对环境造成破坏。石油对几乎所有形式的生命都是有毒的，但它几乎出现在现代社会所有方面。世界各地的许多发电厂仍在使用煤炭，而且污染严重。因此，即使不考虑气候变化，化石燃料也有很多负面影响。

气候变化是全球性的，其后果也是全球性的。它对一切都有影响，从冰川、湖泊和海洋到生态系统、粮食生产和人类福祉。它显著增加了极端天气事件的频率和严重性：热浪、干旱、洪水、龙卷风和野火，并最终产生持久的变化。吸收二氧化碳导致的海洋变暖和酸化将对海洋生物和珊瑚礁产生越来越大的负面影响。很大一部分物种面临着更大的灭绝风险，因为它们无法跟上气候变化的较快步伐。

全球变暖最明显的影响之一是世界各地山脉的冰川以及格陵兰和南极洲的冰原融化。加上变暖的海洋的热膨胀，海平面逐渐上升。在最新的 IPCC 报告中，预计到 2100 年，海平面将上升 30 厘米至 1 米，如果二氧化碳排放继续下去，一些地方估计将上升 2 米。由于极端天气事件日益频繁，潮汐、海啸和风暴潮进一步加剧了这种影响。生活在沿海地区和城市的人面临严重风险。人口在 100 万或以上的 130 个沿海城市中，有些可能会被淹没，而后整个国家可能会消失（例如，马尔代夫由海拔仅为 1.3 米的 1 100 个岛屿组成）。太平洋地区一些低洼岛屿的珊瑚礁、海滩和农业已经受到严重影响，那些岛屿上的人们已经开始迁移；孟加拉国即将面临这样的重大灾难。

IPCC 估计，从现在起到 21 世纪末，在温室气体排放量非常高的情况下，全球气温升高将超过 5℃，在严格控制温室效应的情况下，温度也会升高 1℃ 以内。有关气候的《巴黎协定（2015）》旨在将 21 世纪全球气温上升控制在远低于 2℃ 的水平，并力争比工业化前的水平低 1.5℃，近 200 个国家签署了该协议。

即使完全停止人为排放温室气体，气候变化的许多影响仍将持续几个世纪，已经造成的大部分破坏在数百至数千年的时间尺度上是不可逆转的，除非大部分二氧化碳可以从大气中清除。气候变化意味着海平面上升将持续数个世纪，海洋酸化也将持续数个世纪。其他大规模现象，例如生物系统、土壤碳和冰原也会产生长期的影响。

"末日时钟"是一群原子科学家在 1947 年发明的概念。它每年更新一次，最初旨在表明全球核战争的威胁，但自

2007年以来,气候变化和滥用新兴技术和生命科学的潜在威胁被包括在内。一开始时钟被设定在距"午夜"7分钟,并持续了多年;1991年时钟被拨回到距午夜17分钟,达到了最"乐观"的时刻,当时美国和苏联签署了第一份《削减战略武器条约》,苏联正式解体。然而,到2018年初,时间已经到了午夜前的两分钟,这象征着极大的危险。

科学当然在上述所有问题中都有参与,因为它给了我们知识,而这些知识又是所有技术的基础。因此,科学一直是一个推动者,它给了我们巨大的力量。至于如何使用这种力量,是好是坏,完全取决于我们。不出所料,我们在滥用科学,特别是在过去两个世纪里,现在我们必须正视后果。

但科学也可以成为解决方案的一部分。因为我们能够科学地衡量和理解我们对环境的影响,意识到我们所做的事情,改变方向,减轻影响,并在(但愿是)大多数情况下扭转影响。目前,我们已经取得了一些显著的成功。

臭氧就是其中之一。目前人们对气候变化成因和应对措施的担忧让人想起30多年前关于氯氟烃(CFC)与保护性臭氧层变薄之间假定联系的辩论。在发现南极洲上空的臭氧空洞,以及将臭氧空洞与氯氟烃联系起来的有力证据之后,这个问题最终得到了解决。一些国家签署了一项控制氯氟烃生产的国际协议,开发了危害较小的替代品,臭氧空洞正在缩小。

第 4 章 今日科学

科学、技术和知识对人类生存和福祉产生巨大影响的一个引人注目的例子是"绿色革命"。到了 20 世纪 60 年代末,人们认为全球粮食危机迫在眉睫。1968 年,美国生物学家保罗·埃尔利希(Paul Ehrlich)出版了《人口炸弹》(*The Population Bomb*)一书。他在书中预测,20 世纪 70 年代将有数亿人饿死;此外,加上罗马俱乐部 1972 年的畅销报告《增长的极限》和 1973 年的石油危机,人们产生了强烈的不安感。但到那时,绿色革命已经开始了。这是几十年来人们对高产和抗病作物,特别是矮秆小麦和水稻品种的研究和开发的高潮,结合了合成肥料、农药和新的灌溉与栽培方法的先进思想。美国农学家和遗传学家诺曼·博洛格(Norman Borlaug)被称为"绿色革命之父",1970 年被授予诺贝尔和平奖,并被认为是拯救了 10 亿多人免于饥饿的功臣。

关于如何解决气候变化问题,有各种各样的推测性想法。其中之一涉及通过"负排放"从大气中去除大量二氧化碳:种植大面积快速生长的植物和树木,用于从大气中提取二氧化碳,然后在发电厂中燃烧,捕获二氧化碳并将其储存在地下。另一个是直接冷却大气。人们已经注意到,像 1991 年的皮纳图博火山爆发那样强烈的喷发有时会暂时冷却大气。这种冷却现象可能被人为地创造出来,以永久性地对抗温室气体的变暖效应吗?人们的想法是,平流层气溶胶由二氧化硫气体形成,二氧化硫气体被氧化成硫酸液滴,硫酸液滴反过来反射阳光，减少能量至较低水平，从而使其冷却。这种过程（对臭氧层有影响）是危险的，长期以来是许多科学家的禁忌，但现在有部分人支持有限的研究，并准备对下一次大喷发进行大量观察，以更好地了解"工程冷却"的可能性。

随着人们对环境问题的认识不断提高，政府和社会都表示会尽可能纠正，在一定程度上改变行为。在过去的几十年里，许多航道都被清理干净了。人们越来越重视物种保护；运输行业越来越重视能效和减少污染，趋势是公共交通、电动汽车和自行车的使用增加。废物的回收利用工作推进，创造了新的有利产业。从白炽灯到 LED 照明的巨大转变正在进行，显著节约了能源。我们仍有许多工作要做，但现有举措已令人鼓舞。正如汉斯·罗斯林（Hans Rosling）和斯蒂芬·平克（Stephen Pinker）等演讲者和作家所指出的那样，有许多迹象表明，整个社会正在向着更美好的方向前进。

人们正在采取重大措施，戒除化石燃料，转向可再生和清洁能源。太阳能电池板的成本持续下降。斯旺森定律（类似于电子学中的摩尔定律）指出，太阳能组件的价格随着产量的增加而有所下降，产量每翻一倍价格将会下降 20%，目前已从 1977 年的每瓦特 77 美元下降到 2014 年的 0.36 美元。在一些国家，太阳能已经比电网中的化石燃料电力便宜。风力发电对环境的影响可以忽略不计，并与其他土地利用兼容，但大型风力发电场可能会对景观造成破坏，它们永远无法提供我们所需的大部分能源。水力发电也是清洁的，但大坝可能对许多物种和环境产生负面影响（尽管它们也有利于饮用水、灌溉和防洪）。由于放射性燃料废物、核电站事故的危险以及由此产生的半衰期很长的污染，核能（指核裂变）对能源的贡献仍然很小。欧盟现在 30% 的电力来自可再生能源（超过煤炭），到 2030 年，这一比例将上升到 50%。

核聚变能有望成为满足我们能源需求的长期解决方案。这是为太阳提供能量的过程。核反应堆的燃料是氢同位素氘和锂，它们都可以从海水中获得，在数百万年甚至数十亿年的时间内都能提供能量，且反应只产生无害的氦。聚变本质上是安全的，但很难持续进行；一旦出现差错，核聚变就会停止。中子辐照反应堆壁有一些放射性废物，其半衰期只有几十年；相比之下，核裂变反应堆则会产生几十万年的放射性废物。半个多世纪以来，聚变一直被吹捧为"未来"，但人们目前已经从中学到了很多东西，并且一些令人期待的项目已初具雏形，特别是一个国际联盟（成员有欧盟、中国、俄罗斯、美国、印度、日本和韩国）正在法国建造的价值 200 亿美元的国际热核聚变实验堆（ITER）；如果成功，第一个商用聚变反应堆有望在 2050 年上线。聚变功率不会导致全球变暖，世界目前的能源使用量仅为太阳能的 0.02%（即使所有国家的人均消耗率与美国相同，也仅为 0.1%），与阳光相比，这一项消耗微不足道。我们只能希望，现在纠正发展路线为时未晚，我们要保证地球及其生物圈的可持续发展，为未来的人们守住家园。

4.10 科学和科学哲学

　　有趣的是，科学家与科学史学家和哲学家之间的交流较少。今天的大多数科学家从未上过任何科学史或科学哲学课程，他们完全沉浸在当前的科学前沿和自己的科学研究中。

　　科学家最初是科学哲学家。他们被称为自然哲学家，是研究自然世界的人。从古希腊到伊斯兰和中世纪以及科学革命，科学方法的推广在现代科学的建立中起到了非常重要的作用，自然哲学家解决了许多与知识和现实世界有关的基本问题。到了19世纪，自然哲学被称为科学，自然哲学家被称为科学家。我们现在所知道的科学哲学后来成为一门独立的学科分支，哲学家从外部研究科学的原则和实践。

　　20世纪科学哲学的第一次主要运动是由逻辑实证主义者发起的。他们非常钦佩科学的严谨和进步，并愿为此努力建立一种新的、宏大的"科学哲学"，这种哲学强调验证、逻辑和意义，包括数学、语言、科学以及哲学。他们甚至还考虑将数学简化为一个逻辑系统，该系统可以对所有物理进行编码。但是，这些伟大而革命性的思想在过去几十年中逐渐被后来的逻辑学家和哲学家所侵蚀，从逻辑实证主义到较弱的逻辑经验主义，最后变为科学哲学中普遍表达的观点。逻辑实证主义者和普通公众一样，认为科学的进步在于不断累积、创造更多的知识。但他们认为导致科学假说的历史事件（通常是复杂的）无关紧要；对他们来说，最重要的是验证过程。

对大多数科学家来说，20世纪最著名的科学哲学家是卡尔·波普尔，他是逻辑实证主义的主要批评者之一。他坚决抵制他认为属于是非科学或伪科学的主张，例如西格蒙德·弗洛伊德（Sigmund Freud）的主张。在波普尔看来，有的说法包含任何可能的结果，因此它们既不能证实也不能否认。如前所述，他坚持科学理论必须是可证伪的。也就是说，理论必须做出预测，因其有可能被任何与之相关的观察或实验证明是错误的。可证伪性是现代科学中的一个重要标准。

波普尔还认同18世纪哲学家大卫·休谟的观点，即基于归纳法（包括大多数科学和日常生活）的理论永远无法得到绝对证明。归纳法涉及外推法。无论有多少实验或观察支持，基于自然界有限样本的理论永远无法被证明适用于所有样本。波普尔曾试图构想一种只涉及证伪的科学方法，这种方法将是真正的演绎方法，可以得出经证明绝对正确的理论。

托马斯·库恩（Thomas Kuhn）被视为20世纪最有影响力的历史学家和科学哲学家。他所著的《科学革命的结构》（1962）一书改变了哲学家看待科学的方式。在此之前，科学哲学已经"净化"了科学,忽略了其先行假设的一切"无关紧要"的东西,只验证了过程的正当性。科学的累积性在当时被认为是理所当然的。库恩采取了一种正交的观点,在这种观点中,历史起着主导作用,科学的进步不是顺利的,而是处于革命中。

在库恩的简单模型中,科学经历了一系列革命;期间也有相对平静的时期,可以进行"常态科学"。每个时期都有一个普遍的"范式",那是科学家当时的世界观,决定了他们做什么以及如何做。库恩把这些时期的工作称为"解谜",他的意思是,就像报纸中的谜题一样,(通过范例的存在)几乎可以保证谜题都有解决方案。科学是在这种范式的背景下进行的,科学家决不能质疑或超越范式进行思考。库恩认为,通过这种方式,"常态科学"是有效且累积的。

随着时间的推移,"常态科学"开始揭示范式中的异常。首先,其被假定是科学家的错误造成的。随着错误数量的增加,范式本身显露出问题,于是出现了危机。在这一阶段会出现一些该范式的替代方案,并最终留下一种看起来最有希望的方案。新旧范式的支持者之间爆发了斗争,这就是一场革命。这些范式可能是"不匹配的",具有不同的价值观和标准,而反对者彼此"对话"。最终,新范式得到了最多的支持,革命结束。在新范式的背景下,大多数科学家转向"常态科学",而那些被抛在后面的人要么离开这个领域,要么消

第 4 章　今日科学

失不见。这个情境会一次又一次地重复。

　　库恩的模型看起来有些呆板和刻意。在某些情况下，他强迫事实符合他的模型。他在某些领域采取了极端立场。他厌恶教科书"掩盖"科学的真实历史。他的"危机"持续数十年、数百年甚至数千年，而不是几年。他觉得在所有的革命完成之后可能没有知识的净增长。他对历史的掌握令人印象深刻，但他的例子主要是哥白尼、牛顿、拉瓦锡和爱因斯坦，很少提及达尔文、法拉第和麦克斯韦。然而，库恩的书产生了巨大的影响，销量超过 100 万册，并被列入 20 世纪的最佳书籍名单，不仅在科学哲学领域，而且在社会学和其他人文学科领域都很有影响力。库恩的书出版后立即涌现了严厉的批评和激烈的辩论，他花了数年时间软化了一些比较极端的立场。他最持久的贡献是"范式"和"范式转换"这两个术语的普及。

　　对于实践者来说，库恩的模型可能有些古怪和陌生。如第 3 章所述，各种规模的革命和范式层出不穷，但科学远不止如此。科学家对他们努力"跳出固有思维"的范式完全不熟悉，他们希望成为第一个在科学领域开启下一次重大变革的人。发现在科学中起着重要作用，而在库恩的模型中几乎没有什么描述。虽然库恩的书对哲学产生了巨大的影响，但并没有影响到科学的进程。

　　20 世纪 60 年代至 70 年代，一个名叫保罗·费耶阿本德

(Paul Feyerabend)的反对者突然出现。他反对库恩的"常态科学"概念,他认为这影响了科学家的自由,并出于同样的原因批评了科学方法本身。他认为库恩的范式不能限制科学家,因为他们总是在寻找新的想法。他在1975年出版的《反对方法》(*Against Method*)一书中引入了"无政府主义认识论"一词,反对对科学的任何规则和约束,主张科学家的自由思考、创造性和机会主义。他的方法被描述为"一切皆有可能",这意味着在他看来,科学不可能有严格的定义。

在过去的一个世纪里,科学哲学中的一个重要辩题来自科学现实主义者和反现实主义者之间的争论。例如,现实主义者认为电子和缪子等亚原子实体在物理上是真实的,而反现实主义者则认为它们可能只是有用的概念,仍应对此做出假设、预测并进一步发现。现实主义立场符合常识观点,即科学正在发现"外界"的真实事物。反现实主义者认为那些事物可能是真实的,也可能不是真实的,没有办法决定,因此他们持不可知论。

这两种立场都有论据。现实主义者认为,由于电子和缪子的理论非常成功,除非这些实体确实存在,否则这将是一个惊人的巧合。反现实主义者指出,过去有一些成功的理论假设,例如燃素、卡路里和以太之类的东西,但事实证明这些理论是错误的。现实主义者的另一个论点是,在不可观察领域和可观察领域之间划出明确界线是不可能的。这是一个

第4章 今日科学

连续统一体，因此可将电子和缪子视为和难以看到的细菌和树木一样的存在。反现实主义者认为，假设这些实体的理论是非唯一的，还有许多其他理论同样可能很好地解释这些数据。现实主义者指出，成功的理论非常罕见，科学家甚至很难找到符合数据的理论。这些辩论仍在继续。

一些从事实际工作的科学家也花时间思考古希腊人感兴趣的科学基础问题。一个突出的例子是爱因斯坦，尽管他是量子力学的创始人之一，但后来对其影响感到非常不安（与许多其他物理学家不同，他们的座右铭是"最好闭上嘴，认真做计算"，因为量子力学的预测非常正确和精准，而且还有很多事情要做）。量子不确定性意味着亚原子世界由概率决定，而爱因斯坦曾说过"上帝不掷骰子"。他认为一定有某种更深层的潜在现实，在这种现实中，严格的因果关系决定了事件。20世纪30年代，爱因斯坦与尼尔斯·玻尔进行了多次讨论，皆无疾而终。令人费解的是，1935年，爱因斯坦和两位同事发明了一个"思维实验"，这似乎与量子理论的预测在原则上相矛盾，尽管他们从未想过会进行这样的实验。1963年，物理学家约翰·贝尔提出了一个具有独创性的可信实验版本，在接下来的十年里，这个实验得以实施；量子理论被证明是正确的，爱因斯坦是错误的。这个结果也因爱因斯坦的坚持而催发，是物理学向前迈出的重要一步。尽管如此，而且最近量子实验又取得了惊人的成功，但人们仍然对量子力学的可能影响感到担忧。

对于科学家和哲学家来说,思考科学的基本原理固然重要(也很有趣)。卡尔·波普尔等哲学家的观点的引导无疑对当今许多科学家的工作方式产生了影响。科学家与当今历史学家和哲学家之间产生更密切的互动无疑是有益的。

4.11 高度相互依存的世界

据说,托马斯·杨(1773—1829)是"最后一位万事通"。他是一位博学家和内科医生,在光学、力学、能源、生理学和埃及学领域做出了重要贡献。除了母语英语外,14岁时他还掌握了希腊语和拉丁语,并熟悉其他11种语言。他最著名的成就是建立了光的波动理论。在《大英百科全书》中,他比较了400种语言的语法。他为解读罗塞塔石碑做出了贡献。他的成就令人望尘莫及,但即使是他也会被当今世界的知识所淹没。

如今,丰富的科学知识惠及全民。任何个人只能知道世界知识的一小部分,每个可能的领域都有专家,我们要依靠他们的知识。

但是现在,多亏了互联网,我们可以在任何地方获取世界上的全部知识,就像到了亚历山大图书馆一样,而现在的知识范围更广泛,更容易访问。无论是什么领域,无论多么小众,都可以触及(除了一些例外,例如国防机密或私人工业研究和版权材料)。互联网可能是过去半个世纪以来世界上最大的进步。

有人可能会认为互联网仅仅是一种定量的发展,只比我们几十年来所知道的情况快了些。但在过去的 10~15 年里,互联网的指数增长和巨大力量似乎已经超过了一些神奇的门槛。"涌现性质"(emergent property)是复杂系统的一个属性,即组成某物质的实体不具备该物质的某些性质,比如"水的湿度"或"气体的温度"。意识有时被称为大脑的一种涌现性质。足够大的数量增长可以表现为质的变化。因此,也许我们可以将互联网视为一种涌现,一种全新的现象。

互联网的奇迹之一是免费在线公开编辑的维基百科。它创建于 2001 年,到 2018 年,它包含 500 多万篇英语文章(所有 293 种语言共 4 000 万篇),拥有 3 300 万用户。2005 年 11 月,《自然》杂志发表了一篇对《大英百科全书》和维基百科中出现的科学文章进行同行评审的文章[一],发现它们的质量非常相似。世界各地的志愿者都在自己的专业领域内编辑文章并负责维护。

除了维基百科,搜索引擎也可以在线查找文章、文档和

[一] Internet Encyclopaedias go Head to Head(Giles and Jim, 2005).

各类课程。支持访问的网站数不胜数,因此人们可以直接找到来源。这对数十亿用户来说是一场革命。值得一提的是,万维网是由蒂姆·伯纳斯·李于1989年在欧洲核子研究中心发明的,这是理论科学的另一个分支。

互联网现在几乎是一切的中心,但它只是现代生活的奇迹之一。通过科学技术,我们建立了一个多维度的世界,这个世界相互依存,以至于几乎难以理解。

例如平平无奇的铅笔,任何人都无法靠自己生产一根铅笔。铅笔由四部分组成(石墨芯、木壳、橡皮擦和固定橡皮擦的金属管),这些原材料都来自不同的地方。制造它们的技术和机器各不相同,而这些机器又是由数以百计的其他人设计和制造的。制造一个零件的工人不了解制造其他零件的工人 [一]。

看看你周围许多简单的东西,锤子、茶杯、床垫、拉链、水壶、剪刀、椅子、门把手、灯泡、桌子、梯子,所有这些都是由不同地方的不同工人使用不同的机器和不同的原材料制成的。

巨型喷气式飞机波音747大约有600万个部件。这些产品来自世界各地,需要许多独立的制造技术和不同的原材料。一辆汽车有大约30 000个零件,哪怕是最小的螺丝,同样由

[一] 这个例子选自一篇优秀的文章,名为《我,铅笔》,由伦纳德·里德于1958年所著。

许多独立的公司制造和供应。

帮助制造波音 747 的工人穿着一件衬衫，这件衬衫是由飞机上的乘客做的。他们彼此不认识，他们生活在地球的两端。数十亿人口的现代世界是互联的，工人既是生产者又是消费者。一般车主不知道汽车的大部分部件是什么，当然也不知道它们来自哪里。有人说，如今 80% 的全球贸易由国际供应链组成，许多产品的各部分跨越多个边界。全球化日益成为一种紧密交织的结构。

这个复杂的、相互依存的科学技术世界有点像超级有机体组成的神奇单位，像蚂蚁、黄蜂、白蚁和蜜蜂一样。每个人都做出了贡献，又不知道其他大多数人在做什么。这个系统奇迹般地运作着，身处其中所有人都能享受福利。

事实上，我们相互依存的世界远比超级有机体的世界复杂得多，因为有更多的自由度。在蚂蚁、蜜蜂等案例中，只有数量有限的个体，也就是蜂王和工蜂在做有限数量的特定任务，而世界各地的人类则在进行几乎无限范围的多样性活动。在人类社会中，虽然每个人都在遵循自己的私利（由亚当·斯密提出的"看不见的手"引导，按照流程赚钱），但他们最终都在为共同利益做出贡献。如此复杂的事情不能"自上而下"地组织起来，它需要个人的自由意志。

如果这个由复杂的技术和商业单位组成的庞大建筑突然崩塌，我们将完全迷失方向。现代世界需要不断地关注、维修和更换零件，才能继续发挥作用。停电几天可能造成严重破坏。超市货架必须每天整理。整个全球系统越来越紧密地联系在一起，因此很容易受到2008年全球金融危机等情况的冲击。不久将有超过200亿台设备连接到互联网。由于世界对技术如此依赖，我们已经走到了危险的边缘，我们相互依存的世界变得非常脆弱。我们对此必须谨慎处理。

第 5 章

面向未来

第 5 章

5.1 当前的科学步伐会继续吗?

第 2 章对科学史的简要概述揭示了几个不同的时期:旧石器时代发展缓慢的漫长时期,村镇、城市和文明的兴起,引入自然因素概念的"希腊奇迹",伊斯兰时期和中世纪时期,源于希腊传统并建立现代科学的科学革命,以及最近几个世纪科学的指数增长。我们现在无疑处于科学史上的一个高点。但这种指数级的增长趋势在未来还会继续吗?

进步的概念是当今世界观的核心。我们一直在期待新的科学和技术:期待它们定期改进世界万物。这是一个非常新的现象。将来会一直这样吗?反正不会再回到过去。我们的祖先大多日复一日地勉强维持生计,只希望明天能像今天一样过。

如今,科学是社会结构的一个组成部分。科学和技术紧密交织在一起,它们给我们带来了远高于前几个世纪所能想象的生活水平。

第5章 面向未来

虽然现代科学的根源是欧洲,但现代科学正迅速被世界所有文化所接受,因为它带来的进步非常明显。对"西方科学"最著名的借鉴是19世纪末的日本明治维新。几十年内,日本从农业社会转变为现代工业社会;到了20世纪40年代,日本能够与西方列强进行军事竞争;到了60年代,日本已成为世界主要经济大国之一。其他快速发展的国家如今也在转型。因此,科学本身正在成为一项世界性的事业,越来越多的科学家和工程师进入人才库,科学的发展得到进一步推动。

正如第2章所介绍的,自科学革命以来,我们已经走过了相当长的一段路,过去的一些"大问题"现在已经得到了回答。我们已经探索了远远超出太阳系的领域,追溯到138亿年前宇宙的起源。牛顿物理学和爱因斯坦物理学在最大范围内解释了各种事件。我们发现了原子,并在比原子小数百万倍的范围内研究了物理学。量子力学和粒子物理的标准模型解释了原子和亚原子世界中的事件,奠定了电学、化学和现代电子学的基础。我们了解了大陆漂移,发现了生命的遗传基础,并解释了生命如何进化。到20世纪末,一些重大问题似乎已经"解决"。有了这样巨大的进步,人们还想知道有多少未知等待着被探索。

早在19世纪后期,人们就表达了类似的观点。学生们被劝着不要去学物理,因为一切都已经做完了。1874年,慕尼黑大学物理学教授菲利普·冯·约利(Philipp von Jolly)建议马克斯·普朗克不要进入物理学领域，他说"在这个领域，几乎所有的东西都已经被发现，剩下的只是填补几个漏洞"。1894年，阿尔伯特·迈克尔逊（Albert Michelson）说："物理科学中更重要的基本定律和事实都已被发现……我们未来的发现必须放在小数点后六位。"据说在1900年，威廉·汤姆森（开尔文勋爵）曾宣布："现在物理学中没有什么新发现。剩下的只是越来越精确的测量。"他们是认真而专业的科学家，他们不是在开玩笑。不久之后，在1900年和1905年，普朗克和爱因斯坦写下了他们开创性的论文，这些论文产生了量子力学、弯曲时空的宇宙和原子弹。

与19世纪末相比，目前有许多关于未来进步的问题和想法，总结一下就是，科学的未来肯定不会暗淡。然而，有一些实际问题终究无法避免。科学领域的大型项目，特别是粒子物理和天文学项目，对于一个国家来说成本太高。一个著名的例子是美国的超导超级对撞机，该对撞机的碰撞能量是大型强子对撞机的三倍，但该项目在1993年被取消了，因为预计成本已飙升至120亿美元以上（以1993年的美元估算）。即使有国际合作，一些未来的项目也将无比昂贵，以至于永远无法建造。昂贵的项目与许多成本较低的科学领域存在竞争，需要在不同的科学领域之间做出艰难的选择。另一个限制是愿意提供支持的科学家数量。由于科学家数量的增长速度大大超过了总人口的增长速度，社会准备支持的科学家数量显然存在一定的上限。因此，虽然科学领域仍然有令人振奋的前景，但目前陡峭的增长曲线可能在未来某个时候有所减弱。

5.2　科学会再次倒退吗？

如图 2-2 所示，在过去的 2 500 年里，科学历经三次兴衰。在这三个时期（希腊、伊斯兰和中世纪），科学都迅速崛起，然后再次衰落。这种迅速崛起可以解释为一种新颖而激励人的思维方式的突然出现，它首先出现在公元前 6 世纪的早期希腊哲学家身上，随后在公元 8 世纪的伊斯兰帝国爆发了一波阿拉伯语翻译浪潮，后来又掀起了一波拉丁语翻译浪潮，以及 12 世纪中期欧洲大学的兴起。在这三个时期，在自然哲学和科学思想的高度繁荣之后，科学急剧崛起，然后衰落。科学为什么在希腊和伊斯兰世界消失，然后在中世纪的欧洲迅速衰落？

希腊哲学在约公元前 400 年达到顶峰后衰落的原因并不完全清楚，可能这不简单。希腊自然哲学在一定程度上被罗马帝国和拜占庭帝国所容忍，但肯定没有被它们所推进。也许有人认为，古希腊哲学家的智慧永远无法超越，可以说的一切都已经说过了。基督教是后来的一个主要因素。亚历山

科学的崛起

大图书馆被毁，雅典柏拉图学院最终被下令关闭。无论最深层的原因是什么，希腊自然哲学的活动都在衰退，直到它只剩下伟大哲学家留下的无声著作。

伊斯兰科学黄金时期在达到顶峰后的消亡更容易解释。宗教力量对"外国"研究变得不那么宽容，安萨里等富有影响力的声音谴责亚里士多德哲学。宗教学校抛弃了希腊经典，并将课程限制在《古兰经》上。科学和医学书籍被欧莱玛烧毁。后来阿拉伯世界受到十字军和蒙古人的攻击，巴格达于1258年被蒙古人摧毁，同样被毁灭的还有著名的科学院"智慧宫"及其珍贵成果。伊斯兰科学再也没有复兴。

在公元14世纪，几乎可以肯定的是，中世纪欧洲科学活动规模的急剧下降是1347～1350年的黑死病造成的，黑死病夺去了超过三分之一的生命。很难想象还有比这更严重的灾难，及其造成的巨大混乱。后来知识活动逐渐恢复，最终出现了文艺复兴和科学革命。

人们很可能会认为，现代科学永远不会像早期的自然哲学和科学那样衰落。现代科学除了向我们解释世界外，还具有定量性和预测性，因此对社会具有巨大价值。它与技术密切相关，是现代文明的基础。它现在深深地交织在文明的结构中，以至于人们会认为它不可能消失，除非整个人类文明消失。

我们需要清楚地意识到，知识实际上是非常脆弱的。想

第 5 章 面向未来

象一下,如果有某种魔法,让世界上所有记录的知识(包括所有书籍和电子媒体)在一瞬间消失,所有的教学都停止。之后文明可以持续一段时间,但很快就会开始衰落。长此以往(比如持续五十年或一百年),过去几千年积累的所有知识都将丢失。在短短的一百年里,人类便会回到石器时代。当然,这看起来很荒谬,但类似的事情真的会发生,并非不可想象。

有些疯狂的人或团体控制了权力的缰绳,并将科学视为敌人,这并非完全无法想象。所有图书馆都可能被烧毁,知识分子也可能被处死。类似的事情以前也发生过,甚至是在近代历史上。纳粹分子焚烧书籍,实施可怕的大屠杀,被他们破坏的某些国家的科学能力甚至花了几十年才恢复。在几十年乃至几个世纪的过程中,科学有受到暴政或邪教威胁的可能,虽然以科学遍布全球的趋势来看,科学不太可能因某地的灾难就殃及其余各地。

文明有多稳定?几乎所有过去的文明都崩溃和消失了。罗马帝国无疑是最著名的例子。几千年来,在美索不达米亚、埃及、印度、东南亚、中国、非洲和美洲,兴衰交替司空见惯。宏伟的建筑,例如柬埔寨的吴哥窟和中美洲的玛雅神庙,曾被丛林包围,消失了几个世纪。在各种因素下,人口都会急剧下降。典型的文明周期持续了数百年。人们对其发生重大崩塌的原因进行了大量讨论,包括气候变化、构造事件、水土问题、移民、战争和侵略、资源枯竭、人口过剩、疾病、文化衰落和内战，但最终没有单一的因素可以对此进行解释。经济分层可能是一个主要的不稳定因素，最富有的 0.1% 的美国人拥有与 90% 的美国人一样多的财富，事实并不仅限于此（仅最富有的三个人的总财富就比一半人口的总和多 1 万亿美元）。这种分层通过很多方式得以维持和加强，比如富人的教育、控制和机会，比如穷人的工作被自动化机器取代和被外包造成的影响。最近的几本书⊖讨论了这样一种可能性，现代全球文明已经持续了比其他文明更长的时间，如果我们不能很好地管理它，它可能会在不久的将来崩溃。

很多书都写过各种可能的末世：核战争、致命的小行星或彗星、巨大的火山爆发或全球流行病。人们认为，6 500 万年前，小行星撞击使恐龙灭绝；75 000 年前苏门答腊岛的多巴超级火山爆发可能导致全球持续多年的火山寒冬，使人口减少到仅数千人。马丁·里斯（Martin Rees）在其著作《我们的末日世纪》（2003）中警告了各种可能性，并指出科学成果本身会是杀手。

以互联网为基础的现代社会很脆弱，可能会受到巨大日冕物质抛射事件的严重破坏，例如 1859 年的"卡林顿事件"

⊖ Collapse: How Societies Choose to Fail or Succeed (Diamond, 2005); The Upside of Down (Homer-Dixon, 2006); 2052: A Global Forecast for the Next Forty Years (Randers, 2012); The Collapse of Complex Societies (Tainter, 1990); Human and Nature Dynamics (Motesharrei et al., 2014).

第 5 章 面向未来

（Carrington event）使整个欧洲和北美的电报系统瘫痪，这种规模的事件预计每隔几百年就会发生一次。但与某些敌人的电磁脉冲（EMP）攻击相比，这一点也相形见绌。氢弹在几百公里的高空爆炸会产生大量的伽马射线和电磁脉冲，对整个大陆造成严重破坏。美国国会 2017 年的一份报告显示，氢弹爆炸可能会关闭电网长达一年之久，摧毁支撑数亿人口所需的基础设施，而这些人口只有依靠现代技术才能生存。电子和机电系统将出现故障，供水、通信和运输将会停滞。当地的粮食供应将迅速耗尽，国家供应链也将瘫痪。电子支付将停止。社会崩溃可能在数周内发生，大规模饥荒可能在数月内发生。通过加强关键基础设施，可以缓解此类危险，但成本不会低。类似的潜在威胁可能来自外国势力的网络攻击、黑客攻击，或破坏互联网基础设施，包括发电厂、电网、通信、金融和分配网络。

最近一个引人注目的例子是断电的影响。2017 年 9 月，飓风"玛丽亚"在波多黎各造成了破坏。全岛 340 万居民完全处于断电的状态（在大多数地区长达数月），因为脆弱的电网已被毁坏。波多黎各人不得不面对一个沮丧的现实。家里和街道上都没有灯光，晚上几乎一片漆黑，城镇里也是如此。离不开智能手机的年轻人突然发现自己根本无法沟通。在气温远高于 30 摄氏度、湿度高、有蚊子的时候，没有空调，甚至没有风扇。用电器做饭也是不可能的。冰箱和冷冻机坏了，在这种温度下,食物几天就变质了;超市也无法保存商品。街道上满是积水,但几乎没有安全饮用水。排水系统无法运作,因为它依赖于泵。没有电梯和供水,高层公寓楼都无法住人。汽油泵坏了,汽车也坏了。以电力为基础的工厂、办公区和银行无法运作。学校停课,医院陷入瘫痪,人们不得不取出发电机,用日渐减少的燃料发电。在几个月的时间里,数百名严重依赖药物、医疗设备和医疗护理的人悄然逝去,还有人死于疾病感染;在340万人口中为了避免重大公共卫生灾难,就要与时间赛跑,但是仍旧有数千人死亡。

最近出版的一本关于社会崩溃的书是由达特内尔(Dartnell)写的《世界重启》(*The Knowledge*)(2015)。在这本书中,他设想了一场灾难性的大流行,这种大流行迅速夺去了几乎全世界人口的生命,只留下数十或数百名分散各处的幸存者。达特内尔描述了这一场景。起初,人们能够从超市腐坏的物品中找到维持生存的东西,并且仍然可以开车。但支持文明发展的全球网络遭到破坏,过不了多久幸存者就必须自己种植食物或从树木和灌木丛中采集食物,并捕猎任何他们能找到的野生动物。图书馆仍然存在,但除非有一个关于生存的专门版块,否则它们包含的大部分知识将毫无用处。达特内尔就如何生存提出了建议,从使用失落文明的残余物开始,他列举了世界上曾经遭受重创的地区的真实例子。

我们珍视的知识是一种"鲜活的东西",必须随着新的科

第5章 面向未来

学技术成果的出现而不断培育和成长。无论是世界上的传统图书馆还是电子媒体，都有一个很大的行业在维护和更新知识；图书馆员不断地将"所有"知识复制到最新的存储媒体上，这是一个永无止境的过程。但这些传统的图书馆（尤其是电子图书馆）可能无法在全球灾难中幸存下来，即使它们幸存下来，也可能对孤立绝望的幸存者群体没有多大用处——量子物理或分子遗传学的深奥细节对接下来找食物不会有多大用处。我们需要的是一本实用的"世界末日手册"，可以用来重新引导文明，至少可以在当地实践。有些先行者提出了一些举措：瑞典最近出版了一种这样的手册；达特内尔于2017年提出了一种便携式"防末日"电子阅读器（由太阳能电池板供电），其中包含末日生存的基本信息。

人类文明和地球的其他方面也正接受保护，免受可能发生的全球或局部灾难的影响。挪威的斯瓦尔巴全球种子库和英国的千禧年种子库存储了世界各地基因库中已保存的种子，为数千种粮食作物防灭绝提供了保险。美国圣迭戈的冷冻动物园项目冷冻保存了来自世界各地的1 000种动植物的精子、卵子和胚胎。位于华盛顿的史密森尼国家动物园保存着世界上数百种大型哺乳动物的冷冻乳汁。还有一个由32个国家参与的"两栖动物方舟计划"（Amphibian Ark），旨在避免两栖动物在全球灭绝。佛罗里达群岛的珊瑚恢复基金会保存着世界上最大规模的濒危珊瑚礁物种。有一个国际生物和环境样本库协会,相当于全世界1 000多个生物库。若把全球目前为应对灾难和减轻影响所采取的措施全面整理成书,无疑会出很多册。

5.3 还有哪些科学有待发现?

有人打趣说,"我们很难做出预测,尤其是对未来的预测"。事实上,我们现在可以相当准确地预测数千亿年内行星的运动和恒星的性质,但这并不意味着我们可以预测明年地球上将发生什么。我们需要清醒地认识到,我们对未来生活或人类发展(包括科学)的预测仍然非常少。

古未来学(palaeofuturology)主要研究过去对未来的预测,互联网上充斥着已经实现或没有实现的预测。儒勒·凡尔纳(Jules Verne)可能是最成功的未来学家,也许是因为他博览群书,也许是因为他乐于接受专家的批评。预测新的科学发展可能比预测新的技术发展更困难。未来学家加来道雄(Michio Kaku)曾说过,"押注未来是非常危险的"。开尔文勋爵1895年的时候说了那句著名的预言——比空气还重的飞行机器不可能存在,8年后莱特兄弟便证明了这种预言是错误的。另一句著名的预言来自爱因斯坦本人,他在1932年声称"没有一丁点迹象表明,核能会被人们获取"。科幻作家并没有预测过互联网，而这可能是过去半个世纪最伟大的技术发展。

还有一些不太为人所知的故事，1962年澳大利亚著名射电天文学家乔·帕西（Joe Pawsey）在该领域新发现的巅峰时期就提出"射电天文学中有前途的领域"。它们是在吸收中看到的电离气体、星际空间的磁场、太阳辐射和放射源计数，这些都是当时相当平淡无奇的话题。实在出乎意料的是，在接下来的5年内，人类发现了类星体、微波背景、星际脉泽和脉冲星。在19世纪末，即量子和相对论革命发生之前，有一种可怕的说法：物理学即将结束。鉴于这些情况，大多数科学家不愿意对未来的可能发展进行任何预测，这是可以理解的。

即使对未来几十年，人们在进行推断和预测时也必须非常谨慎，更不用说几个世纪了。我们所能做的就是回顾第2章中的历史，不断地提出问题，并注意到正在进行的研究、当前的趋势和各个科学领域中的技术问题，以了解不久的将来可能会发生什么。

目前，基础物理学似乎处于危机之中。尽管粒子物理的标准模型取得了巨大的成功，但物理学家仍在急切地寻找超越标准模型的任何"新物理"的证据。2012年，欧洲核子研究中心（CERN）的大型强子对撞机（LHC）成功地发现了希格斯玻色子，终结了标准模型。但现在，经过几年的实践，人们仍没有检测到新粒子，也没有任何意料之外的迹象；标准模型仍然解释着所有结果。此外，还有一个主要问题：希格斯玻色子的质量。这个 125GeV 的质量与多年来的间接证据一致，因此它本身并不奇怪。但量子力学预测的数值要大几万亿倍。能够将观察到的较小值与量子力学预测的较大值相协调的使用最多的方法是超对称，在超对称中，每个粒子都有一个孪生子，该孪生子对希格斯玻色子的质量贡献相反的项，从而导致希格斯玻色子的近乎相消和微小质量。对于存在于宇宙中的原子（和生命），这种微调是必需的。迄今为止，在大型强子对撞机数据中尚未发现超对称性或其他类似的证据，这些数据仍然完全由标准模型解释。

  这让人想起 1998 年观测宇宙学中出现的一个问题。通过比较附近和遥远宇宙中的超新星，人们发现宇宙的膨胀速度正在加快。这种加速的原因未知，暂且认为是"暗能量"在驱使，它在整个宇宙中具有排斥力。量子理论告诉我们，"真空区"（empty space）实际上充满了随机的"真空涨落"（vacuum fluctuation），可以产生这样的排斥，除非这个量子能量比遥远的超新星的观察结果大 10^{120} 倍。在这个巨大的数值下，宇宙中永远不会形成任何星系。与希格斯玻色子的情况一样，人们曾希望，这个巨大的值可能会被一些尚未可知的对称性抵消而精确地趋向于零，但人们现在已经检测到暗能量，既不是零也不是巨大的量子值，这给量子理论提出了一个重大问题。现实情况再次表明,让星系和生命存在于宇宙中,需要非常精细的微调。

除了这两个非常引人注目的例子外,在宇宙属性中还有其他几个"巧合",它们似乎对恒星、星系和生命的存在至关重要。其中包括早期宇宙中的轻微不均匀性,宇宙具有三维空间和一维时间,宇宙的当前年龄,暗物质与暗能量的比率,重力相对于其他力的强度,电磁力和强力的比率,弱力的强度,中子与质子的质量比,碳原子核中存在的一个临界激发态。所有这些给人的共同印象是,宇宙可能以一种允许恒星、星系和生命存在的方式在进行微调。弗雷德·霍伊尔说,这一切都太不可置信了,以至于让宇宙看起来像一个"骗局",其他几位科学家也表示,这需要一个特殊的解释。

最受欢迎的解释是"人择原理":我们只能存在于使我们的存在成为可能的宇宙中。这听起来像是一种重复,但它已经有所进步。

在过去几十年中,各种独立的研究路线导致了这样一种观点,即宇宙可能只是一个巨大的(也可能是无限的)"多元宇宙"中的一个。1979年,阿兰·古斯(Alan Guth)提出了宇宙膨胀的概念,由此产生了一个无限永恒的宇宙海洋的想法,宇宙海洋在不同的时间不断地在膨胀区域形成,每个区域最终成为一个独立的宇宙。不同的宇宙可能有不同的物理定律和性质。弦理论的 10^{500} 个可能解(见下文)中的每一个都可能在多元宇宙的不同宇宙中实现。根据量子力学的"多元宇宙"解释，任何可能发生的事情都会发生在平行宇宙中。

有人认为，多元宇宙概念可以为上述明显的"巧合"和微调提供解释。如果不同的宇宙有不同的性质和物理定律，那么可能存在一个子集，它恰好具有所知的生命生存所需的条件。因为我们存在，我们生活的宇宙一定是其中之一。其他宇宙超出了我们的因果范围，因此我们永远无法检测到它们。对于一些科学家来说，多元宇宙是一个有吸引力的假设。对于其他人来说，如果没有任何其他宇宙的实验或观测证据（对于他们来说，只有一个我们所在的宇宙，当然它有恰当的条件，否则我们就不会在这里），这个假设就是不科学的。在多元宇宙概念中，宇宙的物理定律和属性将是随机的，这仅仅是由于多元宇宙局部区域的"天气条件"，因此无法理解。这似乎是物理学的终结。

所有这些都突显了大型强子对撞机的重要性，以及寻找超越标准模型的"新物理"证据的重要性。随着大型强子对撞机达到越来越高的能量，成千上万的物理学家正在仔细研究其产生的大量数据，焦急地寻找"新物理"的最初暗示。这对于物理学来讲是一个很紧张但也很兴奋的时刻。

除了上述问题外，还有什么会促使基础物理模型发生重大变化？尽管标准模型取得了非凡的成功，但仍有各种理由认为它不令人满意：它的许多参数和粒子（人们总在物理理论中寻求尽可能大的经济性），弱电真空可能具备的不稳定性，中微子的质量，质量尺度的非自然层次；其无法解释宇宙中物质相对于反物质的优势，也无法解释宇宙中的暗物质。

未来一个可能的步骤是将弱电和强电统一并得出"大统一理论"（Grand Unified Theory，GUT）。上面提到的超对称性也将缓解目前标准模型的一些问题，它将为冷暗物质提供一个自然的候选者，并可能在接下来描述的弦理论中发挥重要作用。

但更大的一步是将引力本身包括在内。这是非常困难的，因为爱因斯坦的引力理论涉及空间和时间的平滑变化，与量子物理的突然离散性相反。在过去几十年里，一个新的理论概念引起了大量理论家的注意：弦理论。根据弦理论，最基本的实体是11维空间中的"弦"。无数的粒子只是弦可以产生的各种振动模式的表现。尤其重要的是，弦理论可能将量子力学和引力统一为一个宏大的"万物论"。然而，它存在一些问题，包括解决方案过多和没有实验证据，并且不是每个人都认为弦理论正在朝着正确的方向发展。

最近，一个激动人心的或许也是革命性的新想法出现了。量子纠缠似乎与空间和时间无关，它实际上可能是现实的一个更深层甚至更基本的方面，从而使时空本身成为一种涌现。纠缠可能是空间和时间存在的必要条件，将它们编织成一个平滑的时空，并提供引力的量子理论。目前这是高度推测性的，但现在有数百名物理学家参与其中，并取得了重大进展。这是理论物理令人兴奋的时刻。

研究人员对暗物质的探索已经进行了几十年，但仍然一无所获。意大利格兰萨索隧道附近的 XENON1T 和中国四川的 PandaX 分别作为世界上最大和最深的地下实验设施，在 2017 年末均报告没有检测到任何暗物质。欧洲核子研究中心和其他几个实验室的实验以及天基望远镜的观察也未发现任何暗物质迹象。20 世纪 80 年代提出的最流行的说法是，暗物质可能是弱相互作用大质量粒子（WIMP），但这现在似乎令人怀疑，理论家正在寻找其他候选粒子，可能是轴子（类似于大质量光子）。另一种不太常见的说法是暗物质可能存在于"隐藏区"，与正常物质不相互作用，或者暗物质根本不存在，星系和星系团中的动力学效应由引力定律本身的修正来解释（鉴于我们对宇宙大尺度性质的了解，这不太可能，而且不受欢迎，因为物理学家不想修补物理定律）。人们对于暗物质的搜索还在继续。

宇宙学和天文学中的重大问题与基础物理学中的问题重叠，因为早期的宇宙非常小、热并且致密，由基本粒子和力场组成，其可能的起源（还有整个多元宇宙概念）是这两个学科中的一个主题。虽然多元宇宙中的其他宇宙（如果有的话）是不可观察的，但有可能找到早期宇宙中存在膨胀的证据，例如背景辐射的极化。也许在我们的宇宙中最终会发现多元

第 5 章 面向未来

宇宙可能存在的其他线索（甚至有人认为，背景辐射中异常寒冷的区域可能是与另一个宇宙碰撞而产生的"擦伤"），但目前这仍然是高度推测性的。

暗物质和暗能量也是基础物理学、宇宙学和天文学的交叉主题。从微波背景和中间物质分布的观测中一次次得出的宇宙学参数可能会提供重要线索。最近发现的来自双中子星合并的引力波使我们能够确定到源的绝对距离，从而确定宇宙的膨胀率，而不需要使用不稳定的宇宙学"距离之梯"。使用近期的超大望远镜对类星体光谱中的吸收线进行精确观察，可能很快就直接观察到宇宙膨胀的加速度（目前加速度的证据是间接的，来自对遥远超新星的观察）。

宇宙从大爆炸到现在的演变正在以越来越清晰的方式被描绘出来。背景辐射（CMB）提供了非常丰富的宇宙学信息，这些信息被认为是宇宙大爆炸后 38 万年的情况。在那个时代之后，"宇宙黑暗时代"到来，当时物质是中性的，不发光。渐渐地，物质越来越集中在致密区域，第一批恒星和星系最终形成，并再次照亮了宇宙。这个过渡阶段被称为"再电离时代"（reionization epoch），它发生在宇宙形成几亿年的时候。从现在回望那个时代，我们可以从类星体和星系数量的急剧减少中看到再电离时代的"近端"。再电离时代是经典天文学的最后一个领域，也是目前正在开发的下一代大型地面光学和射电望远镜以及于 2020 年发射的詹姆斯·韦伯太空望远镜

(JWST)的主要目标。人们应该可以通过最新的技术在近红外波长下研究第一批恒星和星系,黑暗时代的中性氢本身具有较长的射电波长(最近报道的一项使用小型射电望远镜进行的初步探测结果,如果得到证实,将是一项重大发现)。如果能够绘制出黑暗时代中性氢的不规则性,可能会对宇宙学有重大帮助,会补充来自背景辐射的信息。

人们于2015年首次检测到引力波,开启了一扇研究宇宙的重要新窗口。由于两个超大质量黑洞的合并,时空本身发生了扭曲。这些黑洞的质量非常大(约为太阳质量的30倍),人们认为它们可能是宇宙中首批恒星的残余物。因此,引力波天文学的新领域将揭示坍缩星的天体物理学、大质量黑洞的数量以及对第一批恒星时代的影响,甚至可能是大爆炸本身。

研究宇宙的另一个新窗口是中微子天文学。如前一章所述,巨大的新中微子天文台日趋完善,令人振奋的新结果有望在未来几年内到来。

天文学中一个迅速兴起的领域是太阳系外行星。自1995年第一次发现以来,已知太阳系外有3 700多颗行星围绕其他恒星运行。人们认为,银河系中行星的数量可能超过恒星的数量,因此银河系中可能有数千亿颗行星。人们正在越来越详细地研究这些太阳系外行星的特征,包括它们的轨道、质量,甚至其大气层的化学成分。我们尤其在意那些位于"适居区"内的恒星,它们距离母恒星的距离范围对于生命来说

第 5 章 面向未来

"恰到好处",既不太热也不太冷。在太阳系中,只有地球和火星位于适居区内。因此,对太阳系外行星的研究与对宇宙其他地方存在生命的可能性探究密切相关。与此同时,寻找太阳系中外星生命的线索的工作仍在继续,可能哪天在火星或巨行星的卫星上就会找到。其指向的重大问题是"在宇宙中我们是孤独的存在吗"。

在太阳系中,最有可能发现地外生命的天体是火星,以及木星和土星的一些卫星。这种生命可能是微观的(我们一直不知道如何确切定义生命),但它的发现仍然具有重大意义。一个基本问题是,它是否具有与地球上生命相同的手征("左手性"或"右手性")。地球上所有的生命形式都有相同的手征:DNA 总是右手性,氨基酸总是左手性。如果地外生命在这方面有所不同,则证明它是独立于地球上的生命而形成的,也就是说生命有可能在整个宇宙中形成,那么宇宙中一定充满了生命。

生物学中有个非常大的问题与天文学有关,即生命的起源。在天文学中,我们不仅研究不断扩大规模的系外行星本身,还可以研究行星形成的实际过程。巨型射电望远镜,特别是阿塔卡马大毫米/亚毫米波阵列(ALMA),可以高分辨率和高灵敏度深入恒星形成区的尘封核心。在原行星盘的图像中,我们可以清楚地看到由行星形成引起的间隙,光谱学揭示了来自有机分子的数千条谱线,这些有机分子可能是这些新形成行星上未来生命的种子。ALMA自2013年投入运行，我们可以期待它在未来几年会有相当多的重要发现。

关于早期地球上的生命如何从非生物化学中诞生仍然是一个谜。人们已经发现了35亿年前存在的生命化石记录，而地球本身在46亿年前形成，因此在这期间的十几亿年中，生命不知何故得以形成。人们一直在实验室里重建当时可能的条件，并已经成功地创造出了氨基酸，这是生命的组成部分，但不是生命本身。研究人员目前正在对益生元分子聚集在一起形成生命系统的可能方式进行详细研究，但这是一个复杂的问题，进展缓慢。另一种方法是尝试自己创造"人工生命"；此时，生命最初在早期地球上形成的实际方式只是历史问题，而不是基础科学问题。从"现成"的化学物质中创造合成DNA是可行的，细胞膜可以"自组装"的机制也已被研究过。这些步骤固然很重要，但从零开始创造一个完整的生命系统还有很长的路要走。然而，该领域的乐观主义者认为，真正的人工生命最终可能会在实验室中创造出来。

细胞生物学中的一个大问题几十年来没有改变，那就是基因组和表型（生物体的可观察特征）之间有什么，即"表观基因型"是什么？这是一个巨大的问题，里面包含许多小问题。表观基因中有大量相互作用和富有层次的组合和网络，将信息从基因组传递到表型。第2章提到了过去几十年中的一些发现。这类研究与人类基因组测序不同，人类基因组测

第5章 面向未来

序有一定的终点，而当前许多领域的走向我们并不清楚。随着了解的增多，我们发现了更多的复杂性。为了治愈癌症和其他疾病，首先必须了解表观基因型，这可能需要相当长的时间。这些疾病归根结底是由衰老的基本过程引起的，人们正在慢慢了解这一过程。了解衰老的进展将有助于其他方面，并可能使人们在将来能够真正扭转衰老的影响，至少可以影响身体200种组织中的一部分。

生物学的爆炸式发展开启了各种各样正在探索的新课题。一个有趣的问题是，人类是如何进化成不同于其他动物的生物的。人类基因组中的基因数量远少于小麦，我们的大脑只有黑猩猩的三倍大。那么，如何解释我们超强的脑力呢？这显然不是基因组或大脑的大小造成的。这很可能是由于相互作用和基因表达调控的复杂性大大增强。利用现代人、古代人、黑猩猩和其他几种动物与生物体的基因组完整序列，研究人员开辟了差异进化的整个领域。研究发现，有些DNA序列在其他动物中是保守的，但在人类中变化很快，这些被称为人类加速进化区（HAR）。这样的DNA序列有数千个，它们处在以前称为"垃圾DNA"的基因组区域，几乎所有这些区域都是调节基因表达的"增强子"。因此，人类强大脑力的进化可能是由HAR及其创造高度复杂系统的能力推动的。这些研究是十几年前发现的，在这个令人振奋的领域，进一步的研究正在迅速开展。

新工具的开发几乎与我们对分子生物学的理解进程一样快。CRISPR 被美国科学促进会评为 2015 年的年度突破成果,现在有人在谈论未来几年"精准医疗"的可能性。CRISPR 的重大突破性应用之一是能够标记和追踪生物体中每个细胞的历史。CRISPR 近来还被用于创建一个合成细胞,该细胞包含任何已知独立生物体中最小的基因组,仅需 473 个基因即可具有活性和复制的能力。最终目标是从头开始构建尽可能最小的基因组,以便了解每个基因的功能;然后设计和建造更复杂的生命系统,并实践其功能。

在一项崭新的技术进步中,检查和刺激大脑中的单个神经元成为可能。在另一项进步中,科学家最近能够一次精确测量数百个神经元的活动,开辟了一个全新的领域——功能性神经元活动实时研究。新的发现不断涌现,所有相关领域都迎来了激动人心的时刻。

但生物学的大主题仍然是"系统如何运作"。这是生物学中几乎所有重大问题的根源,包括表观基因型,这是一个巨大的挑战。代谢作为一个系统是如何运作的,它如何与环境和基因组相互作用,它如何通过自然选择影响变化,它与疾病有何关系?人们已经尝试了各种策略,但远远没有达到那个重要的长期目标,即了解各种复杂系统的基本特征。越来越多的工具正在开发中,知识也在进步;但问题依然严峻,要做的工作还有很多,人们正在采取各种方法。我们不知道

第 5 章 面向未来

这个领域未来会有什么发现，还会经历多少曲折。

在基础物理学、天文和宇宙学以及生物学这三大领域仍然存在着复杂而深刻的谜团，我们可以期待在未来几年至几十年里有令人振奋的发现和科学进步。

我们能对科学的长期发展做出有根据的猜测吗？马丁·哈维特在他1981年出版的《揭秘宇宙》一书中试图在相对明确的天文学领域做到这一点，第3章对此进行了讨论。天文学尤其适合，因为它依赖于使用少量观测窗口的纯观测（实验科学将更加困难，因为条件和参数是无限变化的）。哈维特考虑了一个"多维观测参数空间"，其中"发现"是一种现象，在某一参数中，它与其他现象至少相差1 000倍。哈维特举了许多例子来说明这个标准确实能够区分不同的已知现象。

哈维特指出，这种现象有时会被两次独立地发现，且使用的是两种不同的仪器，它们的观察能力至少相差1 000倍。他认为，这种重复可能表明多维参数空间中潜在发现的数量是有限的，更多重复（甚至三倍数量的重复）的发现可能会给我们提供一种方法来估计整个多维参数空间中潜在发现的总数，即估计可以发现的宇宙现象的总数。截止到1981年，利用这种巧妙的方法和当时可用的数据，哈维特估计潜在发现的总数约为130个，我们已经发现了其中的三分之一。当然，这只是一个粗略的估计，肯定会有人对此提出批评，但这个概念很有趣。

5.4 科学永远都是完整的吗？

科学有极限吗？我们最终能知道所有的事物吗？

在牛顿的《自然哲学的数学原理》一书出版后的几年里，人们可能会认为"我们可以了解世界的一切"，至少在原则上是这样。这是一个"时钟"宇宙，过去、现在和未来的所有事件都通过严格的因果联系在一起，我们可以无限准确地了解世间万物。

我们现在发现，自己面临着许多束缚和障碍，想在我们的能力范围内掌握全部知识还不太可能。当我们依靠观察和实验来了解真实世界时，一个明显的问题是测量的不确定性，这个问题一直存在。我们可以通过增加观察的持续时间或实验数量来减少不确定性，但它总会存在，无论这种不确定性多么小。

另一个问题是现实世界的巨大规模，表现为宇宙中的大量粒子和生命系统的巨大复杂性。第一个问题可以通过理解支配原则而非记录个别案例来解决，物理学在这方面取得了成功。物理学家梦想着"万物理论"（最终理论），作为一个完整的基础物理学理论出现。它包含能构成自然界和物理界中一切事物的基础物理内容。"万物理论"的当前版本如下所示（图5-1）。原则上，万物理论可以解释和预测宇宙中的一切；但在实践中，基础物理学非常简单，与周围世界的巨大复杂

第 5 章 面向未来

性存在相当大的差距。

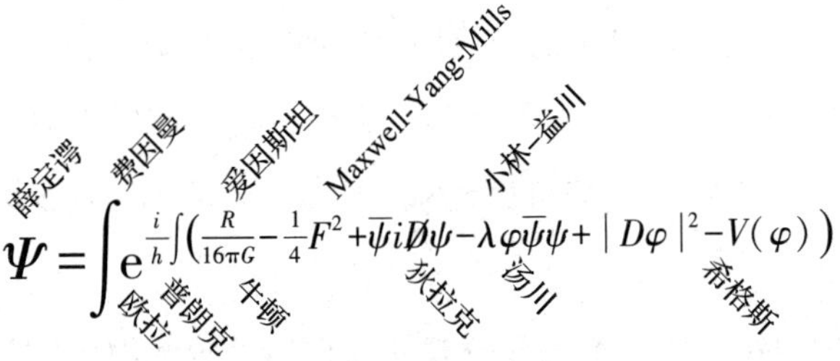

$$\Psi = \int e^{\frac{i}{\hbar}\int (\frac{R}{16\pi G} - \frac{1}{4}F^2 + \overline{\psi}i\slashed{D}\psi - \lambda\varphi\overline{\psi}\psi + |D\varphi|^2 - V(\varphi))}$$

（薛定谔、费因曼、爱因斯坦、Maxwell-Yang-Mills、小林-益川、欧拉、普朗克、牛顿、狄拉克、汤川、希格斯）

图 5-1　汇总所有已知物理定律（Turok，2013）。它包括重力、粒子物理的三种力、所有物质粒子和希格斯场。左边的符号（ψ）表示薛定谔波函数，这是对物理系统最完整的描述

生物学家对任何类似"万物理论"的想法都感到震惊。他们甚至认为这样一个概念能被想出来实在是荒谬，他们确信科学永远不可能是完整的。他们的态度可以理解，因为他们每天都要面对生命系统的巨大复杂性。生物学家处理宇宙中最极端的复杂性，物理学家则致力于实现底层世界的终极简单性（科学在最大和最小尺度上都相对简单，但生物学处于中间位置，复杂性是最突出的）。生物进化从未停止，因此生物学家正在应对不断变化的系统和整个生物圈，其中有大量重叠和交错的实体、活动和影响。理解这些系统的基本原理是一项艰巨的任务。即使有了那些定律，生物学家也会认为永远不可能做出准确的预测。即使是简单且确定的一阶差分方程也可能会指向明显的随机和奇异结果。

其他复杂领域呢？我们可以对一到两周的时间范围内的天气情况做出很好的预测，但我们是否能够预测"蝴蝶效应"（例如，亚马孙丛林中的一只蝴蝶扇动翅膀可能引起北半球的风暴）？即使有可靠的物理学，我们又怎么能够精确地知道"初始条件"？我们能可靠地预测地震吗？我们对地球内部了解多少？

我们对宇宙的绝大部分观测都是通过探测电磁辐射实现的，并且存在一些实际限制。在极低（无线电）频率下，观测会变得模糊：地球电离层吸收 1 兆赫以下的辐射，而星际介质吸收约 100 千赫以下的辐射。在光谱的高频端，伽马射线与背景辐射的光子相互作用，模糊了银河系以外的星系。类似的限制还存在于宇宙的另一个研究领域，即宇宙射线：在低能量时，太阳风将其吹向星际介质，在高能量时，它们被背景辐射光子的相互作用破坏，限制了在最近星系的作用。此外，带电的宇宙射线被复杂的星际磁场多次反射，因此其来源的位置很难或不可能确定。原则上，如果有一天我们开展远距离的太空旅行，就可以学到更多，但即使这样，我们对宇宙的了解也会因许多限制而产生空白。

光速是有限的，但没有什么比真空中的光速更快了，即使是信息。正因为如此，我们无法看到在"光锥"之外膨胀的宇宙——我们对宇宙的看法是受限的（随着时间的推移，随着膨胀的加速，情况更是如此）。我们目前尚不清楚是否可以

第 5 章 面向未来

从黑洞中检索到任何正在流入的信息。由于背景辐射的模糊性,我们无法完全(使用电磁波)追溯到大爆炸。即使前一节描述的多元宇宙场景被证明是真的,我们也永远无法探测到其他宇宙。此外,我们自己的宇宙中的物理定律也可能是多元宇宙局部区域的随机"天气"造成的,它们不是基础定律。

为了寻找物质中最基本的成分,我们建造了巨大的加速器,使粒子以接近光速的速度相互碰撞。研究这些高能碰撞产生的混沌,以寻找更基础的物理迹象。但是,我们正在迅速接近回报递减的点,可能很快就无法承担越来越大的加速器的巨大成本,而这些加速器是到达最高能量所必需的。在我们试图理解基础物理的过程中,另一个潜在的限制是物理定律本身的变化。目前,我们对某些基本"常数"的变化有很严格的上限(每年不到一百万分之一),但即使是时间或空间上的微小变化也可能限制我们对物理的最终理解。

第 2 章中提到的海森堡不确定性原理对我们认识亚原子世界施加了根本限制。我们无法同时准确地知道粒子的位置和动量,如果精确地获取位置,就不可能准确地知道动量,反之亦然。这同样适用于时间和能量。这种不确定性本质上是固有的,不是测量误差的结果。这是量子力学的一个核心特征,是无法避免的。亚原子世界是由概率决定的。

我们获取完整知识的能力还受到其他方面的限制。正如卡尔·波普尔所强调的那样,理论永远无法被证明是正确的,它只能被证伪。无论做了多少与理论相符的实验，都不能证明理论是正确的，但只有一个与理论不一致的实验就能证明它是错误的。所以我们永远不能确定我们所在世界的理论是绝对正确的。

亚原子世界理论模型的另一个局限性是它们可能非唯一。虽然可能有一个模型可以拟合所有数据，但我们可能永远无法确定是否存在另一个能拟合相同数据的模型。第2章提到了一个例子。在量子理论的早期，埃尔温·薛定谔提出了一个数学模型，用概率波描述原子中电子的行为，而沃纳·海森堡则用能级之间的量子跳跃描述了同样的现象。一种是波动方程，另一种则是矩阵力学。保罗·狄拉克提出了一种更抽象的形式主义，并证明了所有形式在数学上是等价的。更普遍地说，波粒二象性是量子力学中的一个共同主题。我们所能做的最好的事情就是建立能够运作的模型，因为它们再现了实验和观察结果。

当然，空间、时间或密度的任何无限性都可能导致科学知识的不完整。

即使我们能够产生一种独特的"万物理论"，并解释所有范围内对世界的观察，我们也永远无法确定它是否涵盖了世间万物。总有一些事情我们无法理解。即使这样的理论确实包含了所有存在的东西，而此时科学已经是完整的系统了，我们也永远无法证明它。

第 5 章 面向未来

我们是否在更深层次上遗漏了什么？有没有什么完全不同的方式来看待周围的世界，也许有些事物近在眼前，但我们仍然未曾察觉？科学涵盖了自然界和物质世界中存在的一切，但它是否能够以各种可能的方式探究一切？许多物理学家会说，尽管量子力学取得了惊人的成功，但我们仍然缺乏对它的深入理解。在古希腊人思考自然原因之前，我们的处境是否与他们相同？

从某种程度上讲，这让人想起 19 世纪麦克斯韦电磁理论之前的情况。那时我们只知道光谱中很小的光学部分，它覆盖了整个电磁光谱不到万亿分之一的波长范围；我们完全不知道今天使用的无线电、红外线、紫外线、X 射线和伽马射线波段的存在。那么，我们现在忽略的是什么？

最后一个更为隐秘的限制是：假如我们突破了上述所有限制，以某种方式获得了完整的知识，并希望将其编码到一组公理中，期待从公理中推断出所有知识，那么哥德尔不完全性定理会施加限制，因为该定理表明不可能出现任何既一致又完整的重要数学系统。科学将受到公理数学固有的不完全性的限制。

根据目前的知识，似乎有许多难关阻碍我们实现科学绝对完全性的目标。也许未来科学的发展将改变这一局面，但目前似乎不太可能。我们生活在现实世界中，而不是理想的柏拉图世界。

不难想象，在遥远的将来，科学从更务实的层面上会更加完整，带给我们能够探测到的所有事物的"基础知识"。我们必须承认测量永远不会完美，永远都会存在不确定性。我们还必须承认观测和实验设施的力量存在实际限制。我们可能仍然被生活的复杂性所淹没。我们无法避免不确定性原则施加的障碍。无论理论得到多么充分的证实，原则上来讲理论始终是暂时的，因为未来的测量可能与之不一致，从而需要修正，甚至重构。我们必须接受这样一个事实，无论亚原子世界的理论概念和模型多么成功，它们都可能是非唯一的；它们毕竟只是概念工具，因帮助我们做出有效的预测而存在。这是真实的世界，我们已经尽最大努力了解其中的内容以及它是如何运作的。

我们已经在科学的道路上取得了长足的进步，牛顿和爱因斯坦物理学在地球和整个宇宙中都得到了应用，量子力学支撑着所有化学和电子革命，粒子物理的标准模型解释了世界上粒子加速器的所有实验结果，还有我们对宇宙进化、生命进化和生命遗传基础的理解。谁知道科学还会带我们走多远？

5.5 对科学的长远考虑

本书只讨论了科学数百年或数千年的发展历程。

第 5 章 面向未来

与宇宙数十亿年的生命周期相比,这算不了什么。宇宙的起源是 138 亿年前,太阳和地球的形成是 46 亿年前,地球上的生命是 35 亿年前出现的,复杂生命大约是 10 亿年前出现的,我们从黑猩猩进化成人类发生在 700 万年前。人类有记载的历史只能追溯到 5 000 年前,科学革命才发生在几百年前,而我们只有近百年的现代技术,这只是我们作为一个物种存在的一小部分。未来,我们要去往何方?

展望未来,我们会面临一长串科学问题。这些问题将使我们在未来数年内忙忙碌碌,而后许多意想不到的发现又将引发更多的问题。这可以说是激动人心的科学时代。

在没有意识到这一点的情况下,人们可能会想,我们是否真的生活在"科学黄金时代";在这样的时代,我们可以产生的大多数重要和基本发现都正在被发现的路上。

在数十亿年的时间范围内,科学黄金时代可能只是短暂的一刻,是我们作为一个物种存在的一个非常特殊的时期。

这意味着最终必然有一个时间。从现在算起,可能是之后的 100 年、1 000 年,或者 100 万年,大多数重要和基本的问题都会有答案。科学无疑会继续发展,不过它处理的问题可能越来越不重要了;我们的好奇心永远不会消失,但大部分科学活动将会结束。

当这样一个时间来临,人们就会满怀渴望地回顾过去的科学黄金时代,也就是我们现在有幸生活的这个时代。未来人们将进入"后发现世界"(如图 5-2 所示)。

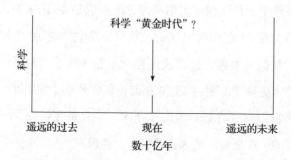

图 5-2 科学以时间为衡量标准的话,其规模为数十亿年。如果科学发现的速度从现在起倒退数百年、数千年甚至数百万年,那么现在的科学"黄金时代"将只是这个布局中的一个小插曲

到那时,科学会使我们与现在大不相同吗?过去几百年里确实取得了那么多科学和技术进步,但我们并没有完全被改变。

但在过去的几千年里,我们已经显著地改变了自己和周围的世界。一万年前的我们仍然像前几百万年一样,以狩猎采集为生,99.9% 的生活都在为之奔忙。农业出现后,情况开始发生缓慢但显著的变化。随着时间的推移,我们通过选择性繁殖让部分物种产生了戏剧性的进化,从其他物种中脱颖而出。我们改变了地球本身的面貌,将大片土地用于圈养动物或者放牧,公路和铁轨纵横交错,城镇星罗棋布。

多年来,人类自身的进化可能也在加速,一些研究表明,现在进化的速度可能比几百万年前快一百倍。其中一个可能因素是人口数量大幅增加，这可以产生许多有益的突变，促进更快的进化。另一个可能因素是日益科技化的世界中的创新和竞争。近年来，我们生活的方方面面都发生了巨大的变化。我们生活在温度可控的环境中，有可靠和广泛的食物来源，能保护自己免受许多疾病的侵袭。我们有用于视听的人工辅助设备、起搏器、神奇的药物、移植技术、假肢，我们还开始制造人工器官。从出生到死亡，生命的各个阶段都有巨大的医学进步。在过去的一个世纪里，人类的预期寿命增加了一倍多。我们的生活正在迅速变化。

遗传学可能是一个主要的游戏规则改变者，其在许多方面正在取得惊人的进展。CRISPR 的革命性新技术使得很多方面都成为可能，比如快速轻松地将任意 DNA 序列剪切、粘贴、编辑到基因组中或从基因组中提取出来。该技术的应用无穷无尽。细菌和其他具有新特征的生命形式可以在几周内被改造。最重要和最有争议的应用可能最终产生对人类的改造和进化，但对应的讨论和社会认可显然是需要特别重视的。"合成细胞"已经被制造出来，其有机体由人工设计和可编写的 DNA 控制，潜在的应用包括生产燃料、油、蛋白质、疫苗、材料和抗生素。2014 年，第一个具有人造遗传密码的活体和繁殖生物诞生，这种细菌由六个编码组成，而不是通常的四个编码。生命的基本密码被改变，一棵全新的进化树被创造出来，它可以与地球上所有现存的生命形式并行生存，但本质上却很不同,这种细菌能够抵抗其他所有细菌和病毒。

人类已经从自然世界中进化出来,从完全遵从达尔文进化论,控制着地球资源和其他动物的生命,到现在考虑掌控自己的命运,创造全新的生命类型。这是人类历史上迈出的巨大一步。

这会把我们带往何处?一些业内人士评论道:"现在人类已经知道可以人工改写生命,一旦开始就不太可能停止[○]。"在过去的几十年里,我们一直在研究基因组,而细胞远比DNA本身复杂。一千年或一百万年后人类会在哪里?在那个未来的时间里,我们会改变化学反应,逃离自然进化,完全控制自己的命运吗?即使这可能会实现,可这样做明智吗?人类从35亿年的自然进化中受益匪浅。大自然为我们提供了针对各种潜在疾病、细菌和紊乱的完美防御。我们放弃这一切防御,试图控制自己的进化,这种做法明智吗?控制进化是有可能的。在过去的一万年里,灰狼进化成了各种类别的狗,我们对此负有责任。当然,这种进化并没有使狗灭绝,这仅仅是通过选择性繁殖完成的。直接干预人类基因组的想法为人类敲响了最大的警钟。如果我们有这个意向,会有几十年、几百年或几千年的时间来做这件事,在这一过程中我们会非常小心,学习到比目前已知的更多的关于表观基因型

○ Evolving Ourselves: How Unnatural Selection and Nonrandom Mutation Are Changing Life on Earth (Enriquez and Gullans, 2015).

复杂性的知识。因此，我们可以想象得到最终安全地"进化自己"的情形。但即使这样，我们能相信自己吗？

如果我们最终迈出这一步，人类的进化（以及我们选择的任何其他物种的进化）可能会远远快于达尔文自然选择进化论，因为我们在决定自己想要成为什么。人类有不朽的潜力吗？我们会创造出丰富的新的生物形式吗？未来的生活会是我们现在无法想象的吗？

与"人工智能"相比，即使是这些遗传学方面的发展也可能相形见绌。

先进计算机能够独立思考（并具有意识）的观点已经存在了半个多世纪，尽管计算机的发展中有很多炒作，它仍然遥遥领先于时代。我们以前必须自己对电脑进行精心编程——它们只能完全按照我们的想法去做。但是最近，计算机不仅变得极其强大（比人脑快数十亿倍），而且变得具有学习能力。它们正在掌握越来越多的技能，例如下象棋和下围棋，以及文本、语音和人脸识别。在飞机的起飞和降落上，人工智能比人类完成得更好、更安全，自动驾驶汽车也即将问世。更多的长期目标包括规划、推理和复杂机器人。大量投资正在进入人工智能领域，因为它可能产生革命性的发展。与此同时，许多研究正在进行，比如说开发"量子计算"，它可能会"模拟"量子计算机的大功率，取代目前的数字计算机。人工智能处于技术的最前沿，以至于有人打趣说"人工智能就是那些还未做成的事情"。

在遥远的将来,功能强大且复杂的计算机和人工智能能否让人类的脑力变得超级丰富?各种研究表明,像我们这样的有机体大脑的潜在能量存在物理层面和代谢层面限制。当我们不可避免地死亡时,那些多年的教育和经验保存在大脑中的信息会随我们身体中的原子一起被分散和丢失;因为"载体"只是凡躯,每一代人降生后都必须重新学习一切。计算机没有这样的局限性,它可能非常强大并且不朽。人类文明的全部信息内容,现在已远远超过了任何一个人脑的承载能力,但可以很容易地被高度先进的"思维机器"获取。这些信息永远不会丢失,可以在许多人之间共享。我们也可以想象,未来的思维机器可能像我们现在这样研究和学习世间的事物。它们可以像我们现在做的那样,在更大的范围内发展自我意识以及感觉、计划和创造的能力,这并非完全不可能的。这些都只是一时的猜测,计算机只存在了不到一个世纪,但我们在这里讨论的是未来数千年或数百万年的可能性,这些会在某天实现吗?

从长远来看,现在的人类生物学和脑力时期可能只是宇宙智能史上的一个短暂的小插曲?我们创造的"思维机器"会接管并继续由我们启动的进步吗?如果这些"思维机器"继承的是我们的传统,那么它们就不会只是"接管",它们将真正成为我们的后代。最终可能是强大的"思维机器"聚居

第 5 章 面向未来

在银河系,而不是脆弱的生物人类。

* * *

科幻小说充满了现代科学对星际旅行的美好愿景,包括了虫洞和其他类似的不切实际的想法。哪些(如果有可能的话)将成为现实? 50 年前的阿波罗计划鼓舞人心,但之后有一段明显的中断,人类前往遥远星球的旅行仍然是一个遥不可及的梦。看来我们将在太阳系中停留很长一段时间。

1972 年发射的宇宙飞船"先驱者 10 号"已经飞出了日光层,最终将完全离开太阳系,目前研究人员正在考虑向距离地球最近的恒星系统半人马座阿尔法星(Alpha Centauri,仅 4 光年远)发射微型宇宙飞船,使用地基激光将其推进到光速的 20%,以便它们可以在 20 年内完成这次旅行。人们已经提出了长距离太空旅行的其他概念,包括离子和反物质推进系统。人类最终定居火星的计划(从地球出发的旅行时间为 9 个月)可能有一天会实现,并为物种的生存提供额外的保险。我们目前有一个"机会之窗",因为在摧毁地球之前,我们仍然有所需的技术。与向整个银河系的移民相比,这只是一小步。据估计,如果我们能掌握飞船推进、物种生存和繁殖所需的所有技术,原则上,银河系移民可以在一千万年内完成。由于这在宇宙时间范围上非常短,费米提出了一个著名的问题,"外星人都去哪了?"为什么银河系的邻居还没来呢?

大爆炸发生在 138 亿年前,第一批恒星和星系形成于 130 亿年前。在 46 亿年前太阳和地球形成之前的数十亿年里,有大量恒星形成。如果生命在整个宇宙中是普遍存在的,那么在其出现在地球之前的数十亿年里,可能在别处已有很多次生命涌现。这些早期生命形式现在将比我们先进数十亿年。如果是这样,我们完全是宇宙共同体的新成员。我们的处境可能就像现代版的丛林居民,靠敲鼓进行通信,完全没有意识到还存在着一个巨大的全球无线通信网络,网络间有电波穿过。

我们对宇宙中其他地方存在生命的可能性了解多少?简单来说(因为我们不知道"生命"在宇宙中可能具有什么奇异形式),我们将追求局限于地球上已知的生命,并从确定银河系和宇宙中其他地方可能存在的类地行星开始。太阳系外的第一颗行星是在 20 世纪 90 年代发现的。从那时起,通过 20 年的深入搜索,我们已经发现了 3 700 多个这样的"太阳系外行星",现在我们对它们的特征和母恒星的特征有了足够的了解,不仅能够估计出它们在银河系的分布,还能估计出它们在整个可观测宇宙中的分布。银河系中大约有 60 亿颗类地行星,在可观测的宇宙中有数万亿颗类地行星。银河系和附近其他星系的平均年龄为 70～80 亿年,这比地球的年龄多出几十亿年。

接下来的问题是,这些行星中有多少可能存在生命。我

第 5 章 面向未来

们知道，一颗行星能够维持生命的主要标准是，它应该位于其母星的"宜居带"（离恒星不太近也不太远，以保存液态水）。符合这一标准的类地行星比例约为 10%。其他各种因素也可能发挥作用，例如星际云、恒星相互作用、恒星活动、系中其他行星的影响、轨道迁移、共振、卫星和潮汐相互作用、小行星和彗星影响以及重大火山事件。

另一种更危险的可能性是来自大质量恒星（超新星）死亡前产生的高能辐射（伽马射线）对行星的"净化"。伽马射线爆发将在行星的大气层中产生化学反应，破坏其臭氧层，从而使地表和浅水中的生命暴露在来自母星的致命紫外线辐射下长达数年，并产生烟雾，这可能导致"宇宙寒冬"。除了一些嗜极微生物以及地下和深海生物外，所有生命都可能被消灭。

这种伽马射线灾难发生在宇宙中具有高密度大质量恒星的任何区域，可能会对这些区域造成灭顶之灾。这些区域包括正常星系的致密中心区域和像我们这样的星系旋臂中的致密恒星形成的区域，还包括早期宇宙中存在的相对较小的恒星形成的星系。大约 50 亿年前的整个宇宙可能已经被"净化"过了。其他此类辐射危害包括超新星本身、宇宙线以及从类星体和活动星系核发射的喷流。

太阳及其行星环境恰好位于星系中旋臂之间一个特别温和的区域，距离星系中心有一段距离。有迹象表明，即使是地球在过去也可能受到伽马射线事件的影响。地球极有可能经历过至少一次致命的伽马射线爆发,在过去5亿年中有50%的概率发生一次;事实上,4.43亿年前,地球上80%的物种在晚奥陶世(late Ordovician)灭绝,这可能是伽马射线事件引起的,在两个已知超新星(1006年和1054年的超新星)出现时,南极深冰芯中有伽马射线活动的迹象。因此,我们很幸运能够恢复到现在的水平(当然,如果没有恢复到现在的水平,我们就无法在这里发表评论)。

即使在远离上述辐射危害的地区,宇宙中也有数量庞大的行星。当条件适宜的时候,生命就是不可阻挡的,它会抓住任何可能的机会。我们所知的一切生命似乎都有顽强的能力,可以在逆境中坚持下去。

尽管存在各种危险,宇宙中是否仍然充满了生命?还是只有我们的世界?像地球上的生命这样,具有智能的生命进化的概率有多大?人类是宇宙中最早的智能生命形式之一,还是有成群的其他生命形式已经比人类早存在了数十亿年?

在过去的半个世纪里,我们一直在寻找来自任何"所在"的外星人信号。1967年,当第一批像原子钟一样精确的脉冲星被发现时,人们的第一个想法是,它们可能是某个巨大银河文明的灯塔,所以给它们命名为LGM,意思是"小绿人"(little green men)。但人们很快意识到,它们只是各种各样的中子星。近年来人们检测到的神秘快速射电暴(FRB)可能涉

第 5 章 面向未来

及合并中子星或黑洞，但有人猜测它们可能是由银河外文明造成的。如今，人们在电磁频谱的几个领域中继续搜索可能的外星人证据。

如果我们遇到先进的外星人，这无疑将是迄今为止我们所能想象到的最强有力的知识、文化、情感和宗教冲击，这一点无需多言。

如果我们很难想象从现在起几百年或几千年后的生活会是什么样子，那就想想宇宙中典型的居住者可能与我们有什么不同，想想他们比我们先进几十亿年的状态。他们有足够的时间去开拓自己的星系。为什么外星人没有来过这里？还是说他们已经来过了？他们是否会有灭亡这类不可避免的命运，可能原因是核毁灭或病毒大流行？这似乎不太可能，因为他们本应殖民其他世界，一片世界上的灾难不会影响其他世界。他们是否仍然以我们无法想象的形式存在？我们目前认为其他行星上有智能水基生物，但其他行星上的生命可能与我们非常不同，上述"思维机器"可能更喜欢以星际空间或黑洞环境作为栖息地。现代技术是在过去的一百年里才发明出来的，我们怎么可能对宇宙中的其他居住者有任何了解，或是对数十亿年后的我们有多少了解。

在遥远的未来，最大的发展很可能来自尚未取得的发现，我们目前甚至无法想象它。人们仍面对着充满谜团的未来。这将产生一次次伟大的冒险。

·后记·

先进的科学技术在几代人的时间里让我们的生活彻底转变,而这些时间对于我们祖先诞生以来的几百万年岁月来说,只是小小的片段。

现代科学的种子是在 2 600 年前由古希腊自然哲学家播下的。发展的关键是拒绝用宗教世界观的神和神话来解释世界,取而代之的是科学和理性的世界观,这种观点的核心是万事万物都是大自然的一部分。

"希腊奇迹"持续了一千年。这绝对是独一无二的,世界上其他地方从未发生过这样的事情。这是科学史上迈出的第一步。

好在希腊的科学奇迹被记录在珍贵的卷轴上,最终被翻译成其他语言。希腊哲学家的独特智慧在历史的长河中得以传承,从而引发了 17 世纪欧洲的科学革命,这是科学史上的第二次跨越。

科学革命引入了自然规律、定量预测的概念,以及提出

后记

了用现实检验预测的科学方法。现代科学由此诞生。

从那时起,科学迅猛发展,我们现在已经探索了原子、宇宙和生命自身的基础。19世纪,先进的科学与技术相结合,创造了我们如今享受的高质量生活。

科学现在已经融入我们的文明结构中,我们进入了人类生存的全新阶段。没有这些科技奇迹,我们的生活将是无法想象的。如果古希腊哲学家能看到他们的自然哲学促进了如今的发展,绝对会感到震惊。

科学继续飞速增长,我们现在可能想知道这是否能够继续,以及它将走向何方。人类最终会发现世间万物吗?科学具有巨大的力量,未来它的运用可能是我们最大的挑战。我们会从生物学层面改造自己吗?有一天,我们创造的电脑会取代人类吗?我们会发现外星人吗?

宇宙的历史长达138亿年,广阔的宇宙中可能有数千亿个类似地球的行星。人类的存在只能追溯到数百万年前,现代技术也才有近百年的历史。我们完全是宇宙的新手。我们会遇到比我们先进数十亿年的银河系邻居吗?数十亿年后的我们,又会是什么样子?

·拓展阅读·

Agar J (2012) *Science in the Twentieth Century and Beyond*. Polity Press, Cambridge, UK

Al-Khalili J (2012) *Black Holes, Wormholes, and Time Machines*. CRC Press, Boca Raton, Florida, USA

Al-Khalili J (2012) *Pathfinders: The Golden Age of Arabic Science*. Penguin Books, London, UK

Al-Khalili J (2012) *Paradox: The Nine Greatest Enigmas in Physics*. Broadway Books, New York

Al-Khalili J ed. (2016) *Aliens: The World's Leading Scientists on the Search for Extra- terrestrial Life*. Picador, New York

Al-Khalili J ed. (2017) *What's Next? Even Scientists Can't Predict the Future – or Can They?* Profile Books, London

Alper M (2006) *The God Part of the Brain: A Scientific Interpretation of Human Spirituality and God*. Sourcebooks Inc., Naperville, Illinois, USA

Annas J (2000) *Ancient Philosophy: A Very Short Introduction*. Oxford Univ. Press, Oxford, UK

Annas J (2003) *Plato: A Very Short Introduction*. Oxford Univ. Press, Oxford, UK

Atkins P (2011) *On Being: A Scientists' Exploration of the Great Questions of Existence*. Oxford Univ. Press, Oxford, UK

Baggott JM (2011) *The Quantum Story: A History in 40 Moments*. Oxford Univ. Press, Oxford

Baggott JM (2015) *Origins: The Scientific Story of Creation*. Oxford University Press, Oxford

Balchin J (2014) *Quantum Leaps: 100 Scientists who changed the World*. Arcturus Publ. Co., London

Ball P (2013) *Curiosity: How Science Became Interested in Everything*. Vintage Books, London, UK

Barnes J (2000) *Aristotle: A Very Short Introduction*. Oxford Univ. Press, Oxford, UK

Barrat J (2013) *Our Final Invention: Artificial Intelligence and the End of the Human Era*. Thomas Dunn Books, New York

Bennett J, Shostak S (2007) *Life in the Universe*. Pearson/Addison-Wesley, San Francisco, California, USA

Bering J (2011) *The Belief Instinct: The Psychology of Souls, Destiny, and the Meaning of Life*. W.W. Norton & Co., New York

Bertman S (2010) *The Genesis of Science: The Story of Greek Imagination*. Prometheus Books, Amherst, New York

Beyret et al. (2018) *Elixir of Life: Thwarting Aging with Regenerative Reprogramming*. Circulation Research 122, 128-141

Bickerton D (2009) *Adam's Tongue: How Humans Made Language, How Language made Humans*. Hill and Wang, New York

Bignami GF (2012) *We are the Martians: Connecting Cosmology with Biology*. Springer, Heidelberg

Bignami GF (2014) *Imminent Science: What Remains to be Discovered*. Springer, Heidelberg

Börner G (2011) *The Wondrous Universe: Creation without Creator?* Springer, Heidelberg

Bonnet R-M, Woltjer L (2008) *Surviving 1,000 Centuries: Can we do it?* Springer-Praxis Publ., Chichester, UK

Bornmann L, Mutz R (2014) *Growth Rates of Modern Science: A Bibliometric Analysis Based on the Number of Publications and Cited References*. Journal of the Association for Information Science and Technology 66.10.1002

Bowler PJ, Morus IR (2005) *Making Modern Science: A Historical Survey*. Univ. of Chicago Press, Chicago

Brockman J ed. (2006) *What We Believe but Cannot Prove: Today's Leading Thinkers on Science in the Age of Certainty*. Harper Perennial, New York

Brockman J ed. (2014) *The Universe: Leading Scientists Explore the Origin, Mysteries and Future of the Cosmos*. Harper Perennial, New York

Brockman J ed. (2014) *What Should We Be Worried About? Real Scenarios that Keep Scientists Up at Night*. Harper Perennial, New York

Brockman J ed. (2015) *This Idea Must Die: Scientific Theories that are Blocking Progress*. Harper Perennial, New York

Brockman J ed. (2015) *What to Think About Machines That Think: Today's Leading Thinkers on the Age of Machine Intelligence*. Harper Perennial, New York

Brockman J ed. (2016) *Know This: Today's Most Interesting and Important Scientific Ideas, Discoveries, and Developments*. Harper Perennial, New York

Brockman J ed. (2017) *Life: The Leading Edge of Evolutionary Biology, Genetics, Anthropology, and Environmental Science*. Harper Perennial, New York

Brockman J ed. (2018) *This Idea is Brilliant: Lost, Overlooked, and Underappreciated Scientific Concepts Everyone Should Know*. Harper Perennial, New York

Brockman M ed. (2009) *What's Next? Dispatches on the Future of Science*. Vintage Books, New York

Bronowski J (1951) *The Common Sense of Science*. Faber and Faber, London

Bronowski J (1973) The Ascent of Man. BBC Books

Brooks M (2013) *Free Radicals: The Secret Anarchy of Science*. The Overlook Press, New York

Brooks M (2016) *At the Edge of Uncertainty: 11 Discoveries Taking Science by Surprise*. Overlook Press, New York

Brown P (1989) *The World of Late Antiquity: AD 150-750*. W.W. Norton, New York

Bryson B (2003) *A Short History of Nearly Everything*. Doubleday, London

Bryson B ed. (2010) *Seeing Further: The Story of Science & The Royal Society*. HarperCollins Publ., London, U.K.

Butterfield H (1957) *The Origins of Modern Science: 1300-1800*. The Free Press, New York

Bynum W (2008) *The History of Medicine: A Very Short Introduction*. Oxford Univ. Press

Bynum W (2012) *A Little History of Science*. Yale Univ. Press

Bynum W and Bynum H eds. (2011) *Great Discoveries in Medicine*. Thames & Hudson, London

Capra F (1975) *The Tao of Physics: An Exploration of the Parallels between Modern Physics and Eastern Mysticism*. Shambhala Publs., Boston, USA

Carey N (2012) *The Epigenetics Revolution: How Modern Biology is rewriting our Understanding of Genetics, Disease, and Inheritance*. Columbia Univ. Press, New York

Carey N (2015) *Junk DNA: A Journey Through the Dark Matter of the Genome*. Columbia Univ. Press, New York

Carroll S (2016) *The Big Picture: On the Origins of Life, Meaning, and the Universe Itself*. Dutton, New York

Chalmers A (2013) *What is this Thing called Science?* Univ. of Queensland Press, Australia

Chiras D (2016) *Environmental Science, 10th Ed*. Jones & Bartlett

Learning, Burlington, MA, USA

Church G, Regis E (2012) *Regenesis: How Synthetic Biology will reinvent Nature and Ourselves*. Basic books, New York

Clegg B (2014) *The Quantum Age: How the Physics of the Very Small has Transformed out Lives*. Icon Books, London

Clegg B (2015) *Ten Billion Tomorrows: How Science Fiction Technology Became Reality and Shapes the Future*. St. Martin's Press, New York

Clegg B (2016) *Are Numbers Real? The Uncanny Relationship of Mathematics and the Physical World*. St. Martin's Press, New York

Close F (2009) *Nothing: A Very Short Introduction*. Oxford Univ. Press, Oxford, UK

Close F, Marten M, Sutton C (2002) *The Particle Odyssey: A Journey to the Heart of Matter*. Oxford Univ. Press, Oxford

Coles P (2001) *Cosmology: A Very Short Introduction*. Oxford Univ. Press

Coyne JA (2015) *Faith vs. Fact: Why Science and Religion are Incompatible*. Viking Penguin, New York

Craig E (2002) *Philosophy: A Very Short Introduction*. Oxford Univ. Press, Oxford

Crump T (2002) *A Brief History of Science as seen through the Development of Scientific Instruments*. Robinson, London, UK

Curd M, Cover JA, Pincock C eds. (2013) *Philosophy of Science: The Central Issues*. W. W Norton & Co., New York

Dampier-Whetham W (1930) *A History of Science and its Relations with*

Philosophy and Religion. MacMillan Co., New York

Dartnell L (2014) *The Knowledge: How to Rebuild Civilization in the Aftermath of a Cataclysm*. Penguin, New York

Dartnell L (2017) *Apocalypse in What's Next? Even Scientists Can't Predict the Future – Or Can They?* (ed. J. Al-Khalili; Profile Books)

Darwin C (1839) *The Voyage of the Beagle*. Henry Colburn, London

Darwin C (1859) *The Origin of Species by Means of Natural Selection*. John Murray, London

Darwin C (1871) *The Descent of Man, and Selection in Relation to Sex*. John Murray, London

Darwin C (1872) *The Expression of the Emotions in Man and Animals*. John Murray, London

Dawkins R (2006) *The God Delusion*. Bantam Press, London

Deamer D (2011) *First Life: Discovering the Connections between Stars, Cells, and How Life Began*. Univ. of California Press, Berkeley CA

Dehaene S (2014) *Consciousness and the Brain: Deciphering How the Brain Codes our Thoughts*. Penguin books, New York

Deutsch D (1998) *The Fabric of Reality*. Penguin Books, London

DeWitt R (2010) *Worldviews: An Introduction to the History and Philosophy of Science*. Wiley-Blackwell, Chichester, UK

De Waal F (2016) *Are We Smart Enough to Know How Smart Animals Are?* W.W. Norton & Co., New York

Diamond J (1999) *Guns, Germs and Steel: The Fates of Human Societies*. W.W. Norton & Co., New York

Diamond J (2002) *The Rise and Fall of the Third Chimpanzee: How our Animal Heritage affects the Way We Live.* Vintage Books, London

Diamond J (2005) *Collapse: How Societies Choose to Fail or Succeed.* Penguin, New York

Dixon T (2008) *Science and Religion: A Very Short Introduction.* Oxford Univ. Press, Oxford

Doudna JA, Sternberg SH (2017) *A Crack in Creation: Gene Editing and the Unthinkable Power to Control Evolution.* Houghton Mifflin Harcourt, New York

Dyson F (2006) *The Scientist as Rebel.* New York Review Books, NY

Dyson F (2015) *Dreams of Earth and Sky.* New York Review Books, NY

Eagleton T (2007) *The Meaning of Life: A Very Short Introduction.* Oxford Univ. Press, Oxford, UK

Ehrlich PR (2002) *Human Natures: Genes, Cultures, and the Human Prospect.* Penguin, 2002

Enger ED, Smith BF (2013) *Environmental Science: A Study of Interrelationships*, 13th Ed. McGraw-Hill, New York

Enriquez J, Gullans S (2015) Evolving Ourselves: *How Unnatural Selection and Nonrandom Mutation are Changing Life on Earth.* Portfolio/Penguin, New York

Everett D (2017) *How Language Began: The Story of Humanity's Greatest Invention.* Liveright Publ. Co., New York

Fara P (2009) *Science: A Four Thousand Year History.* Oxford Univ. Press, Oxford

Finkel E (2012) *The Genome Generation*. Melbourne Univ. Press, Carlton, Victoria, Australia

Fossel M (2015) *The Telomerase Revolution*. BenBella Books, Dallas

Freely J (2012) *Before Galileo: The Birth of Modern Science in Medieval Europe*. Overlook Duckworth, London, UK

Gamble C, Gowlett J, Dunbar R (2014) *Thinking Big: How the Evolution of Social Life Shaped the Human Mind*. Thames & Hudson, London

Gamow G (1961) *The Great Physicists from Galileo to Einstein*. Dover Publ., New York

Giles J (2005) *Internet Encyclopaedias go Head to Head*. Nature 438, 900

Godfrey-Smith P (2003) *Theory and Reality: An Introduction to the Philosophy of Science*. Univ. of Chicago Press, Chicago

Godfrey-Smith P (2014) *Philosophy of Biology*. Princeton Univ. press, Princeton, New Jersey

Goldstein R (2006) *Incompleteness: The Proof and Paradox of Kurt Göodel*. W.W. Norton, New York

Gottleib A (2010) *The Dream of Reason: A History of Western Philosophy from the Greeks to the Renaissance*. W. W. Norton & Co., New York

Gottleib A (2016) *The Dream of Enlightenment: The Rise of Modern Philosophy*. Liveright Publ. Corp., New York

Goudie A (2006) *The Human Impact on the Natural Environment: Past, Present and Future*. Blackwell Publ., Malden, Mass., USA

Grant E (1996) *The Foundations of Modern Science in the Middle Ages:*

Their Religious, Institutional and Intellectual Contexts. Cambridge University Press, Cambridge UK

Greene B (2000) *The Elegant Universe: Superstrings, Hidden Dimensions, and the Quest for the Ultimate Theory*. Vintage Books, New York

Greene B (2011) *The Hidden Reality: Parallel Universes and the Deep Laws of the Cosmos*. Vintage Books, New York

Gregory A (2003) *Eureka! The Birth of Science*. Icon Books, Cambridge UK

Gribbon J (2003) *Science: A History*. Penguin Books, London, UK

Gribbon J (2012) *Erwin Schrödinger and the Quantum Revolution*. Bantam Press, London

Gutfreund H, Renn J (2015) *The Road to Relativity: The History and Meaning of Einstein's 'The Foundation of General Relativity'*. Princeton Univ. Press, Princeton, NJ

Hanbury Brown R (2002) *There are no Dinosaurs in the Bible*. Chalkcroft Press, Penton Mewsey, UK

Harari YN (2014) *Sapiens: A Brief History of Humankind*. Signal Books (McClelland & Stewart), Canada

Harari YN (2015) *Homo Deus: A Brief History of Tomorrow*. Signal Books (McClelland & Stewart), Canada

Harris S (2010) *The Moral Landscape: How Science can Determine Human Values*. Free Press, New York

Harwit M (1981) *Cosmic Discovery: The Search, Scope and Heritage of Astonomy*. Basic Books, New York

Hawking S, Mlodinow L (2010) *The Grand Design: New Answers to the Ultimate Questions of Life*. Bantam Press, London

Heilbron JL (2015) *Physics: A Short History from Quintessence to Quarks*. Oxford Univ. Press, Oxford

Henry J (2008) *The Scientific Revolution and the Origins of Modern Science*. Palgrave Macmillan, UK

Holloway R (2016) *A Little History of Religion*. Yale Univ. Press, New Haven, Conn., USA

Homer-Dixon T (2006) *The Upside of Down: Catastrophe, Creativity and the Renewal of Society*. Island Press, Washington, DC

Horgan J (1996) *The End of Science: Facing the Limits of Knowledge in the Twilight of the Scientific Age*. Addison Wesley

Hoskin M (2003) *The History of Astronomy: A Very Short Introduction*. Oxford Univ. Press, Oxford, UK

Huff TE (2011) *Intellectual Curiosity and the Scientific Revolution: A Global Perspective*. Cambridge Univ. Press, Cambridge, UK

Huff TE (2017) *The Rise of Early Modern Science: Islam, China, and the West*. Cambridge Univ. Press, Cambridge, UK

Isaacson W (2008) *Einstein: His Life and Universe*. Simon & Schuster, New York

James CR (2014) *Science Unshackled: How Obscure, Abstract, Seemingly Useless Scientific Research Turned Out to be the Basis for Modern Life*. Johns Hopkins Univ. Press, Baltimore, USA

Jastrow R, Rampino M (2008) *Origins of Life in the Universe*. Cambridge

Univ. Press, Cambridge, UK

Johnson G (2004) *A Shortcut Through Time: The Path to the Quantum Computer*. Vintage Books, London

Jones BF, Reedy EJ, Weinberg BA (2014) *Age and Scientific Genius*. In *The Wiley Handbook of Genius* (ed. Simonton DK), pp. 422-450, Wiley-Blackwell

Kaku M (2012) *Physics of the Future: How Science will shape Human Destiny and our Daily Lives by the year 2100*. Anchor Books, New York

Kaku M (2014) *The Future of the Mind: The Scientific Quest to Understand, Enhance, and Empower the Mind*. Doubleday, New York

Kellermann K, Sheets B (1983) *Serendipitous Discoveries in Radio Astronomy*. The National Radio Astronomy Observatory, Green Bank, West Virginia, USA

Krauss LM (2012) *A Universe from Nothing: Why There is Something Rather than Nothing*. Free Press, New York

Krauss LM (2017) *The Greatest Story Ever Told – So Far: Why are We Here?* Atria Books, New York

Kuhn TS (1962) *The Structure of Scientific Revolutions*. The Univ. of Chicago Press, Chicago

Kurzweil R (2006) *The Singularity is Near: When Humans Transcend Biology*. Penguin, New York

Lane N (2015) *The Vital Question: Energy, Evolution, and the Origins of Complex Life*. W.W. Norton & Co., New York

Lanza R, Berman B (2016) *Beyond Biocentrism: Rethinking Time, Space, Consciousness, and the Illusion of Death.* BenBella Books, Dallas, Texas

Larsen PO, von Ins M (2010) *The Rate of Growth in Scientific Publication and the Decline in Coverage Provided by Science Citation Index.* Scientometrics Vol. 84, p. 575

Larson EJ, Witham L (1998) *Leading scientists still reject God.* Nature 394, 313

Laughlin RB (2005) *A Different Universe: Reinventing Physics from the Bottom Down.* Basic Books, New York

Levitin DJ (2007) *This is Your Brain on Music: The Science of a Human Obsession.* Plume Books, New York

Lindberg DC ed. (1978) *Science in the Middle Ages.* The Univ. of Chicago Press, Chicago and London

Lindberg DC (1992) *The Beginnings of Western Science: The European Scientific Tradition in Philosophical, Religious, and Institutional Context, Prehistory to A.D. 1450.* The Univ. of Chicago Press, Chicago and London

Lindley D (2007) *Uncertainty: Einstein, Heisenberg, Bohr, and the Struggle for the Soul of Science.* Doubleday, New York

Livio M (2005) *The Equation That Couldn't Be Solved: How Mathematical Genius Discovered the Language of Symmetry.* Simon & Schuster, New York

Livio M (2009) *Is God A Mathematician?* Simon & Schuster, New York

Livio M (2013) *Brilliant Blunders: From Darwin to Einstein – Colossal Mistakes by Great Scientists that Changed our Understanding of Life and the Universe*. Simon & Schuster, New York

Livio M (2017) *Why? What Makes Us Curious*. Simon & Schuster, New York

Maddox J (1999) *What Remains to be Discovered? Mapping the Secrets of the Universe, The Origins of Life, and the Future of the Human Race*. Touchstone, New York

McClellan J III, Dorn H (2006) *Science and Technology in World History, An Introduction. 2nd Ed*. Johns Hopkins Univ. Press

McFadden J, Al-Khalili J (2014) *Life on the Edge: The Coming of Age of Quantum Biology*. Broadway Books, New York

Merali Z (2017) *A Big Bang in a Little Room: The Quest to Create New Universes*. Basic Books, New York

Mesler B, Cleaves IIJ (2016) *A Brief History of Creation: Science and the Search for the Origin of Life*. W.W. Norton & Co., New York

Meyers MA (2011) *Happy Accidents: Serendipity in Major Medical Breakthroughs in the Twentieth Century*. Arcade Publishing, New York

Mlodinow L (2013) *Subliminal: How your Unconscious Mind Rules your Behavior*. Vintage Books, New York

Mlodinow L (2015) *The Upright Thinkers: The Human Journey from Living in Trees to Understanding the Cosmos*. Pantheon Books. New York

Morris R (2002) *The Big Questions: Probing the Promise and Limits of Science.* Times Books, New York

Motesharrei S, Rivas J, Kalnay E (2014) *Human and Nature Dynamics. Ecological Economics* vol. 101, 90-102

Mukherjee S (2016) *The Gene: An Intimate History.* Scribner, New York

Nagel T (2012) *Mind & Cosmos: Why the Materialist Neo-Darwinian Conception of Nature is almost Certainly False.* Oxford Univ. Press

Narison S (2016) *Particles and the Universe: From the Ionian School to the Higgs Boson and Beyond.* World Scientific, Singapore

Newton I (1687) *Philosophiae Naturalis Principia Mathematica.* S. Pepys, London

Nicolaides D (2014) *In the Light of Science: Our Ancient Quest for Knowledge and the Measure of Modern Physics.* Prometheus Books, Amherst, New York

Nixey C (2017) *The Darkening Age: The Christian Destruction of the Classical World.* Macmillan, London

Ocampo et al. (2016) *In Vivo Amelioration of Age-Associated Hallmarks by Partial Reprogramming.* Cell 167, 1719–1733

Oerter R (2006) *The Theory of Almost Everything: The Standard Model, the Unsung Triumph of Modern Physics.* Plume, New York

Okasha S (2002) *Philosophy of Science: A Very Short Introduction.* Oxford Univ. Press, Oxford

Otto S (2016) *The War on Science: Who's Waging It, Why It Matters, What We Can Do about It.* Milkweed Editions, Minneapolis, U.S.

Penrose R (2016) *Fashion Faith and Fantasy in the New Physics of the Universe*. Princeton Univ. Press, Princeton

Pinker S (2012) *The Better Angels of Our Nature: A History of Violence and Humanity*. Penguin Books, London

Pinker S (2018) *Enlightenment Now: The Case for Reason, Science, Humanism and Progress*. Viking, New York

Popper K (2002) *The Logic of Scientific Discovery*. Routledge Classics, London and New York

Price DJ de Solla (1961) *Science since Babylon*. Yale Univ. Press, New Haven CT

Price DJ de Solla (1963) *Little Science. Big Science*. Columbia Univ. Press, NY

Principe LM (2011) *The Scientific Revolution: A Very Short Introduction*. Oxford Univ. Press, Oxford

Randall L (2013) *Higgs Discovery: The Power of Empty Space*. HarperCollins, New York

Randers J (2012) *2052: A Global Forecast for the Next Forty Years*. Chelsea Green Publishing, White River Junction, Vermont

Read L (2012) *I, Pencil: My Family Tree as Told to Leonard E. Read*. Foundation for Economic Education

Rees M (2003) *Our Final Century: Will the Human Race Survive the Twenty-first Century?* William Heinemann, London

Rees M (2011) *From Here to Infinity: Scientific Horizons*. Profile Books, London

Ridley M (2015) *The Evolution of Everything: How New Ideas Emerge.* HarperCollins Publ., New York

Ripple et al. (2017), *World Scientists' Warning to Humanity: A Second Notice.* Bioscience Volume 67, Issue 12, p. 1026

Roberts RM (1989) *Serendipity: Accidental Discoveries in Science.* John Wiley & Sons, Inc., New Jersey, USA

Robinson A ed. (2012) *The Scientists: An Epic of Discovery.* Thames & Hudson, London

Rovelli C (2017) *Reality Is Not What It Seems: The Journey to Quantum Gravity.* Riverhead Books, New York

Russell B (1960) *A History of Western Philosophy.* Simon & Schuster, New York

Serafini A (1993) *The Epic History of Biology.* Perseus Publishing, Cambridge, MA

Seung S (2013) *Connectome: How the Brain's Wiring Makes Us Who We Are.* Mariner Books, New York

Shaver P (2011) *Cosmic Heritage: Evolution from the Big Bang to Conscious Life.* Springer, Heidelberg

Shlain L (2014) *Leonardo's Brain: Understanding da Vinci's Creative Genius.* LP, Guilford, Connecticut, USA

Shubin N (2009) *Your Inner Fish: A Journey into the 3.5-Billion-Year History of the Human Body.* Vintage Books, New York

Smolin L (2007) *The Trouble with Physics: The Rise of String Theory, the Fall of a Science, and What Comes Next.* Mariner Books, New York

拓展阅读

Smolin L (2013) *Time Reborn: From the Crisis in Physics to the Future of the Universe*. Vintage Canada, Toronto

Stirrat M, Cornwall RE (2013) *Eminent scientists reject the supernatural: a survey of the Fellows of the Royal Society*. Evolution, Education and Outreach 20136, 33

Stringer C (2012) *Lone Survivors: How We Came to be the Only Humans on Earth*. St. Martin's Griffin, New York

Suddendorf T (2013) *The Gap: The Science of What Separates us from other Animals*. Basic Books, New York

Sykes B (2001) *The Seven Daughters of Eve: The Science that Reveals our Genetic History*. W.W. Norton & Co., New York

Tainter JA (1990) *The Collapse of Complex Societies (New Studies in Archaeology)*. Cambridge Univ. Press

Taylor FS (1949) *A Short History of Science & Scientific Thought*. W.W. Norton & Co, New York

Tegmark M (2017) *Life 3.0: Being Human in the Age of Artificial Intelligence*. Alfred A. Knopf, New York

Trumble DR (2013) *The Way of Science: Finding Truth and Meaning in a Scientific Worldview*. Prometheus Books, Amherst, New York

Turok N (2013) *The Universe Within: From Quantum to Cosmos*. Allen & Unwin, Sydney, Australia

Venter JC (2013) *Life at the Speed of Light: From the Double Helix to the Dawn of Digital Life*. Viking Penguin, New York

Wade N (2006) *Before the Dawn: Recovering the Lost History of our*

Ancestors. Penguin Books, New York

Wade N (2014) *A Troublesome Inheritance: Genes, Race and Human History*. Penguin Press, New York

Walter C (2013) *Last Ape Standing: The Seven-Million-Year Story of How and Why We Survived*. Bloomsbury, New York

Ward K (2008) *The Big Questions in Science and Religion*. Templeton Foundation Press, West Conshohocken, Pennsylvania, USA

Weatherall J (2016) *Void: The Strange Physics of Nothing*. Yale Univ. Press, New Haven, Conn., USA

Weinberg S (1992) *Dreams of a Final Theory: The Scientist's Search for the Ultimate Laws of Nature*. Pantheon, New York

Weinberg S (2009) *Lake Views: This World and the Universe*. Harvard Univ. Press, Cambridge, USA

Weinberg S (2015) *To Explain the World: The Discovery of Modern Science*. HarperCollins, New York

Wiggins AW, Wynn CM (2016) *The Human Side of Science: Edison and Tesla, Watson and Crick, and other Personal Stories Behind Science's Big Ideas*. Prometheus books, Amherst, NY

Wilczek K (2008) *The Lightness of Being: Mass, Ether, and the Unification of Forces*. Basic Books, New York

Wilczek K (2015) *A Beautiful Question: Finding Nature's Deep Design*. Penguin Press, New York

Wilson EO (1998) *Consilience: The Unity of Knowledge*. Alfred A. Knopf, New York

Wilson EO (2012) *The Social Conquest of Earth*. Liveright Publ. Co., New York

Wilson EO (2014) *The Meaning of Human Existence*. Liveright Publ. Co., New York

Winters RW (2016) *Accidental Medical Discoveries: How Tenacity and Pure Dumb Luck Changed the World*. Skyhorse Publ., New York

Wiseman R (2015) *Paranormality: The Science of the Supernatural*. Pan Books, London

Wootton D (2015) *The Invention of Science: A New History of the Scientific Revolution*. HarperCollins Publ., New York

Wulf A (2013) *Chasing Venus: The Race to Measure the Heavens*. Vintage Books, New York

Yanofsky NS (2013) *The Outer Limits of Reason: What Science, Mathematics and Logic Cannot Tell Us*. MIT Press, Cambridge, MA